职业院校机电类"十三五"
微课版创新教材

可编程序控制器应用技术 第3版

赵春生 / 主编

U0191575

人民邮电出版社

北京

图书在版编目（CIP）数据

可编程序控制器应用技术 / 赵春生主编. -- 3版
. -- 北京：人民邮电出版社，2017.5
职业院校机电类"十三五"微课版创新教材
ISBN 978-7-115-42923-0

Ⅰ．①可… Ⅱ．①赵… Ⅲ．①可编程序控制器－高等
职业教育－教材 Ⅳ．①TP332.3

中国版本图书馆CIP数据核字（2016）第289323号

内 容 提 要

　　本书按课题—任务模式编写，以任务为载体，介绍完成该任务的相关知识和操作技能。全书共
8个课题，主要内容包括低压电气控制基础，PLC基本指令的应用，PLC顺序控制指令的应用，PLC
功能指令的应用，PLC扩展模块的应用，变频器的应用，触摸屏的应用以及PLC、变频器与触摸屏
的综合应用。

　　本书既可作为高职高专院校机电专业、工业自动化专业、电气专业及其他相关专业课程的教材，
也可作为相关工程技术人员的自学用书。

- ◆ 主　　编　赵春生
　　责任编辑　刘盛平
　　责任印制　焦志炜
- ◆ 人民邮电出版社出版发行　　北京市丰台区成寿寺路11号
　　邮编　100164　电子邮件　315@ptpress.com.cn
　　网址　http://www.ptpress.com.cn
　　固安县铭成印刷有限公司印刷
- ◆ 开本：787×1092　1/16
　　印张：17.75　　　　　　　2017年5月第3版
　　字数：418千字　　　　　2024年7月河北第18次印刷

定价：45.00元
读者服务热线：**(010)81055256**　印装质量热线：**(010)81055316**
反盗版热线：**(010)81055315**

Foreword
第 3 版
前 言

本书第 2 版自 2012 年出版以来，深受广大读者的欢迎，前后多次印刷。在听取众多使用本书读者的宝贵意见和建议的基础上，作者结合本人多年来的教学经验，对本书进行了以下修订。

（1）本书在重要的知识点和操作步骤中嵌入带动画、视频的二维码，通过手机等移动终端设备的"扫一扫"功能，读者可以直接读取这些动画、视频，从而加深对知识以及操作的认识和理解。

（2）低压电气控制系统是学习可编程序控制器的基础，所以本书新增加了"低压电气控制基础"课题。

（3）为了更加贴近工程实际，在"PLC 功能指令的应用"课题中，删除了时钟指令的应用，增加了脉冲串输出指令（PLS）对步进电机速度控制与定位控制的应用。

（4）由于伦茨 SMD 变频器应用较少，故本书改为应用较广的西门子 MM420 变频器，以适应新型电气控制系统的发展和部分专业教学需要，同时还对 PLC、变频器与触摸屏的综合应用课题进行了修改。

（5）删除了本书第 2 版中的附录 2 与附录 4。

本书由赵春生主编。其中，课题一、课题二、课题三、课题八及附录由赵春生编写，课题四、课题五由瓮嘉民编写，课题六由曹成辉编写，课题七由陈乾辉编写。

编　者
2016 年 11 月

Contents

目录

课题一

| 低压电气控制基础 |

工业生产中的大多数机械设备都是通过电动机进行拖动的，要使电动机按照生产工艺要求正常地运转，就要组成具备相应控制功能的电路。这些电路无论简单或复杂，一般都由点动、自锁、正反转、丫—△形（星形—三角形）降压启动等基本电气控制电路组合而成。

三相交流异步电动机

| 任务引入 |

工业生产中的大多数机械设备都是通过电动机进行拖动的，要使电动机按照生产工艺的要求运转，必须具备相应的电气控制线路。在组装电气控制线路之前，要从以下几个方面认识三相交流异步电动机。

① 三相交流异步电动机的结构。

② 三相交流异步电动机的转动原理。

③ 三相交流异步电动机的额定值。

④ 检查三相交流异步电动机的步骤及内容。

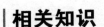
相关知识

一、三相交流异步电动机的结构

三相交流异步电动机的构件分解如图 1.1 所示。三相交流异步电动机主要由定子（固定部分）和转子（旋转部分）两大部分构成。

1. 定子

定子由机座、定子铁心、三相定子绕组等组成。机座通常采用铸铁或钢板制成，起到固定定子铁心、利用两个端盖支撑转子、保护整台电动机的电磁部分和散热的作用。定子铁心由 0.35～0.5mm 厚的硅钢片叠压而成，片与片之间涂有绝缘漆以减少涡流损耗，定子铁心构成电动机的磁路部分。硅钢片内圆上冲有均匀分布的槽，用于对称放置三相定子绕组。机座与定子铁心如图 1.2 所示。

三相异步电动机的结构

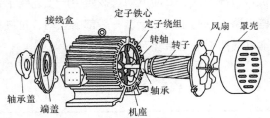

图 1.1　三相交流异步电动机构件分解图

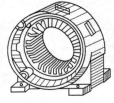

（a）机座　　　　（b）定子铁心

图 1.2　三相交流异步电动机的机座与定子铁心

三相定子绕组通常采用高强度的漆包线绕制而成，U 相、V 相和 W 相引出的 6 根出线端接在电动机外壳的接线盒里，其中 U1、V1、W1 为三相绕组的首端，U2、V2、W2 为三相绕组的末端。三相定子绕组根据电源电压和绕组的额定电压连接成 Y 形（星形）或△形（三角形），三相绕组的首端接三相交流电源，如图 1.3 所示。

三相异步电动机的连接

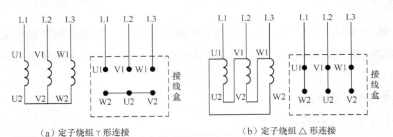

（a）定子绕组 Y 形连接　　　　（b）定子绕组△形连接

图 1.3　三相交流异步电动机定子绕组连接方式

2. 转子

三相交流异步电动机的转子由转轴、转子铁心、转子绕组等组成。转轴用来支撑转子旋转，保证定子与转子间有均匀的气隙。转子铁心也由硅钢片叠成，硅钢片的外圆上冲有均匀分布的槽，用来嵌入转子绕组，转子铁心与定子铁心构成闭合磁路。转子绕组由铜条或熔铝浇铸而成，形似鼠笼，故称为鼠笼型转子，如图 1.4 所示。

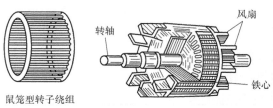

图 1.4　三相交流异步电动机的转子

二、三相交流异步电动机的转动原理

1. 鼠笼型转子跟随旋转磁铁转动的实验

为了说明三相交流异步电动机的转动原理，先做一个实验，如图 1.5 所示。在实验中，鼠笼型转子与手动旋转磁铁始终同向旋转。这是因为，当磁铁旋转时，转子导体做切割磁力线的相对运动，在转子导体中产生感生电动势和感生电流，感生电流的方向可用右手定则判别。通有感生电流的转子导体受到磁场力的作用，电磁力 F 的方向可用左手定则判别，于是，转子在电磁转矩作用下与磁铁同方向旋转。

三相异步电动机的工作原理

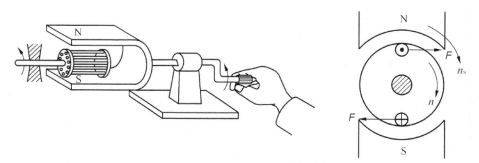

图 1.5　鼠笼型转子跟随旋转磁铁转动的实验

2. 旋转磁场的产生

当三相定子绕组接入三相交流电源后，绕组内便通入三相对称交流电流 i_u、i_v、i_w，三相交流电流在转子空间产生的磁场如图 1.6 所示。

由图 1.6 可以看出，三相绕组在空间位置上互差 120°，三相交流电流在转子空间产生的旋转磁场具有 1 对磁极（N 极、S 极各 1 个）。当电流从 $\omega t = 0°$ 变化到 $\omega t = 120°$ 时，磁场在空间旋转了 120°。即三相交流电流产生的合成磁场随电流变化在转子空间不断地旋转，这就是旋转磁场的产生原理。

三相交流电流变化一个周期，2 极（1 对磁极）旋转磁场旋转 360°，即正好旋转 1 圈。若电源频率 $f_1 = 50\text{Hz}$，则旋转磁场每分钟旋转 $n_s = 60 f_1 = 60 \times 50 = 3\ 000\text{r/min}$。当旋转磁场具有 4 极（2 对磁极）时，其转速仅为 1 对磁极时的一半，即 $n_s = 60 f_1/2 = 60 \times 50/2 = 1\ 500\text{r/min}$。所以，旋转

磁场的转速与电源频率及旋转磁场的磁极对数有关。当旋转磁场具有 P 对磁极时，旋转磁场的转速为

$$n_s = \frac{60 f_1}{P}$$

式中：n_s ——旋转磁场的转速，r/min；

　　　f_1 ——交流电源的频率，Hz；

　　　P ——电动机定子绕组的磁极对数。

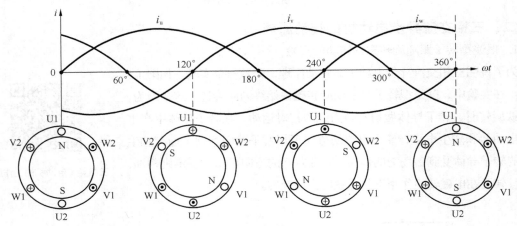

图 1.6　转子空间旋转磁场的变化

设电源频率为 50 Hz，电动机磁极个数与旋转磁场的转速关系见表 1.1。

表 1.1　　　　　　　　　　磁极个数与旋转磁场转速的关系

磁极/个	2	4	6	8	10	12
n_s/（r·min^{-1}）	3000	1500	1000	750	600	500

　　电动机转子的转动方向与旋转磁场的旋转方向相同，如果需要改变电动机转子的转动方向，必须改变旋转磁场的旋转方向。旋转磁场的旋转方向与通入定子绕组的三相交流电流的相序有关，因此，将定子绕组接入三相交流电源的导线任意对调两根，则旋转磁场改变转向，电动机也随之换向。

　　3. 三相交流异步电动机的转动原理

　　当电动机的三相定子绕组通入三相交流电流时，便在转子空间产生旋转磁场，由图 1.5 所示实验结果可知，转子将在电磁转矩作用下与旋转磁场同向转动。但转子的转速不可能与旋转磁场的转速相等，因为如果两者相等，则转子与旋转磁场之间便没有相对运动，转子导体不切割磁力线，不能产生感生电动势和感生电流，转子就不会受到电磁力矩的作用。所以，转子的转速要始终小于旋转磁场的转速，这就是异步电动机名称的由来。

三、三相交流异步电动机的额定值

电动机的额定值是使用和维护电动机的重要依据，电动机应该在额定状态下工作。

1. 额定功率（kW）

它指电动机在额定运行状态下，转轴上输出的机械功率。

2. 额定电压（V）

它指电动机在正常运行时，定子绕组规定使用的线电压。常用的中小功率电动机额定电压为380V。电源电压值的波动一般不应超过额定电压的 5%，电压过高，电动机容易烧毁；电压过低，电动机可能带不动负载，也容易烧坏。

3. 额定电流（A）

它指电动机在输出额定功率时，定子绕组允许通过的线电流。由于电动机启动时转速很低，转子与旋转磁场的相对速度差很大，因此，转子绕组中感生电流很大，引起定子绕组中电流也很大，所以，电动机的启动电流为额定电流的 4～7 倍。通常由于电动机的启动时间很短（几秒），所以尽管启动电流很大，也不会烧坏电动机。

4. 额定频率（Hz）

它指电动机在额定条件下运行时的电源频率。我国交流电的频率为50Hz，在调速时则可通过变频器改变电源频率。

5. 额定转速（r/min）

它指电动机在额定电压、额定频率及输出额定功率时的转速。

6. 接法

它指三相定子绕组的连接方式。当额定电压为 380V 时，小功率（3kW 以下）电动机多为丫形连接，中、大功率电动机为△形连接。

任务实施

断开电源开关，在断电情况下检查电动机。

（1）检查三相交流异步电动机的安装是否牢靠。

（2）用手拨动转轴，转子转动应平稳无噪声。

（3）观察三相交流异步电动机的铭牌，熟悉铭牌上技术参数的意义。

（4）打开接线盒，按接线方式连接。

（5）检查三相交流异步电动机的接地保护线是否牢靠。

（6）用万用表电阻挡测试三相定子绕组的直流电阻并记录。

（7）用 500V 兆欧表测试三相定子绕组相互间的绝缘电阻和三相定子绕组对机座的绝缘电阻并记录。

1. 说明三相鼠笼式异步电动机的主要结构。

2. 某三相交流异步电动机的额定转速为 950r/min，它是几极电动机？

3. 某三相交流异步电动机部分铭牌数据为 1.5kW， 380/220V， Y/△。

（1）解释铭牌数据的含义。

（2）当三相电源线电压为 380V 时，定子绕组应作何种连接？当三相电源线电压为 220V 时，定子绕组应作何种连接？

（3）如果将定子绕组连接成星形，接在 220V 的三相电源上，会发生什么现象？

任务二　点动控制线路

任务引入

　　点动控制适用于电动机短时间运转，例如，点动控制常在调试设备、起吊重物或生产设备调整工作状态时应用。图 1.7 所示为电动机点动控制线路原理图，点动控制操作：按下点动按钮 SB，电动机 M 启动运转；松开点动按钮 SB，电动机 M 停止。

三相异步电动机点动控制电路

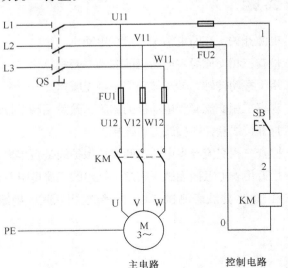

图 1.7　点动控制线路原理图

相关知识

一、组合开关

组合开关属于控制电器，主要用作电源引入开关。图 1.8 所示为 HZ10 系列组合开关。组合开关有 3 对静触头，分别装在 3 层绝缘垫板上，并附有接线端伸出盒外，以便和电源及用电设备相接，3 个动触头装在附有手柄的绝缘杆上，手柄每次转动 90° 角，带动 3 个动触头分别与 3 对静触头接通或断开。

按钮、刀开关、接触器、中间继电器、热继电器的工作原理 1

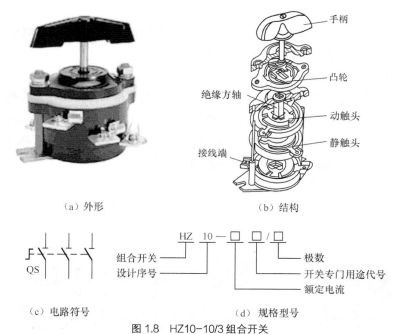

（a）外形　　　　　　　　　（b）结构

（c）电路符号　　　　　　（d）规格型号

图 1.8　HZ10-10/3 组合开关

二、按钮

按钮属于主令电器，用来手动地接通与断开电路。图 1.9 所示为电气设备中常用按钮以及按钮的结构、电路符号与型号规格。

常开按钮　　常闭按钮　　复合按钮

（a）外形与结构

图 1.9　按钮

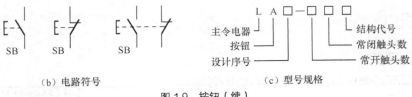

（b）电路符号　　　　　　　　　　（c）型号规格

图 1.9　按钮（续）

1. 分类与型号规格

按钮一般分为常开按钮、常闭按钮和复合按钮，其电路符号如图 1.9（b）所示。按钮的型号规格如图 1.9（c）所示，例如，LA10－2K 表示设计序号为 10，有 2 个常开触头，K 为开启式的主令电器类按钮。

2. 按钮的选用

停止按钮选用红色钮；启动按钮优先选用绿色钮，但也允许选用黑、白或灰色钮；一钮双用（启动/停止）不得使用绿、红色，而应选用黑、白或灰色钮。

三、接触器

接触器属于控制电器，是依靠电磁吸引力与复位弹簧反作用力配合动作，而使触头闭合或断开的电磁开关，主要控制对象是电动机。其具有控制容量大、工作可靠、操作频率高、使用寿命长和便于自动化控制的特点，但本身不具备短路和过载保护，因此，常与熔断器、热继电器或空气开关等配合使用。目前在电气设备上较多使用 CJX 系列交流接触器。

1. 结构

交流接触器的外形与结构如图 1.10（a）、（b）、（c）、（d）所示，接触器主要由电磁系统和触头系统组成。

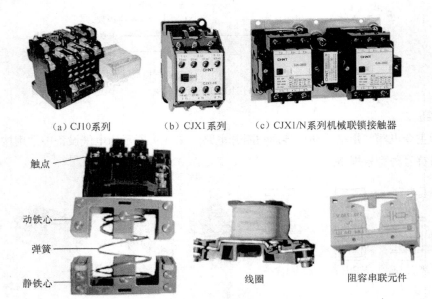

（a）CJ10系列　　　（b）CJX1系列　　　（c）CJX1/N系列机械联锁接触器

（d）CJX系列接触器内部结构

图 1.10　交流接触器

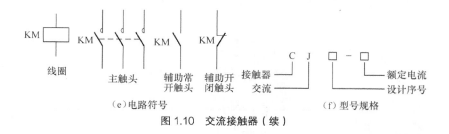

图 1.10　交流接触器（续）

（1）电磁系统。电磁系统主要由线圈、静铁心和动铁心 3 部分组成。为了减少铁心的磁滞和涡流损耗，铁心用硅钢片叠压而成。线圈的额定电压分别为 380V、220V、110V、36V，供使用不同电压等级的控制电路选用。

CJX 系列的接触器在线圈上可方便地插接配套的阻容串联元件，以吸收线圈通、断电时产生的感生电动势，延长 PLC 输出端物理继电器触头的寿命。

（2）触头系统。交流接触器采用双断点的桥式触头，有 3 对主触头，2 对辅助常开触头和 2 对辅助常闭触头，辅助触头的额定电流均为 5A。低压接触器的主、辅触头的额定电压均为 380V。

通常主触头额定电流在 10A 以上的接触器都有灭弧罩，其作用是减小或消除触头电弧，灭弧罩对接触器的安全使用起重要作用。

2．电路符号与型号规格

接触器的电路符号如图 1.10（e）所示。型号规格如图 1.10（f）所示，例如，CJX1-16 表示主触头为额定电流 16A 的交流接触器。

3．交流接触器的工作原理

交流接触器的工作原理如图 1.11 所示。接触器的线圈和静铁心固定不动，当线圈通电时，铁心线圈产生电磁吸力，将动铁心吸合并带动动触头运动，使常闭触头分断，常开触头接通电路。当线圈断电时，动铁心依靠弹簧的作用而复位，其常开触头恢复分断，常闭触头恢复闭合。

4．交流接触器的选用

（1）主触头额定电压的选择。接触器主触头的额定电压应大于或等于被控制电路的额定电压。

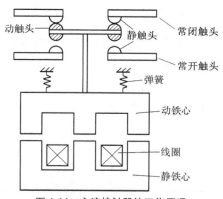

图 1.11　交流接触器的工作原理

（2）主触头额定电流的选择。接触器主触头的额定电流应大于或等于电动机的额定电流。如果用作电动机频繁启动、制动及正反转的场合，应将接触器主触头的额定电流降低一个等级使用。

（3）线圈额定电压的选择。线圈额定电压应与设备控制电路的电压等级相同，通常选用 380V 或 220V，若从安全考虑须用较低电压时也可选用 36V 或 110V。

四、中间继电器

中间继电器属于控制电器，在电路中起着信号传递、分配等作用，因其主要作为转换控制信号的中间元件，故称为中间继电器。中间继电器的外形与电路符号如图1.12所示。

  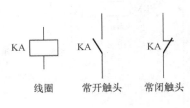

（a）DZ-30B 系列直流中间继电器　　（b）JZC4 系列交流中间继电器　　　　（c）电路符号

图 1.12　中间继电器与电路符号

交流中间继电器的结构和动作原理与交流接触器相似，不同点是中间继电器只有辅助触头，触头的额定电压/电流为380V/5A。通常中间继电器有4对常开触头和4对常闭触头。中间继电器线圈的额定电压应与设备控制电路的电压等级相同。

五、熔断器

熔断器属于保护电器，使用时串联在被保护的电路中，其熔体在过流时迅速熔化切断电路，起到保护用电设备和线路安全运行的作用。熔断器在电动机控制线路中作短路保护，表 1.2 所示为常用熔体的安秒特性列表。

表 1.2　　　　　　　　　　　　　　常用熔体的安秒特性

熔体通过电流/A	$1.25I_N$	$1.6I_N$	$1.8I_N$	$2I_N$	$2.5I_N$	$3I_N$	$4I_N$	$8I_N$
熔断时间/s	∞	3 600	1 200	40	8	4.5	2.5	1

表 1.2 中，I_N 为熔体额定电流，通常取 $2I_N$ 为熔断器的熔断电流，其熔断时间约为 40s，因此，熔断器对轻度过载反应迟缓，一般只能作短路保护。

1. 外形、结构与电路符号

熔断器的外形与电路符号如图1.13所示。

（a）NT系列刀形触头熔断器　　　　（b）RT系列圆筒帽形熔断器　　　　（c）电路符号

图 1.13　熔断器外形与电路符号

刀形触头熔断器多安装于配电柜。RT 系列圆筒帽形熔断器采取导轨安装和安全性能高的指触防护接线端子，目前在电气设备中广泛应用。

熔断器由熔体、熔断管和熔座 3 部分组成。熔体常做成丝状或片状，制作熔体的材料一般有铅锡合金和铜。熔断管是熔体的保护外壳并在熔体熔断时兼有灭弧作用。熔座起固定熔管和连接导线作用。

2. 主要技术参数

（1）额定电压（V）。它指熔断器长期安全工作的电压。

（2）额定电流（A）。它指熔断器长期安全工作的电流。

3. 熔体额定电流的选择

（1）对于单台电动机，熔体额定电流应大于或等于电动机额定电流的 2.5 倍。

（2）对于多台电动机，熔体额定电流应大于或等于其中最大功率电动机额定电流的 2.5 倍，再加上其余电动机的额定电流之和。

对于启动负载重、启动时间长的电动机，熔体额定电流的倍数应适当增大，反之适当减小。

六、电路构成

点动控制线路可分为主电路和控制电路两部分，如图 1.7 所示。主电路是大电流流经的电路，是电动机能量的传输通道，主电路的特点是电压高（380V）和电流大。控制电路是对主电路起控制作用的电路，主要是信号传输通道，控制电路的特点是电压不确定（可通过变压器变压，电压等级为 36V、110V、220V、380V）和电流小。在原理图中，主电路通常绘在左侧，控制电路绘在右侧；也可以主电路绘在上侧，控制电路绘在下侧。同一个电气元器件的各个部分可以分别绘在不同的电路中，例如，接触器的主触头绘在主电路中，线圈绘在控制电路中，主触头和线圈的图形符号不同，但文字符号 KM 相同，表示为同一个电气器件。

任务实施

（1）仔细观察各种不同类型、规格的组合开关、按钮、接触器和熔断器，熟悉它们的外形、结构、型号及主要技术参数的意义和动作原理。

（2）按照图 1.7 所示连接点动控制线路。

（3）对图 1.7 所示的点动控制线路进行通电操作。

闭合电源组合开关 QS。

启动：按下按钮 SB→KM 线圈通电→KM 主触头闭合→电动机 M 通电运转。

停止：松开按钮 SB→KM 线圈断电→KM 主触头分断→电动机 M 断电停止。

断开电源组合开关 QS。

练习题

1. 电气控制线路的主电路和控制电路各有什么特点？

2. 交流接触器有几对主触头，几对辅助触头？交流接触器的线圈电压一定是 380V 吗？怎样选择交流接触器？

3. 如何根据电动机的额定值正确选择熔断器？

4. 中间继电器的作用是什么？

 **任务三　自锁控制线路**

任务引入

点动控制仅适用于电动机短时间运转，而设备通常都是长时间连续工作的，那么需要具有连续运行功能的控制电路。图 1.14 所示为自锁控制线路原理图，在启动按钮的两端并接一对接触器的辅助常开触头（称为自锁触头），当松开启动按钮后，虽然按钮复位分断，但依靠接触器的辅助常开触头仍可保持控制电路的接通状态。这种能使电动机连续工作的电路称为自锁控制线路。电动机自锁控制要求：按下启动按钮 SB1，电动机运转；按下停止按钮 SB2，电动机停止。

具有过载保护的接触器自锁控制
电路工作原理分析

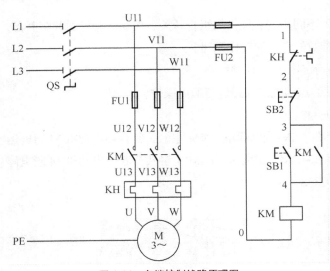

图 1.14　自锁控制线路原理图

▍相关知识 ▍

一、热继电器

热继电器是利用电流热效应工作的保护电器。它主要与接触器配合使用，用于电动机的过载保护。图 1.15 所示为常用的几种热继电器的外形图。

（a）T系列　　　　　　　（b）JR16系列　　　　　　（c）JR20系列

图 1.15　常用热继电器

1. 结构与电路符号

目前使用的热继电器有两相和三相两种类型。图 1.16（a）所示为两相双金属片式热继电器。它主要由热元件、传动推杆、常闭触头、电流整定旋钮和复位杆组成。动作原理如图 1.16（b）所示，电路符号如图 1.16（c）所示。

双金属片式热继电器工作原理

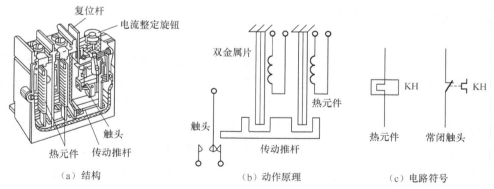

（a）结构　　　　　　　（b）动作原理　　　　　　　（c）电路符号

图 1.16　热继电器的结构、动作原理和电路符号

热继电器的整定电流是指热继电器长期连续工作而不动作的最大电流，整定电流的大小可通过电流整定旋钮来调整。

2. 型号规格

热继电器的型号规格如图 1.17 所示。例如，JRS1—12/3 表示 JRS1 系列额定电流 12A 的三相热继电器。

3. 选用方法

（1）选择类型。一般情况，可选择两相或普通三相结构的热继电器，但对于三角形接法的电动机，

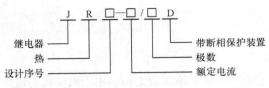

图 1.17　热继电器的型号规格

应选择三相结构并带断相保护功能的热继电器。

（2）选择额定电流。热继电器的额定电流要大于或等于电动机的额定电流。

（3）合理整定热元件的动作电流。一般情况下，将整定电流调整在与电动机的额定电流相等即可。但对于启动时负载较重的电动机，整定电流可略大于电动机的额定电流。

二、自锁控制线路工作原理

合上电源隔离开关 QS。

自锁控制线路具有欠压保护、失压保护和过载保护功能。

1. 欠压保护

当线路电压下降到一定值时，接触器电磁系统产生的电磁吸力减小。当电磁吸力减小到小于复位弹簧的弹力时，动铁心就会释放，主触头和自锁触头同时分断，自动切断主电路和控制电路，使电动机断电停转，起到了欠压保护的作用。

2. 失压保护

失压保护是指电动机在正常工作时，由于某种原因突然断电，能自动切断电动机的电源，且当重新供电时，保证电动机不可能自行启动的一种保护。

3. 过载保护

点动控制属于短时工作方式，因此不需要对电动机进行过载保护。而自锁控制线路中的电动机往往要长时间工作，所以必须对电动机进行过载保护。将热继电器的热元件串联接入主电路，常闭触头串联接入控制电路。当电动机正常工作时，热继电器不动作。当电动机过载且时间较长时，热元件因过流发热引起温度升高，使双金属片受热膨胀弯曲变形，推动传动推杆使热继电器常闭触头断开，切断控制电路，接触器线圈失电而断开主电路，实现对电动机的过载保护。

由于热继电器的热元件具有热惯性，所以热继电器从过载到触头断开需要延迟一定的时间，即热继电器具有延时动作特性。这正好符合电动机的启动要求，否则电动机在启动过程中也会因过载而断电。但是，正是由于热继电器的延时动作特性，即使负载短路也不会瞬时断开，因此热继电器不能作短路保护。热继电器的复位应在过载断电几分钟后，待热元件和双金属片冷却后进行。

┃任务实施┃

（1）仔细观察热继电器，熟悉外形、结构、型号及主要技术参数的意义和动作原理。

（2）按照图 1.14 所示连接自锁控制线路。

（3）按下启动按钮 SB1，交流接触器 KM 通电，电动机 M 通电运行。

（4）按下停止按钮 SB2，交流接触器 KM 断电，电动机 M 断电停止。

（5）操作完毕，关断电源开关。

★ **知识扩展**

一、多地控制

有的生产设备机身较长，并且启动和停止操作很频繁，为了减少操作人员的行走时间，提高生产效率，常在设备机身多处安装控制按钮。图 1.18 所示为甲、乙两地自锁控制线路。其中，SB11、SB12 为安装在甲地的启动/停止按钮，SB21、SB22 为安装在乙地的启动/停止按钮，这样就可以分别在甲、乙两地控制同一台电动机启动或停止。

两地控制电路图

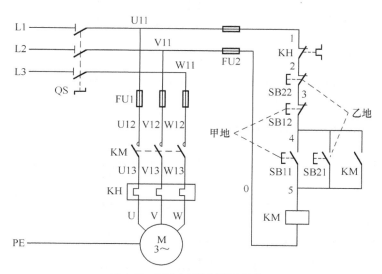

图 1.18 两地自锁控制线路原理图

对两地以上的多地控制，只要把各地的启动按钮并接、停止按钮串接就可以实现。

二、点动与自锁混合控制

生产设备在正常运行时，一般采取连续方式，但有的设备运行前需要先用点动方式调整工作状态，点动与自锁混合控制电路就能实现这种工艺要求。

1. 使用复合按钮实现的点动与自锁混合控制

如图 1.19 所示，电路中使用 3 个按钮，分别是停止按钮 SB1、启动按钮 SB2 和点动按钮 SB3。点动按钮是复合按钮，其常闭触点与接触器自锁触点串接，在按下点动按钮 SB3 时，先分断了自锁电路，后接通接触器线圈，因此失去了自锁功能。

（1）连续控制

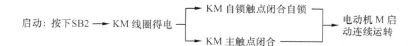

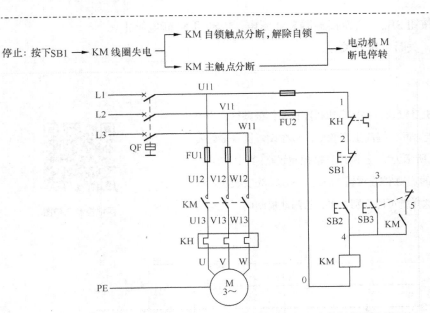

图 1.19　使用复合按钮实现的点动与自锁混合控制线路原理图

（2）点动控制

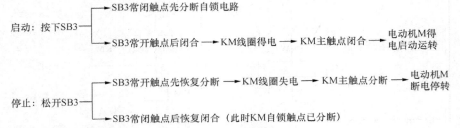

2. 使用中间继电器实现的点动与自锁混合控制

如图 1.20 所示，电路中使用 3 个按钮，分别是停止按钮 SB1、启动按钮 SB2 和点动按钮 SB3。

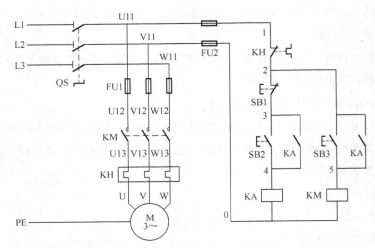

图 1.20　使用中间继电器实现的点动与自锁混合控制线路原理图

使用中间继电器实现的点动与自锁混合控制工作原理如下。

（1）连续控制

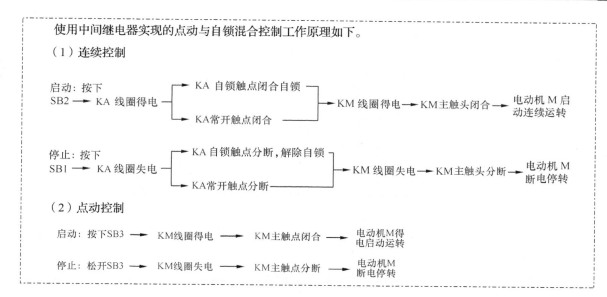

（2）点动控制

1. 自锁触头具有什么特点？
2. 什么是热继电器的整定电流？如何调整整定电流？
3. 在连续工作的电动机主电路中装有熔断器，为什么还要装热继电器？
4. 多地控制的停止按钮和启动按钮如何连接？

任务四　正反转控制线路

任务引入

　　机械设备的传动部件常需要改变运动方向，例如，车床的主轴能够正反向旋转，电梯能上升或下降，都要求拖动电动机能够正反转运行。电动机正反转控制要求：按下正转按钮，电动机正转；按下停止按钮，电动机停止；按下反转按钮，电动机反转。电动机正反转控制线路如图 1.21 所示。

接触器联锁正反转控制电路

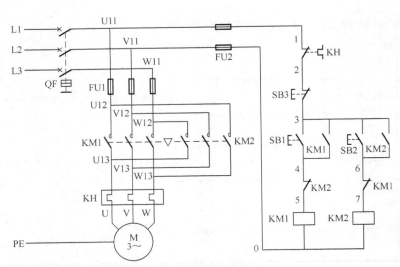

图 1.21　电气联锁正反转控制线路原理图

| 相关知识 |

一、低压断路器

　　低压断路器又称为自动空气开关，简称断路器。它集控制和保护于一体，在电路正常工作时，作为电源开关进行不频繁的接通和分断电路；而在电路发生短路、过载等故障时，它又能自动切断电路，起到保护作用，有的断路器还具备漏电保护和欠压保护功能。低压断路器外形结构紧凑、体积小，采用导轨安装，目前常用于电气设备中取代组合开关、熔断器和热继电器。常用的 DZ 系列低压断路器如图 1.22 所示。

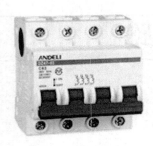

（a）DZ47-63　　　　　　　　　　（b）DZ5　　　　　　　　　（c）DZ47-100

图 1.22　低压断路器

　　1. DZ5 系列低压断路器的内部结构和电路符号

　　DZ5 系列低压断路器的内部结构以及断路器的电路符号如图 1.23 所示。它主要由动触头、静触头、操作机构、灭弧装置、保护机构及外壳等部分组成。其中保护机构由热脱扣器（起过载保护作用）和电磁脱扣器（起短路保护作用）构成。

熔断器、行程开关、低压
断路器的工作原理

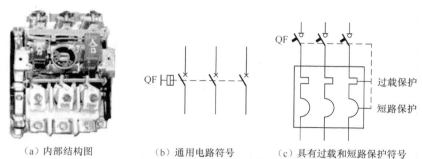

（a）内部结构图　　　（b）通用电路符号　　　（c）具有过载和短路保护符号

图 1.23　DZ5 系列低压断路器的内部结构和电路符号

2. 型号规格

DZ5 系列低压断路器的型号规格如图 1.24 所示，例如，DZ5—20/330 表示额定电流为 20A 的三极塑壳式断路器。

图 1.24　DZ5 系列低压断路器的型号规格

3. 选用方法

（1）低压断路器的额定电压和额定电流应等于或大于线路的工作电压和工作电流。

（2）热脱扣器的额定电流应大于或等于线路的最大工作电流。

（3）热脱扣器的整定电流应等于被控制线路正常工作电流或电动机的额定电流。

二、正反转控制线路工作原理

由电动机原理可知，当改变三相交流电动机的电源相序时，电动机便改变转动方向。在应用中，将接入定子绕组的三相交流电源线中任意两根进行对调，就可以使电动机反转。

正转接触器与反转接触器不允许同时接通，否则会出现电源短路事故，主电路中的"▽"符号为联锁符号，表示 KM1 与 KM2 互相联锁。控制电路必须采用接触器联锁措施。联锁的方法是将接触器的常闭触头与对方接触器线圈相串联。当正转接触器工作时，其常闭触头断开反转控制电路，使反转接触器线圈无法通电工作。同理，反转接触器联锁控制正转接触器电路。在电路中起联锁作用的触头称为联锁触头。

接触器联锁的正反转控制线路安全可靠，不会因接触器主触头熔焊不能脱开而造成电源短路事故，但改变电动机转向时需要先按下停止按钮，适用于对换向速度无要求的场合，其工作原理如下。

1. 正转

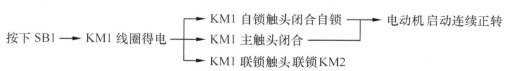

2. 停止

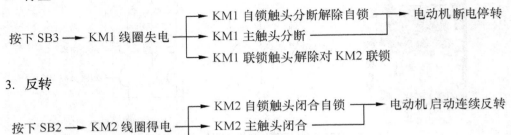

按下 SB3 ⟶ KM1 线圈失电 ⟶ ┬ KM1 自锁触头分断解除自锁 ⟶ 电动机断电停转
　　　　　　　　　　　　├ KM1 主触头分断
　　　　　　　　　　　　└ KM1 联锁触头解除对 KM2 联锁

3. 反转

按下 SB2 ⟶ KM2 线圈得电 ⟶ ┬ KM2 自锁触头闭合自锁 ⟶ 电动机 启动连续反转
　　　　　　　　　　　　├ KM2 主触头闭合
　　　　　　　　　　　　└ KM2 联锁触头联锁 KM1

任务实施

（1）按照图 1.21 所示连接正反转控制线路。

（2）按下正转按钮 SB1，交流接触器 KM1 通电，电动机 M 通电正转运行。

（3）按下停止按钮 SB3，交流接触器 KM1 断电，电动机 M 断电停止。

（4）按下反转按钮 SB2，交流接触器 KM2 通电，电动机 M 通电反转运行。

（5）按下停止按钮 SB3，交流接触器 KM2 断电，电动机 M 断电停止。

（6）操作完毕，关断电源开关。

★ **知识扩展——双重联锁正反转控制**

　　双重联锁正反转控制在改变电动机转向时不需要按下停止按钮，适用于要求换向迅速的控制场合。其线路如图 1.25 所示，将正反转启动按钮的常闭触点与对方电路串联，就构成了接触器和按钮双重联锁的正反转控制电路。

按钮、接触器双重联锁的正反转控制线路

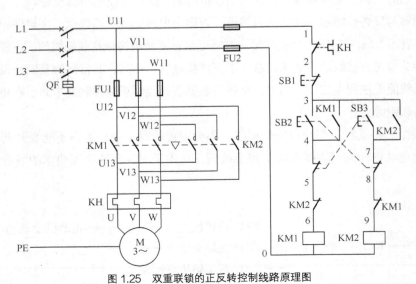

图 1.25 双重联锁的正反转控制线路原理图

电路的工作原理如下。

1. 正转控制

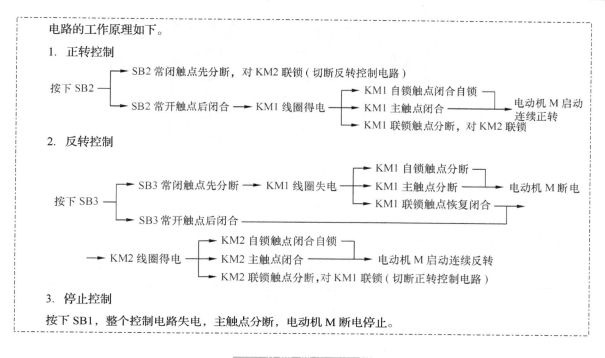

2. 反转控制

3. 停止控制

按下 SB1，整个控制电路失电，主触点分断，电动机 M 断电停止。

练 习 题

1. 低压断路器具有哪些功能？
2. 联锁触头具有什么特点？
3. 在电动机正反转控制电路中为什么必须要有接触器联锁控制？

任务五　位置控制线路

任务引入

生产机械上运动部件的行程或位置要受到一定范围的限制，否则可能引起机械事故。通常利用生产机械运动部件上的挡铁与限位行程开关的滚轮碰撞，使其触点动作，来接通或断开电路，实现对运动部件的行程或位置控制。图 1.26 所示为某生产设备上运动工作台的左、右限位行程开关和挡铁。

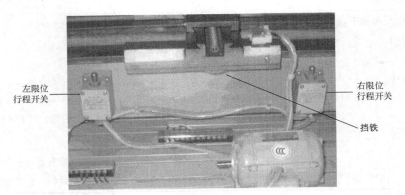

图 1.26　生产设备上运动工作台的左、右限位行程开关

位置控制线路如图 1.27 所示。

位置控制电路

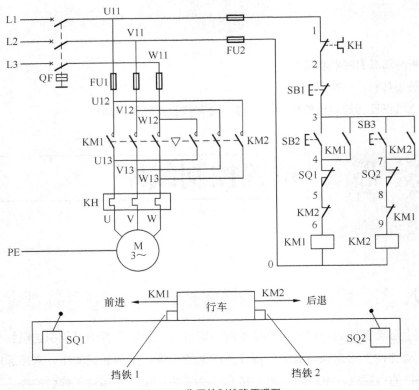

图 1.27　位置控制线路原理图

行程开关除作为位置控制外，还常用作车门打开自停开关，当检修设备打开车门时自动切断控

制电路，防止设备误启动。

|相关知识|

一、行程开关

行程开关与按钮的作用相同，但两者的动作方式不同。按钮是用手指操纵，而行程开关则是依靠生产机械运动部件的挡铁碰撞而动作的。行程开关除作为位置控制外，还常用作车门打开自停开关。当检修设备打开车门时自动切断控制电路，起安全保护作用。

熔断器、行程开关、低压断路器的工作原理

1. 外形、结构和电路符号

行程开关的种类很多，在电气设备中常用的行程开关外形、结构和电路符号如图 1.28 所示。

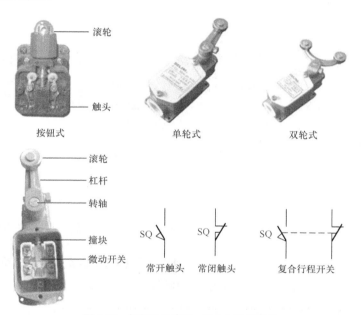

图 1.28　行程开关外形、结构与电路符号

2. 型号规格

型号规格如图 1.29 所示。例如，JLXK1—122 表示 2 对常开触头和 2 对常闭触头的单轮旋转式行程开关。通常行程开关的触头额定电压为 380V，额定电流为 5A。

图 1.29　行程开关的型号规格

二、位置控制线路工作原理

位置控制线路工作原理分析如下。

1. 行车向前运动

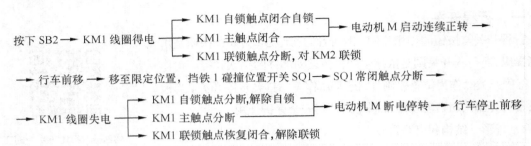

此时，即使再按下 SB2，由于 SQ1 常闭触点已分断，接触器 KM1 线圈也不会得电，保证行车不会超过 SQ1 所在的位置。

2. 行车向后运动

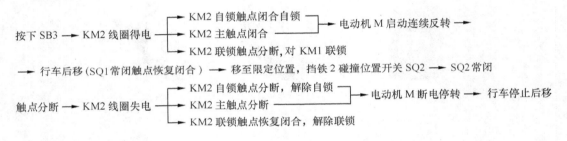

需要停止时按下 SB1 即可。

任务实施

（1）仔细观察行程开关，熟悉外形、结构、型号及主要技术参数的意义和动作原理。

（2）按照图 1.27 所示连接工作台自动往返控制线路。

（3）按下前进按钮 SB2，交流接触器 KM1 通电，电动机 M 通电正转运行。

（4）拨动前进位置行程开关 SQ1，交流接触器 KM1 断电，电动机 M 断电停止。

（5）按下后退按钮 SB3，交流接触器 KM2 通电，电动机 M 通电反转运行。

（6）拨动前进位置行程开关 SQ2，交流接触器 KM2 断电，电动机 M 断电停止。

（7）无论电动机处于何种状态，按下停止按钮 SB1，电动机 M 断电停止。

（8）操作完毕，关断电源开关。

> ★ 知识扩展——自动往返控制
>
> 　　有些生产机械，要求工作台在一定的行程内能自动往返运动，以实现对工件的连续加工。在图 1.30 所示的磨床工作台中，磨床机身安装了 4 个行程开关：SQ1、SQ2、SQ3 和 SQ4。其中，SQ1、SQ2 用来自动换向，当工作台运动到换向位置时，挡铁撞击行程开关，使其触点动作，电动机自动换向，使工作台自动往返运动；

SQ3、SQ4 被用作终端限位保护，以防止 SQ1、SQ2 损坏时，致使工作台越过极限位置而造成事故。

工作台自动循环控制电路

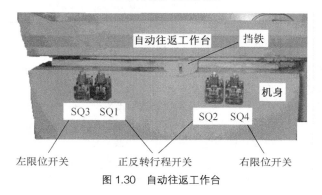

图 1.30 自动往返工作台

工作台自动往返控制线路原理图如图 1.31 所示。起换向作用的行程开关 SQ1 和 SQ2 用复合开关，动作时其常闭触头先断开对方控制电路，然后其常开触头接通自身控制电路，实现自动换向功能。当行程开关 SQ3 或 SQ4 动作时则切断控制电路，电动机停止。

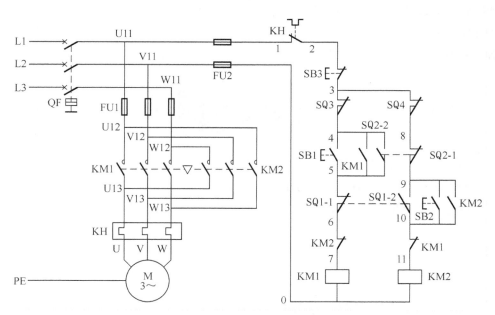

图 1.31 工作台自动往返控制线路原理图

工作台自动往返控制电路工作原理如下。

1. 启动

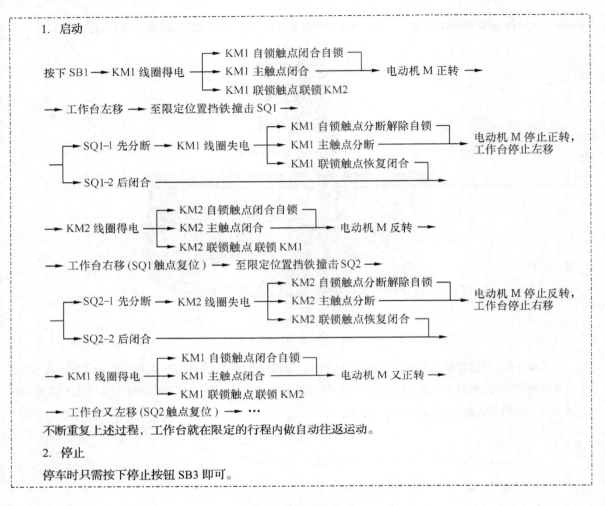

按下 SB1 → KM1 线圈得电 ⟶ KM1 自锁触点闭合自锁 / KM1 主触点闭合 / KM1 联锁触点联锁 KM2 → 电动机 M 正转 →

⟶ 工作台左移 ⟶ 至限定位置挡铁撞击 SQ1 →

⟶ SQ1-1 先分断 ⟶ KM1 线圈失电 → KM1 自锁触点分断解除自锁 / KM1 主触点分断 / KM1 联锁触点恢复闭合 → 电动机 M 停止正转，工作台停止左移

⟶ SQ1-2 后闭合 ⟶

⟶ KM2 线圈得电 → KM2 自锁触点闭合自锁 / KM2 主触点闭合 / KM2 联锁触点联锁 KM1 → 电动机 M 反转 →

⟶ 工作台右移（SQ1触点复位） ⟶ 至限定位置挡铁撞击 SQ2 →

⟶ SQ2-1 先分断 ⟶ KM2 线圈失电 → KM2 自锁触点分断解除自锁 / KM2 主触点分断 / KM2 联锁触点恢复闭合 → 电动机 M 停止反转，工作台停止右移

⟶ SQ2-2 后闭合 ⟶

⟶ KM1 线圈得电 → KM1 自锁触点闭合自锁 / KM1 主触点闭合 / KM1 联锁触点联锁 KM2 → 电动机 M 又正转 →

⟶ 工作台又左移（SQ2触点复位） ⟶ …

不断重复上述过程，工作台就在限定的行程内做自动往返运动。

2. 停止

停车时只需按下停止按钮 SB3 即可。

练 习 题

1. 行程开关与按钮有什么异同？
2. 行程开关在机床电气控制中起何作用？
3. 自动往返控制线路换向时需要先按下停止按钮吗？

顺序控制线路

任务引入

在装有多台电动机的生产设备上，各电动机的作用不同，有时需要按一定的顺序启动或停止才能满足生产工艺的要求。例如，万能铣床要求主轴电动机启动后，进给电动机才能启动。像这种要求几台电动机的启动/停止必须按照一定的先后顺序来完成的控制方式，称为电动机的顺序控制。

相关知识

如果有 2 台电动机，控制要求：第 1 台电动机 M1 先启动，第 2 台电动机 M2 后启动。顺序控制可以通过在控制后启动电动机接触器线圈电路上串联一个控制先启动电动机接触器的常开触头来实现。

1. 顺序控制线路 1

电动机顺序控制

顺序控制线路 1 如图 1.32 所示，后启动接触器 KM2 的线圈电路串接了先启动接触器 KM1 的常开触头（7、8）。显然，只有电动机 M1 启动后，电动机 M2 才能启动；按下 M2 停止按钮 SB22 时，M2 可单独停止；按下 M1 停止按钮 SB12 时，M1、M2 同时停止。KM1 的常开触头（7、8）起联锁控制 KM2 的作用。

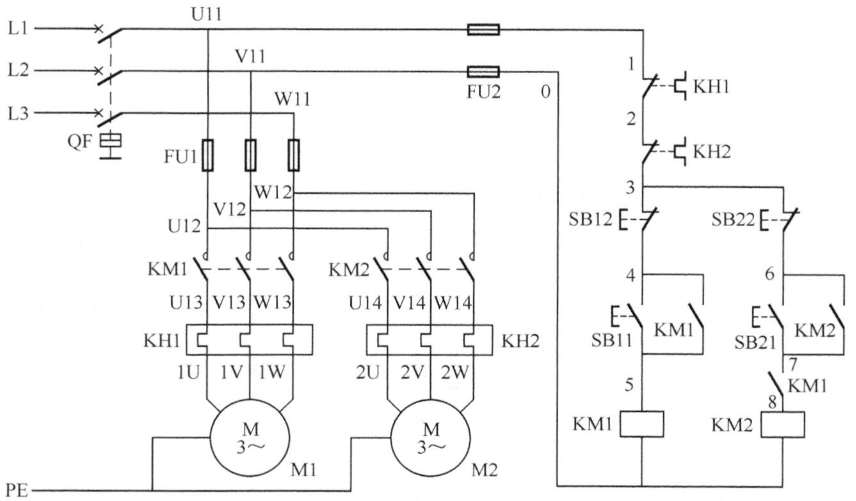

图 1.32 顺序控制线路 1 原理图

2．顺序控制线路2

顺序控制的另一种实现线路如图1.33所示，电动机M2的接触器KM2的线圈电路串接了KM1的常开触头（4、5）。显然，只有M1启动后，M2才能启动；按下停止按钮时，M1、M2同时停止。KM1的常开触头（4、5）有两个作用：一是自锁，二是联锁控制KM2。与图1.32所示的电路比较起来，明显本电路所使用的触头少，减少了故障的发生率。它实际上是将图1.32中的KM1常开触头（7、8）与KM1常开触头（4、5）合并为一个。

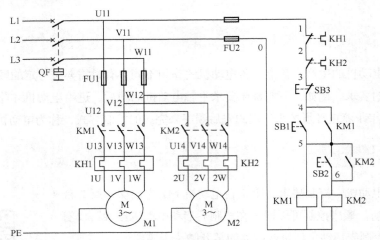

图1.33　顺序控制线路2原理图

3．顺序控制线路3

顺序控制线路3如图1.34所示，KM2的线圈电路串接了KM1的常开触头（7、8），KM2的常开触头（3、4）与M1的停止按钮SB12并接。实现了电动机M1启动后，M2才能启动；而M2停止后，M1才能停止的控制要求，即M1、M2是顺序启动，逆序停止。

控制电路实现顺序控制的电路图

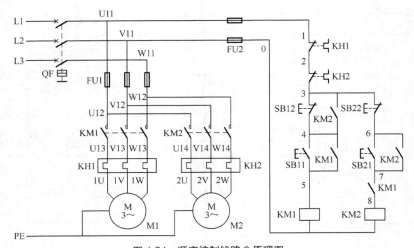

图1.34　顺序控制线路3原理图

任务实施

（1）按照图 1.32 所示连接顺序控制线路。

（2）按下启动按钮 SB11，电动机 M1 启动；按下启动按钮 SB21，电动机 M2 启动，M1 未启动，M2 不能启动；按下停止按钮 SB22，M2 电动机可单独停；按下停止按钮 SB12，两台电动机同时停止。

（3）操作完毕，关断电源开关。

（4）按照图 1.33 所示连接顺序控制线路。

（5）按下启动按钮 SB1，电动机 M1 启动；按下启动按钮 SB2，电动机 M2 启动，M1 未启动，M2 不能启动；按下停止按钮 SB3，两台电动机同时停止。

（6）操作完毕，关断电源开关。

（7）按照图 1.34 所示连接顺序控制线路。

（8）按下启动按钮 SB11，电动机 M1 启动；按下启动按钮 SB21，电动机 M2 启动，M1 未启动，M2 不能启动；按下停止按钮 SB22，M2 电动机停止；按下停止按钮 SB12，M1 电动机停止，M2 未停止，M1 不能停。

（9）操作完毕，关断电源开关。

1. 试绘出两台电动机顺序启动、同时停止控制线路原理图。
2. 试绘出两台电动机顺序启动、逆序停止控制线路原理图。

Y—△降压启动控制线路

任务引入

中、大功率电动机启动时把定子绕组接成Y形（绕组电压 220V），运转后把定子绕组接成△形（绕组电压 380V），这种启动方式称为Y—△降压启动。Y—△降压启动适合于正常运行为△形接法的电动机，启动时电源线电流减少为全压启动的 1/3，有效避免了启动时过大电流对电动机和供电线路的影响，但同时带负载能力只有△形启动的 1/3，只能带轻载启动。

电动机Y—△降压启动控制线路如图 1.35 所示。通常在控制电路中接入时间继电器 KT，利用时间继电器的延时功能自动完成Y—△形切换。控制要求：按下启动按钮，电动机Y形启动，延时几秒后，电动机△形运转；按下停止按钮，电动机停止。

Y-△形降压启动控制电路

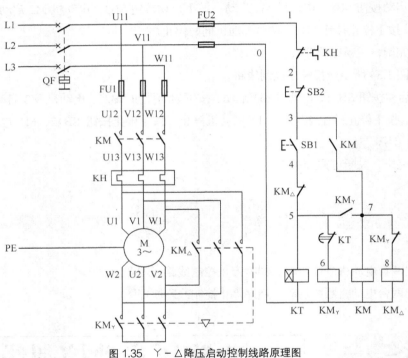

图 1.35　Y－△降压启动控制线路原理图

| 相关知识 |

一、时间继电器

图 1.36 所示为 JS14-A 系列晶体管式时间继电器的外形和操作面板。时间继电器的延时功能是指电磁线圈通电后触头延时一定时间后才会动作，通常在时间继电器上既有起延时作用的触头，也有瞬时动作的触头。

1. 时间继电器电路符号

时间继电器的电路符号如图 1.37 所示。

晶体管式时间继电器

| 时延 | 30 | 秒 |
| 电压 | AC220 | 伏 |

（a）外形　　　　　　　　（b）操作面板

图 1.36　时间继电器

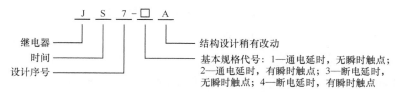

| KT | KT | KT | KT | KT |
| 通电延时线圈 | 线圈通电延时闭合常开触头 | 线圈通电延时断开常闭触头 | 常开触头 | 常闭触头 |

图 1.37　时间继电器电路符号

2. 型号规格

时间继电器的型号规格如图 1.38 所示。

J S 7 - □ A

继电器
时间
设计序号
结构设计稍有改动
基本规格代号：1—通电延时，无瞬时触点；
2—通电延时，有瞬时触点；3—断电延时，
无瞬时触点；4—断电延时，有瞬时触点

图 1.38　时间继电器的型号规格

3. 技术数据

晶体管式时间继电器延时精度高，时间长，调节方便。例如，图 1.36 所示的晶体管式时间继电器的延时规格为 30s，刻度调节范围 0～10，调节旋钮指向刻度 5，则延时时间为 15s。

其主要技术数据主要包含线圈电压和延时规格。

（1）线圈电压：交流为 36V、110V、220V 和 380V；直流为 24V、27V、30V、36V、110V 和 220V。

（2）延时规格：5s、10s、30s、60s、120s、180s；5min、10min、20min、30min、60min。

4. 选用

（1）根据延时时间长短选择时间继电器的类型和系列。

（2）时间继电器电磁线圈的电压应与控制电路电压等级相同。

二、丫—△降压启动控制线路电路原理

丫—△降压启动控制线路电路工作原理如下。

1. 启动

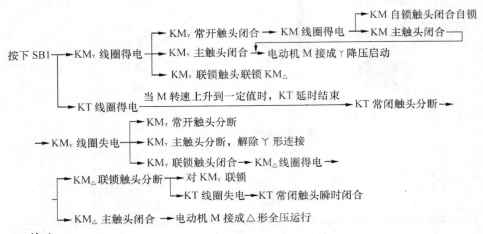

2. 停止

停止时，按下 SB2 即可实现。

任务实施

（1）仔细观察时间继电器，熟悉它们的外形、结构、型号及主要技术参数的意义和动作原理。

（2）按照图 1.35 所示连接丫—△降压启动控制线路。

（3）将时间继电器延时时间设置为 6s。

（4）按下启动按钮 SB1，电源接触器和丫形接触器通电，电动机丫形启动。当时间继电器延时 6s 后，丫形接触器断电，△形接触器通电，电动机△形运转。

（5）按下停止按钮 SB2，电动机断电停止。

（6）操作完毕，关断电源开关。

1. 如何选择和使用时间继电器？
2. 丫—△降压启动的特点是什么？

能耗制动控制线路

任务引入

三相异步电机切断电源后，由于惯性要经过一段时间才能停止。有的场所需要迅速停车，有的需要准确停车，就要采取一些使电机在切断电源后就迅速停车的措施，这种措施称为电机的制动。所谓能耗制动，就是在电动机脱离三相交流电源后，在定子绕组中加入一个直流电源，利用转子感应电流受静止磁场的作用以达到制动的目的。能耗制动控制线路如图 1.39 所示。

三相异步电动机制动控制

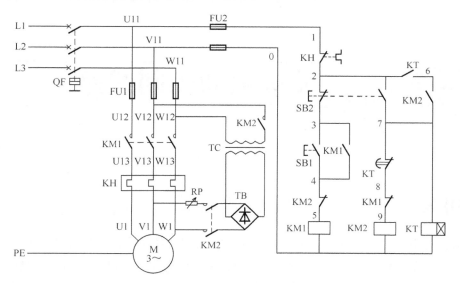

图 1.39　能耗制动控制线路原理图

相关知识——能耗制动控制的工作原理

在图 1.39 中，按下按钮 SB1，KM1 线圈得电自锁，其主触头闭合，电动机正常运行。停止时，按下按钮 SB2，KM1 线圈断电释放，电动机脱离三相交流电源；同时，KM2、KT 线圈得电自锁，KM2 主触头闭合，交流 380V 电压经变压器 TC 变压，再经桥式整流器 TB 整流，加到电动机的定子绕组上，电动机进入能耗制动状态。当时间继电器 KT 延时时间到，KT 延时常闭触头断开，KM2、KT 线圈同时断电，自锁解除，KM2 主触头断开，电动机能耗制动结束。其中，RP 用于调节制动时间。

任务实施

（1）按照图 1.39 所示连接能耗制动控制线路。

（2）将时间继电器延时时间设置为 3s。

（3）按下启动按钮 SB1，KM1 线圈得电自锁，主触头闭合，电动机启动运行。

（4）按下停止按钮 SB2，KM1 线圈失电，KM2、KT 线圈得电自锁，KM2 主触头闭合，进行能耗制动。延时 3s 后，控制电路复位。

（5）操作完毕，关断电源开关。

练习题

1. 为什么交流电源和直流电源不允许同时接入电机定子绕组？

2. 电机制动停车需在两相定子绕组通入直流电，若通入单相交流电，能否起到制动作用，为什么？

 反接制动控制线路

任务引入

反接制动是利用改变电动机电源的相序，使定子绕组产生与转子旋转方向相反的旋转磁场，从而产生制动转矩的一种制动方法。反接制动控制的关键是电动机电源相序的改变，当电动机的转速下降到接近于零时，要将电源自动切断，否则电动机会发生反转，因此可以采用速度继电器来检测速度的变化。反接制动控制线路如图 1.40 所示。反接制动适用于 10kW 以下小容量电动机的制动，并且对 4.5kW 以上的电动机进行反接制动时，需在定子绕组回路中串入限流电阻 R，以限制反接制动电流。

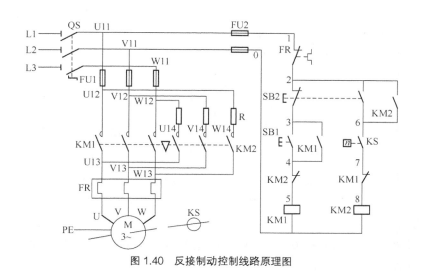

图 1.40　反接制动控制线路原理图

相关知识

一、速度继电器

　　速度继电器通常与接触器配合，用于笼型异步电动机的反接制动控制，也称反接制动继电器。速度继电器是用来反映转速与转向变化的继电器，按照被控电动机转速的大小使控制电路接通或断开的电器。

　　速度继电器主要用于三相异步电动机反接制动的控制电路中，当三相电源的相序改变以后，产生与实际转子转动方向相反的旋转磁场，从而产生制动力矩，使电动机在制动状态下迅速降低速度。在电机转速接近零时，速度继电器立即发出信号，切断电源使之停车（否则电动机开始反方向启动）。

　　1. 结构及工作原理

　　速度继电器的结构如图 1.41 所示，它主要由定子、转子和触头三部分组成。定子的结构与笼型异步电动机相似，是一个笼型空心圆环，由硅钢片冲压而成，并装有笼型绕组。转子是一个圆柱形永久磁铁。

　　速度继电器的轴与电动机的轴相连。转子固定在轴上，定子与轴同心。当电动机转动时，速度继电器的转子随之转动，绕组切割磁场产生感应电动势和电流，此电流和永久磁铁的磁场作用产生转矩，使定子向轴的转动方向偏摆，这与电动机的工作原理相同，定子转动时带动杠杆，杠杆推动触头，使常闭触头断开、常开触头闭合。当电动机转速下降到接近零时，转矩减小，定子柄在弹簧力的作用下恢复原位，触头也复原。当电动机旋转方向改变时，继电器的转子与定子的转向也改变，这时定子就可以触动另外一组触头，使之分断与闭合。当电动机停止时，继电器的触头即恢复原来的静止状态。

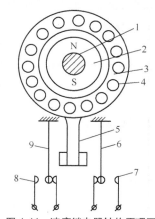

图 1.41　速度继电器结构原理图
1—转轴；2—转子；3—定子；4—绕组；
5—摆锤；6、9—簧片；7、8—静触头

2. 速度继电器电路符号

速度继电器的电路符号如图 1.42 所示。

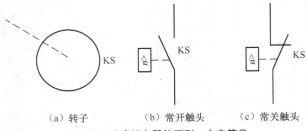

（a）转子　　　　　（b）常开触头　　　（c）常关触头

图 1.42　速度继电器的图形、文字符号

3. 技术数据

速度继电器额定工作转速有 300～1 000r/min 与 1 000～3 000r/min 两种，动作转速在 120r/min 左右，复位转速在 100r/min 以下。

常用的感应式速度继电器有 JY1 和 JFZ0 系列。JY1 型可在 700～3 600r/min 范围内可靠地工作；JFZ0-1 型可在 300～1 000r/min 范围内可靠地工作；JFZ0-2 型可在 1 000～3 000r/min 范围内可靠地工作。速度继电器有两对常开、常闭触头，触电额定电压为 380V，额定电流为 2A，分别对应于被控电动机的正、反转的反接制动。一般情况下，速度继电器的触头，在转速达 120r/min 时能动作，100r/min 左右时能恢复正常位置。

4. 选用

速度继电器根据电动机的额定转速进行选择。使用时，速度继电器的转轴应与电动机同轴连接，安装接线时，正反向的触头不能接错，否则不能起到反接制动时接通和分断反向电源的作用。

二、反接制动控制的工作原理

反接制动控制的工作原理分析如下。

1. 启动

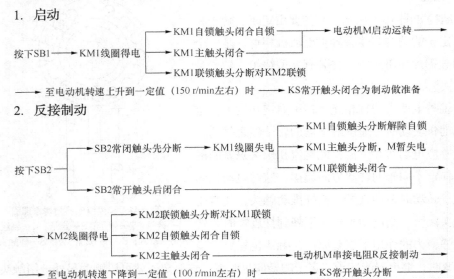

2. 反接制动

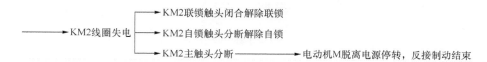

→ KM2线圈失电 → KM2联锁触头闭合解除联锁
→ KM2自锁触头分断解除自锁
→ KM2主触头分断 → 电动机M脱离电源停转，反接制动结束

任务实施

（1）按照图 1.40 所示连接反接制动控制线路。

（2）按下启动按钮 SB1，KM1 线圈得电自锁，主触头闭合，电动机启动运行。

（3）按下停止按钮 SB2，KM1 线圈失电，KM2 线圈得电自锁，KM2 主触头闭合，进行反接制动。当速度降到接近于零时，线路复位。

（4）操作完毕，关断电源开关。

1. 速度继电器在反接制动控制中的作用是什么？

2. 反接制动控制是否需要电气联锁？为什么？

课题二

| PLC 基本指令的应用 |

可编程序控制器（Programmable Logic Controller，PLC）是综合应用计算机技术、自动控制技术和通信技术的工业自动化控制装置，目前广泛应用于各类工业控制设备。PLC 的控制功能是通过用户程序实现的，用来编写用户程序的指令可分为基本指令、顺序指令和功能指令三大类。其中基本指令构成的程序梯形图类似于继电器控制系统的电气原理图，熟悉电气控制线路的人员比较容易理解和掌握程序梯形图。基本指令通常包括取指令、触点串联/并联指令、线圈输出指令、置位/复位指令、定时器、计数器应用指令等。

 **电动机的点动控制**

| 任务引入 |

电动机的点动控制要求：按下点动按钮 SB，电动机运转；松开点动按钮 SB，电动机停机。应用 PLC 实现的点动控制线路如图 2.1 所示，其输入/输出端口分配见表 2.1。

表 2.1 　　　　　　　　　点动控制线路输入/输出端口分配表

输入端口			输出端口		
输入端子	输入元件	作用	输出端子	输出元件	控制对象
I0.5	SB	点动	Q0.1	KM	电动机 M

电动机点动控制程序梯形图和指令表如图 2.2 所示。其工作原理：按下点动按钮 SB，输入继电器 I0.5 接通，其常开触点 I0.5 闭合，输出继电器 Q0.1 接通，控制输出端物理继电器的常开触点闭合，使交流接触器 KM 线圈通电，从而控制电动机通电运行。松开点动按钮 SB，常开触点 I0.5 断开，Q0.1 断开，电动机停机。

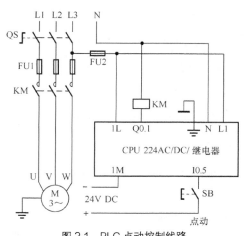

图 2.1　PLC 点动控制线路

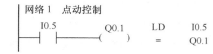

图 2.2　点动控制线路程序梯形图和指令表

| 相关知识 |

一、PLC 的特点

PLC 具有逻辑和运算控制等功能。由 PLC 组成的控制系统与继电器控制系统相比较，具有以下特点。

1. PLC 控制系统硬件结构简单

继电器控制逻辑是由大量的物理继电器连线组成，结构复杂。而 PLC 控制逻辑是由程序（软继电器）组成，取消了大量的中间继电器和时间继电器等控制器件，同时也大大简化了硬件接线。

2. PLC 的控制逻辑更改方便

要改变继电器控制逻辑必须重新接线，工作量很大，因此有的用户宁愿拆除旧的控制柜而另外新做一个电气控制柜；而修改 PLC 的控制逻辑只需要重新编写和下载程序即可。

3. 系统稳定、维护方便

PLC 性能指标高，抗干扰性强，能在工业生产环境下长期稳定地工作。据统计，PLC 控制系统的电气故障仅为相应功能的继电器控制系统故障的 5%。当电路发生故障时，可根据 PLC 输入/输出端口的 LED 显示来判断产生故障的部位，以便迅速地排除故障。

二、西门子 S7-200 系列 PLC

目前 S7-200 系列 PLC 的基本单元主要有 CPU 221、CPU 222、CPU 224 和 CPU 226 四种。其外部结构大体相同，如图 2.3 所示。

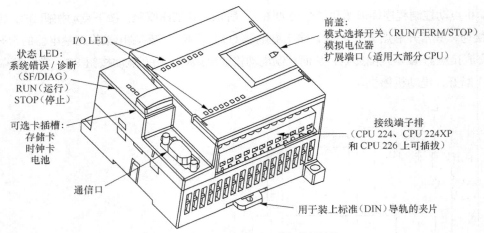

图 2.3　S7-200 系列 CPU 单元外部结构

（1）状态指示灯 LED：显示 CPU 所处的状态（系统错误/诊断、运行、停止）。

（2）可选卡插槽：可以插入存储卡、时钟卡和电池。

（3）通信口：RS-485 总线接口，可通过它与其他设备连接通信。

（4）前盖：前盖下面有模式选择开关（运行/终端/停止）、模拟电位器和扩展端口。模式选择开关拨到运行（RUN）位置，则程序处于运行状态；拨到终端（TEMR）位置，可以通过编程软件控制 PLC 的工作状态；拨到停止（STOP）位置，则程序停止运行，处于写入程序状态。模拟电位器可以设置 0～255 的值。扩展端口用于连接扩展模块，实现 I/O 的扩展。

（5）顶部端子盖下边为输出端子和 PLC 供电电源端子。输出端子的运行状态可以由顶部端子盖下方一排指示灯显示，ON 状态对应指示灯亮。底部端子盖下边为输入端子和传感器电源端子。输入端子的运行状态可以由底部端子盖上方一排指示灯显示，ON 状态对应指示灯亮。

1. S7-200 主要技术指标

可编程序控制器主机的技术性能指标反映出其技术先进程度和性能，是用户设计应用系统时选择 PLC 主机和相关设备的主要参考依据。S7-200 系列各主机的主要技术性能指标见表 2.2，全面性能指标见附录 1。

表 2.2　　　　　　　　　　　　　　　S7-200 主要技术指标

特　　性	CPU 221	CPU 222	CPU 224	CPU 226
外形尺寸/mm	90 × 80 × 62	90 × 80 × 62	120.5 × 80 × 62	190 × 80 × 62
程序存储器： 可在运行模式下编辑 不可在运行模式下编辑	4 096 字节 4 096 字节	4 096 字节 4 096 字节	8 192 字节 12 288 字节	16 384 字节 24 576 字节
数据存储区	2 048 字节	2 048 字节	8 192 字节	10 240 字节
掉电保持时间	50 小时	50 小时	100 小时	100 小时
本机 I/O： 数字量	6 入/4 出	8 入/6 出	14 入/10 出	24 入/16 出

续表

特　　　性	CPU 221	CPU 222	CPU 224	CPU 226
扩展模块	0 个模块	2 个模块	7 个模块	7 个模块
高速计数器 单相 双相	4 路 30kHz 2 路 20kHz	4 路 30kHz 2 路 20kHz	6 路 30kHz 4 路 20kHz	6 路 30kHz 4 路 20kHz
脉冲输出（DC）	2 路 20kHz	2 路 20kHz	2 路 20kHz	2 路 20kHz
模拟电位器	1	1	2	2
实时时钟	配时钟卡	配时钟卡	内置	内置
通信口	1 RS-485	1 RS-485	1 RS-485	2 RS-485
浮点数运算	有			
I/O 映像区	256（128 入/128 出）			
布尔指令执行速度	0.22μs/指令			

2．PLC 的外部端子

外部端子是 PLC 输入、输出及外部电源的连接点。S7-200 系列 PLC（以 CPU 224 为例）外部端子如图 2.4 所示。每种型号的 CPU 都有 DC/DC/DC 和 AC/DC/RLY 两类，用斜线分割的三部分分别表示 CPU 电源的类型、输入端口的电源类型及输出端口器件的类型。其中输出端口的类型中，DC 为晶体管，RLY 为继电器。各种型号的 PLC 接线端子图见附录 4。

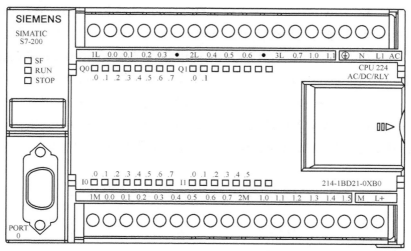

图 2.4　CPU 224　AC/DC/RLY 端子图

（1）底部端子（输入端子及传感器电源）。

L＋：24V DC 电源正极，为外部传感器供电。

M：24V DC 电源负极，接外部传感器负极。

xM：输入信号的公共端。

Ix：输入信号端子，输入信号接在 Ix.y 与 xM 之间。

（2）顶部端子（输出端子及供电电源）。

交流电源供电 AC：L1，N，⏚ 分别表示电源相线、中线和接地线。

直流电源供电 DC：L+，M，⏚ 分别表示电源正极、电源负极和地。

xL：输出信号的公共端。

Qx：输出信号端子。输出信号接在 Qx.y 和 xL 之间。

●：空端子，不要外接导线，以免损坏 PLC。

PLC 的输入、输出端口都是分组安排的，如 I0.0 表示 I0 这一组的 0 端。每组公共端按顺序编号，如输入端口 1M，2M…，输出端口 1L，2L，3L…，输出各组之间是互相分开的，这样负载可以使用多个电压系列（如 220V AC、24V DC 等）。

3．PLC 的结构

PLC 主要由 CPU、存储器、I/O 接口、通信接口、电源等几部分组成。

（1）CPU。CPU 是 PLC 的逻辑运算和控制中心，协调系统工作。

（2）存储器。PLC 的存储器 ROM 中固化了系统程序，不可以修改。存储器 RAM 中存放用户程序和工作数据，在 PLC 断电时由锂电池供电（或采用 Flash 存储器，不需要锂电池）。

（3）电源。将外部电源转换为 PLC 内部器件使用的各种电压（通常是 5V、24V DC）。备用电源采用锂电池。

（4）通信接口。通信接口是 PLC 与外界进行交换信息和写入程序的通道，S7-200 系列 PLC 的通信接口类型是 RS-485。

（5）输入接口。输入接口用来完成输入信号的引入、滤波及电平转换。输入接口电路如图 2.5 所示。输入接口电路的主要器件是光电耦合器。光电耦合器可以提高 PLC 的抗干扰能力和安全性能，进行高低电平（24V/5V）转换。输入接口电路的工作原理：当输入端按钮 SB 未闭合时，光电耦合器中发光二极管不导通，光敏三极管截止，放大器输出高电平信号到内部数据处理电路，输入端口 LED 指示灯灭；当输入端按钮 SB 闭合时，光电耦合器中发光二极管导通，光敏三极管导通，放大器输出低电平信号到内部数据处理电路，输入端口 LED 指示灯亮。对于 S7-200 直流输入系列的 PLC，输入端直流电源额定电压为 24V，既可以源型接线，也可以漏型接线。S7-200 也有交流输入系列的 PLC。

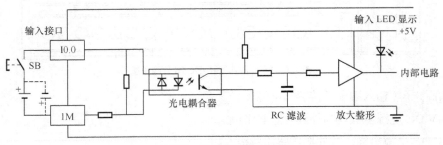

图 2.5　PLC 输入接口电路

（6）输出接口。PLC 的输出接口有继电器输出、晶体管输出和晶闸管输出三种形式，如图 2.6

所示。

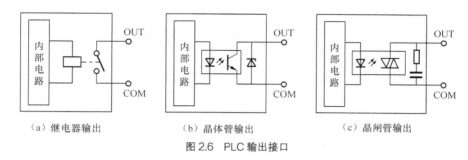

（a）继电器输出　　　　（b）晶体管输出　　　　（c）晶闸管输出

图 2.6　PLC 输出接口

　　继电器输出可以接交直流负载，但受继电器触点开关速度低的限制，只能满足一般的低速控制需要。为了延长继电器触点寿命，在外部电路中对直流感性负载应并联反偏二极管，对交流感性负载应并联 RC 高压吸收元件。晶体管输出只能接直流负载，开关速度高，适合高速控制的场合，如数码显示、输出脉冲信号控制步进电动机、模数转换等。其输出端内部已并联反偏二极管。晶闸管输出只能接交流负载，开关速度较高，适合高速控制的场合。其输出端内部已并联 RC 高压吸收元件。

　　4．程序语言

　　用户 PLC 程序可以用图 2.7 所示的梯形图语言或指令表语言编写。梯形图程序主要由触点、线圈等软元件组成，触点代表逻辑"输入"条件，线圈代表逻辑"输出"结果，程序的逻辑运算按从左到右的方向执行。触点和线圈等组成的独立电路称为网络，各网络按从上到下的顺序执行。

　　程序梯形图与继电器系统电气原理图类似。程序梯形图中的左侧竖线称为左母线，可以将左母线看成"电源线"，闭合的触点允许能量流通过它们流到下一个元件，而打开的触点阻止能量流的流动。例如，在图 2.7 所示的梯形图程序中，当常开触点 I0.0 闭合时，便有能量流从左母线经过 I0.0 流向线圈 Q0.0，称为线圈 Q0.0 通电；当常开触点 I0.0 断开时，线圈 Q0.0 断电。梯形图由网络组成，每个网络仅只有一个能量流通道，如图 2.7 所示，

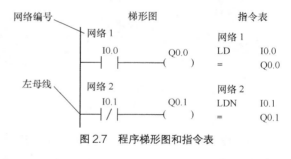

图 2.7　程序梯形图和指令表

网络 1 和网络 2 都只有一个能量流通道，如果把网络 1 和网络 2 的内容写在一起，则是错误的。指令表语言类似于计算机的汇编语言，梯形图语言和指令表语言可由编程软件自动转换。

　　5．LD、LDN、=指令

　　LD、LDN、=指令的助记符、逻辑功能等指令属性见表 2.3。

表 2.3　　　　　　　　　　　　　　LD、LDN、=指令

指令名称	助记符	逻辑功能	操作数
取	LD	装载常开触点状态	I、Q、M、SM、T、C、V、S、L
取反	LDN	装载常闭触点状态	I、Q、M、SM、T、C、V、S、L
输出	=	驱动线圈输出	Q、M、SM、V、S、L

（1）LD 是从左母线装载常开触点指令，以常开触点开始逻辑行的电路块也使用这一指令。

（2）LDN 是从左母线装载常闭触点指令，以常闭触点开始逻辑行的电路块也使用这一指令。

（3）= 指令是对线圈进行驱动的指令，= 指令可以连续使用多次，相当于电路中多个线圈的并联形式。

LD、LDN、= 指令如图 2.7 所示。在网络 1 中，常开触点 I0.0 控制线圈 Q0.0 的通断状态；在网络 2 中，常闭触点 I0.1 控制线圈 Q0.1 的通断状态。

在 PLC 中，I 是数字量输入存储器标识符，其位地址与输入端子相对应，如梯形图中 I0.0 与面板上的 I0 的第 0 个端子对应；Q 表示数字量输出存储器标识符，其位地址与输出端子相对应，如梯形图中 Q0.1 与面板上的 Q0 的第 1 个端子对应。

任务实施

一、连接 PLC 点动控制线路

1. 连接控制线路

断开电源，按照图 2.1 所示连接 PLC 点动控制电路。点动按钮 SB 连接 PLC 输入端 I0.5，接触器 KM 线圈连接输出端 Q0.1。

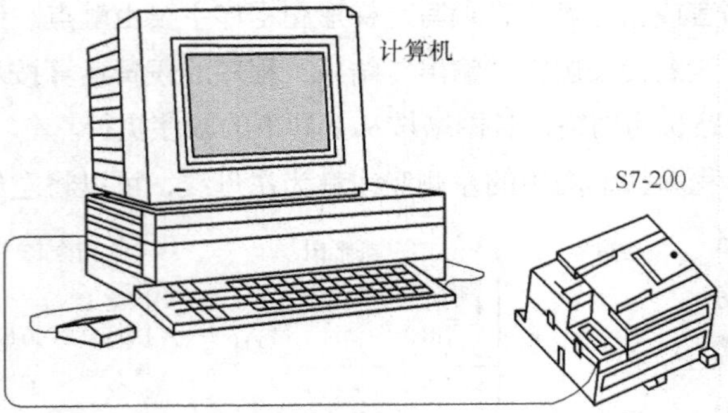

计算机

S7-200

RS-232/RS-485 通信电缆

图 2.8　PC/PPI 电缆连接计算机与 PLC

2. 连接编程电缆

按照图 2.8 所示进行连接。

（1）将 PC/PPI 电缆的 PC 端连接到计算机的 RS-232 通信口上（一般是串口 COM1）。如果使用的是 USB/PPI 电缆，要先安装 USB 驱动，然后连接 USB。

（2）将 PC/PPI 电缆的 PPI 端连接到 PLC 的 RS-485 通信口上。

3. 接线注意事项

（1）要认真核对 PLC 的电源规格。不同厂家、不同类型的 PLC 使用电源可能大不相同。S7-200 系列 PLC 额定工作电压为交流 100～240V。交流电源必须接于专用端子上，如果接在其他端子上，就会烧坏 PLC。

（2）直流电源输出端 L+，是为外部传感器 +24V 供电，该端子不能与其他外部 +24V 电源并接。

（3）空端子"●"上不能接线，以防损坏 PLC。

（4）接触器应选择线圈额定电压为交流 220V 或以下（对应继电器输出型的 PLC）。

（5）PLC 不要与电动机公共接地。

（6）在实验中，PLC 和负载可共用 220V 电源；在实际生产设备中，为了抑制干扰，常用隔离变压器（380V/220V 或 220V/220V）为 PLC 单独供电。

二、编写点动控制程序

STEP 7-Micro/WIN V4.0 软件能协助用户创建、编辑和下载用户程序，并具有在线监控功能。

1. 安装编程软件

（1）选择设置语言。单击 PLC 编程软件 STEP 7-Micro/WIN V4.0 的安装文件 "setup.exe"，进入 "选择设置语言" 界面，如图 2.9 所示，选择 "英语"，单击 "确定" 按钮，进入安装向导界面，单击 "Next" 按钮进入认证许可界面，然后单击 "Yes" 按钮进入下一个界面。

（2）选择安装路径。选择安装路径界面如图 2.10 所示，可单击 "Browse..." 按钮选择想要安装的路径，这里选默认路径，单击 "Next" 按钮进行安装。

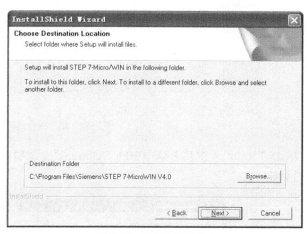

图 2.9　选择安装语言　　　　　　　　　图 2.10　选择安装路径

（3）设置 PG/PC 接口。在安装的过程中，需要选择 PG/PC 接口类型，如图 2.11 所示。选择默认的 "PC/PPI cable（PPI）"，单击 "OK" 按钮，直至安装结束。

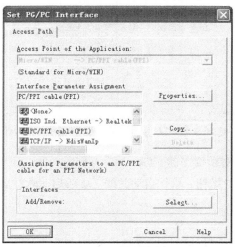

图 2.11　设置 PG/PC 接口

2. 从英文界面转为中文界面

安装后双击桌面快捷图标 "V4.0 STEP 7 MicroWIN SP3"，进入编程软件初始界面（首次启动时其界面为英文），如图 2.12 所示。

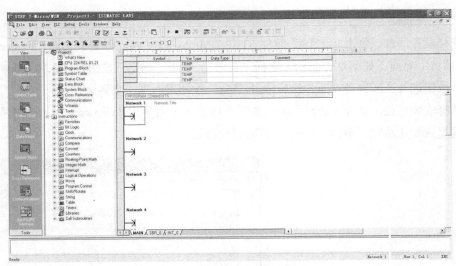

图 2.12　编程软件的英文主界面

单击"Tools"（工具）菜单中的"Options"（选项）命令，弹出"Options"（选项）对话框，如图 2.13 所示。

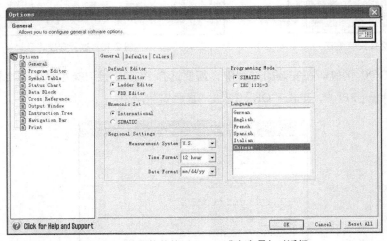

图 2.13　编程软件的"Options"（选项）对话框

单击"Options"（选项）对话框中的"General"（常规）项，在"Language"（语言）框中选择"Chinese"（中文），单击"OK"按钮，软件自动关闭。重新启动软件后，显示为中文界面，如图 2.14 所示。

3. 通信参数设置

首次连接计算机和 PLC 时，要设置通信参数。在 STEP 7-Micro/WIN V4.0 软件中文主界面上单击"通信"图标，则出现一个"通信"对话框，如图 2.15 所示。本地（计算机）地址为"0"，远程（PLC）地址为"2"。然后"双击刷新"，出现图 2.16 所示界面，从这个界面中可以看到，已经找到了类型为"CPU 224 CN REL 02.01"的 PLC，计算机已经与 PLC 建立起通信。

图 2.14　编程软件的中文主界面

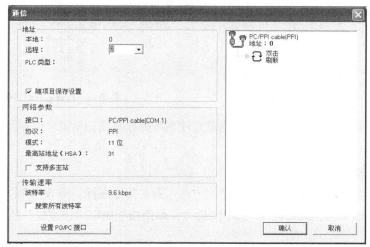

图 2.15　通信对话框 1

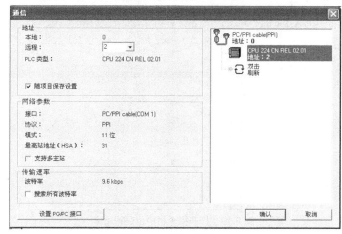

图 2.16　通信对话框 2

如果未能找到 PLC，可单击"设置 PG/PC 接口"进入设置界面，如图 2.11 所示，选择"PC/PPI cable（PPI）"接口，单击"属性"，进入属性界面，如图 2.17 所示。单击"默认"按钮，再单击"确定"按钮退出。然后"双击刷新"即可找到所连接的 PLC。

4. 建立和保存项目

运行编程软件 STEP 7-Micro/WIN V4.0 后，在中文主界面中执行"文件"→"新建"菜单命令，创建一个新项目。新建的项目包含程序块、符号表、状态表、数据块、系统块、交叉引用和通信 7 个相关的块。其中，程序块中默认有一个主程序 OB1、一个子程序 SBR0 和一个中断程序 INT0，如图 2.18 所示。

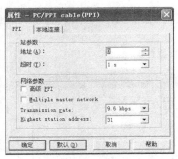

图 2.17　PPI 属性界面

图 2.18　新建项目的结构

执行"文件"→"保存"菜单命令，指定文件名和保存路径，单击"保存"按钮，文件以项目形式保存。

5. 梯形图程序编辑

在梯形图编辑器中有 4 种输入程序指令的方法：双击指令图标、拖放指令图标、指令工具栏编程按钮和特殊功能键（F4、F6、F9）。选中网络 1，单击指令树中"位逻辑"指令图标，如图 2.19 所示。

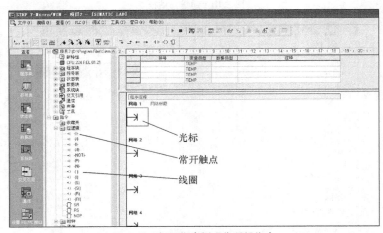

图 2.19　打开指令树中位逻辑指令

在编写梯形图图标时可采用如下方法。

（1）双击（或拖放）常开触点图标，在网络 1 中出现常开触点符号，如图 2.20 所示。

（2）在"？？.？"框中输入"I0.5"，按 Enter 键，光标自动跳到下一列，如图 2.21 所示。

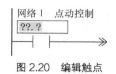

图 2.20　编辑触点

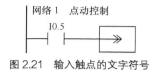

图 2.21　输入触点的文字符号

（3）双击（或拖放）线圈图标，在"？？.？"框中输入"Q0.1"，按 Enter 键，程序输入完毕，如图 2.22 所示。另外，也可以单击工具栏编程按钮输入点动控制用户程序，工具栏编程按钮如图 2.23 所示。

图 2.22　编辑线圈

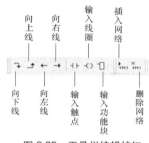

图 2.23　工具栏编辑按钮

6. 查看指令表

执行"查看"→"STL"菜单命令，则梯形图自动转为指令表，如图 2.24 所示。如果熟悉指令的话，也可以在指令表编辑器中编写用户程序。

7. 程序编译

用户程序编辑完成后，必须编译成 PLC 能够识别的机器指令，才能下载到 PLC。执行"PLC"→"编译"菜单命令，开始编译机器指令。编译结束后，在输出窗口中显示结果信息，如图 2.25 所示。纠正编译中出现的所有错误后，编译才算成功。

```
网络 1    点动控制
LD        I0.5
=         Q0.1
```

图 2.24　指令表编辑界面

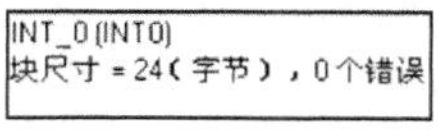

```
INT_0 (INT0)
块尺寸 = 24（字节），0 个错误
```

图 2.25　在输出窗口显示编译结果

8. 程序下载

计算机与 PLC 建立了通信连接并且编译无误后，可以将程序下载到 PLC 中。下载时 PLC 状态开关应拨到"STOP"位置或单击工具栏菜单中的■按钮。如果状态开关在其他位置，程序会询问是否转到"STOP"状态。

单击工具栏菜单中的▆按钮或执行"文件"→"下载"菜单命令，在图 2.26 所示的"下载"对话框中选择是否下载程序块、数据块、系统块等。单击下载按钮，开始下载程序。如果出现图 2.27 所示的情况，则单击"改动项目"然后再下载即可。

下载是从编程计算机将程序装入 PLC；上载则相反，是将 PLC 中存储的程序上传到计算机。

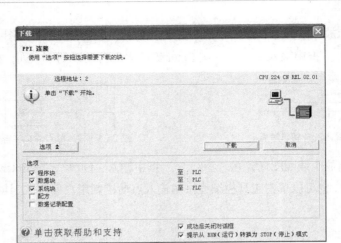

图 2.26　下载对话框 1

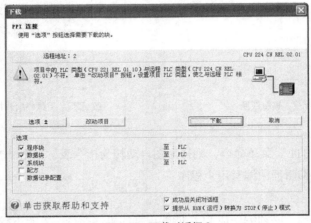

图 2.27　下载对话框 2

9. 运行操作

程序下载到 PLC 后，将 PLC 状态开关拨到"RUN"位置或单击工具栏菜单中的▶按钮，按下连接 I0.5 的开关，则输出端 Q0.1 接通，松开此开关，Q0.1 断开，实现点动控制功能。

10. 程序运行监控

执行"调试"→"开始程序状态监控"菜单命令或单击工具栏中的闷按钮。未接通的触点和线圈以灰白色显示，通电的触点和线圈以蓝色块显示，并且出现"ON"字符，如图 2.28 所示。

网络 1

```
  I0.5=ON          Q0.1=ON
───┤ ├───────────( )───
```

图 2.28　程序状态监控图

至此，完成了点动控制程序的编辑、写入、程序运行、操作和监控过程。如果需要保存程序，可执行"文件"→"保存"菜单命令，选择保存路径和文件名即可。

三、操作步骤

（1）按图 2.1 所示电路连接 PLC 点动控制线路。

（2）接通电源，拨状态开关于"RUN"（运行）位置。

（3）启动编程软件，单击工具栏停止图标■使PLC处于"STOP"（停止）状态。

（4）将图2.2所示的控制程序下载到PLC。

（5）单击工具栏运行图标▶使PLC处于"RUN"（运行）状态。

（6）按下按钮SB，输入端子I0.5通电（I0.5 LED亮），输出端子Q0.1通电（Q0.1 LED亮），交流接触器KM通电，电动机M通电运行。

（7）松开按钮SB，输入端子I0.5断电（I0.5 LED熄灭），输出端子Q0.1断电（Q0.1 LED熄灭），交流接触器KM断电，电动机M断电停止。

★ 知识扩展

一、仿真运行点动控制程序

学习PLC最有效的手段是联机编程和调试，但有的读者因硬件条件不足无法验证所编写的程序是否正确，影响了编程能力的提高。S7-200仿真器V2.0版是一款优秀的汉化仿真软件，不仅能仿真CPU-200主机，而且能仿真数字量、模拟量扩展模块和TD200文本显示器，对于缺少硬件的使用者来说，是帮助学习S7-200型PLC的理想工具。

仿真软件不能直接使用S7-200的用户程序，必须用"导出"功能将用户程序转换成ASCII文本文件，然后再下载到仿真器中运行。

1. 导出文件

点动控制程序编写后，在编程软件STEP 7-Micro/WIN V4.0中文主界面中执行"文件"→"导出"菜单命令，在导出程序块对话框中填入文件名和保存路径，该文本文件的后缀名为.awl。单击"保存"按钮，如图2.29所示。

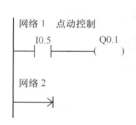
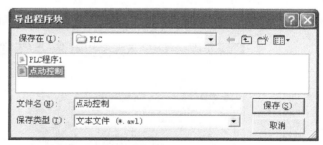

图2.29 导出文本文件

2. 启动仿真程序

仿真程序不需要安装，启动时执行其中的S7-200汉化版.EXE文件。启动S7-200仿真软件后，输入密码"6596"，如图2.30所示。

3. 选择CPU

执行"配置"→"PLC型号"菜单命令，选择与编程软件相应的CPU型号和CPU版本号后，单击"Accept"按钮，如图2.31所示。

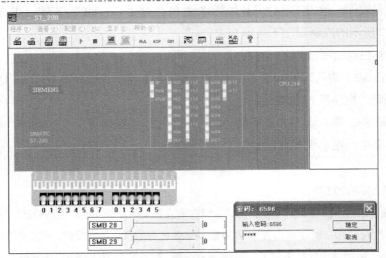

图 2.30　启动仿真器

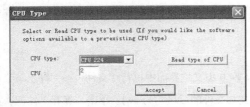

图 2.31　选择 CPU

4. CPU 224 仿真图形

显示 CPU 224 的仿真图形如图 2.32 所示。CPU 模块下面是 14 个双掷开关，与 PLC 的输入端相对应，可单击它们输入控制信号。它的下面是两个直线电位器，这两个电位器都是 8 位模拟量输入电位器，对应的特殊存储器字节分别是 SMB28 和 SMB29，可以用鼠标移动电位器的滑动块来设置它们的值（0～255）。

双击扩展模块的空框，可在对话框中选择扩展模块的类型，添加或删除扩展模块单元。

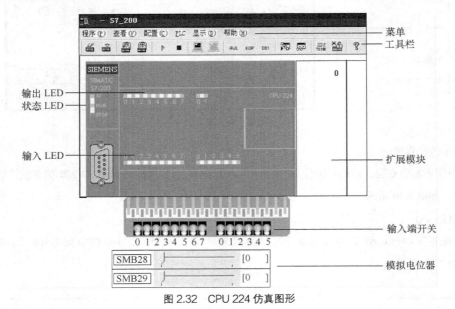

图 2.32　CPU 224 仿真图形

5. 选中逻辑块

执行"程序"→"装载程序"菜单命令，在"装载程序"对话框中仅选中逻辑块，单击"确定"按钮，如图 2.33 所示，就进入"打开"对话框。

6. 选中仿真文件

在"打开"对话框中选中导出的"点动控制.awl"文件，如图 2.34 所示。

图 2.33　装载程序逻辑块

图 2.34　选择待仿真文件

7. 仿真文件装入仿真器

点动控制程序的文本文件被装入仿真器软件中，如图 2.35 所示。

8. 仿真运行

单击工具栏上的 ▶ 按钮（或执行"PLC"→"运行"菜单命令），将仿真器切换到运行状态。单击输入端 I0.5 开关图标，接通 I0.5，输入 LED 灯 I0.5 和输出 LED 灯 Q0.1 点亮；断开 I0.5，输入 LED 灯 I0.5 和输出 LED 灯 Q0.1 灭，仿真结果符合程序逻辑，如图 2.36 所示。

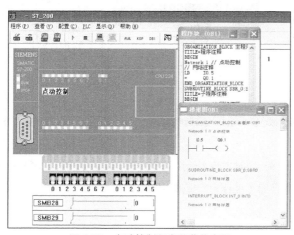

图 2.35　点动控制程序装载仿真器

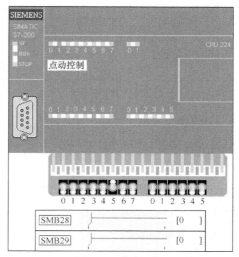

图 2.36　仿真运行

9. 内存变量监控

执行"查看"→"内存监视"菜单命令或单击工具栏中的 🔲 按钮，在对话框中填入变量地址，单击"开始/停止"按键，用来启动和停止监控。当 I0.5 接通时，I0.5 和 Q0.1 的值为"2#1"，否则为"2#0"，如图 2.37

所示，至此，仿真过程结束。

二、PLC 的分类

PLC 按结构可分为整体式和模块式。整体式的 PLC 具有结构紧凑、体积小，价格低的优势，适合常规电气控制。整体式的 PLC 也称为 PLC 的基本单元，在基本单元的基础上可以加装扩展模块以扩大其使用范围。模块式的 PLC 是把 CPU、输入接口、输出接口等做成独立的单元模块，具有配置灵活、组装方便的优势，适合输入/输出点数差异较大或有特殊功能要求的控制系统。

PLC 按输入/输出接口（I/O 接口）总数的多少可分为小型机、中型机和大型机。I/O 点数小于 128 的为小型机；I/O 点数在 129～512 的为中型机；I/O 点数在 512 以上的为大型机。PLC 的 I/O 接口数越多，其存储容量也越大，价格也越高，因此，在设计电气控制系统时应尽量减少使用 I/O 接口的数目。

三、PLC 的循环扫描工作方式

当 PLC 的方式开关置于 "RUN" 位置时，PLC 即进入程序运转状态。在程序运转状态下，PLC 工作于独特的周期性循环扫描工作方式。每一个扫描周期分为读输入、执行程序、处理通信请求、执行 CPU 自诊断和写输出 5 个阶段，如图 2.38 所示。

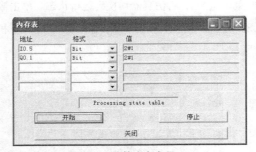

图 2.37　监控内存变量

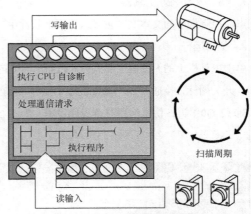

图 2.38　PLC 循环扫描工作方式

1. 读输入

在读输入阶段，PLC 的 CPU 将每个输入端口的状态复制到输入数据映像寄存器（也称为输入继电器）中。

2. 执行程序

在执行程序阶段，CPU 逐条顺序地扫描用户程序，同时进行逻辑运算和处理（即前条指令的逻辑结果影响后条指令），最终运算结果存入输出数据映像寄存器（也称为输出继电器）中。

3. 处理通信请求

CPU 执行通信任务。

4. 执行 CPU 自诊断

CPU 检查各部分是否工作正常。

5. 写输出

在写输出阶段，CPU 将输出数据映像寄存器中存储的数据复制到物理硬件继电器。

在非读输入阶段,即使输入状态发生变化,程序也不读入新的输入数据,这种方式是为了增强 PLC 的抗干扰能力和程序执行的可靠性。

PLC 扫描周期的时间与 PLC 的类型和程序指令语句的长短有关,通常 1 个扫描周期为几个至几十毫秒,超过设定时间时程序将报警。由于 PLC 的扫描周期很短,所以从操作上感觉不出来 PLC 的延迟。

PLC 循环扫描工作方式与继电器并联工作方式有本质的不同。在继电器并联工作方式下,当控制线路通电时,所有的负载(继电器线圈)可以同时通电,即与负载在控制线路中的位置无关。

PLC 属于逐条读取指令、逐条执行指令的顺序扫描工作方式,先被扫描的软继电器先动作,并且影响后被扫描的软继电器,即与软继电器在程序中的位置有关,在编程时掌握和利用这个特点,可以较好地处理软件联锁关系。

1. PLC 输入端有什么作用?PLC 输入端内部电路为什么用光电耦合器?
2. PLC 输出端有什么作用?PLC 输出有哪几种形式?各适用于什么性质的负载?
3. 将按钮 SB 接 PLC 的输入端 I0.3,指示灯 HL 接输出端 Q0.4,控制要求:按下 SB 时,HL 灯亮;松开 SB 时,HL 灯灭。
(1)绘出控制电路图。
(2)写出输入/输出端口分配表。
(3)设计程序梯形图和指令表。

电动机的自锁控制

任务引入

自锁控制是电气控制系统中最常用的功能之一。电动机自锁控制要求是:按下启动按钮 SB2,电动机连续运转;按下停止按钮 SB1,电动机停机。应用 PLC 实现的自锁控制线路如图 2.39 所示,其输入/输出端口分配见表 2.4。

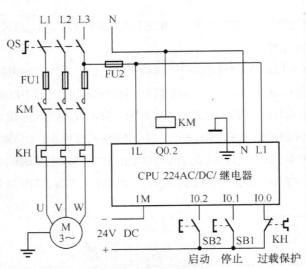

图 2.39 电动机自锁控制线路

表 2.4   PLC 输入/输出端口分配表

输　　　入			输　　　出		
输入端子	输入元件	作用	输出端子	输出元件	控制对象
I0.0	KH	过载保护	Q0.2	交流接触器KM	电动机M
I0.1	SB1	停止			
I0.2	SB2	启动			

相关知识

一、触点的串并联指令

在 PLC 程序中，触点串、并联指令的助记符、逻辑功能等指令属性见表 2.5。

表 2.5   触点串、并联指令

指令名称	助记符	逻辑功能	操作数
与	A	用于单个常开触点的串联连接	I、Q、M、SM、T、C、V、S、L
与反	AN	用于单个常闭触点的串联连接	
或	O	用于单个常开触点的并联连接	
或反	ON	用于单个常闭触点的并联连接	

触点串、并联指令的使用说明如下。

（1）A 指令完成逻辑"与"运算，AN 指令完成逻辑"与非"运算。

（2）触点串联指令可连续使用，使用的上限为 11 个。

（3）O 指令完成逻辑"或"运算，ON 指令完成逻辑"或非"运算。

（4）触点并联指令可连续使用，并联触点的次数没有限制。

串、并联指令的使用如图 2.40 所示，输入继电器常开触点 I0.0 与输出继电器 Q0.5 的常开触点是并联关系。I0.0 和 Q0.5 的逻辑结果与常闭触点 I0.1 进行逻辑"与"（串联），相"与"的结果决定了输出线圈 Q0.5 的输出。

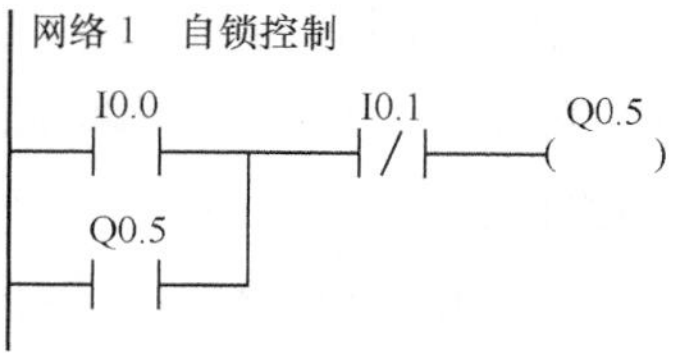

```
网络 1    自锁控制              网络 1    自锁控制
  I0.0        I0.1      Q0.5      LD      I0.0
──┤├──────┤/├────( )        O       Q0.5
  Q0.5                          AN      I0.1
──┤├──                         =       Q0.5
```

图 2.40　触点串、并联程序

二、置位复位指令

置位指令 S、复位指令 R 的梯形图符号、逻辑功能等指令属性见表 2.6。

表 2.6　　　　　　　　　　　　S、R 指令

指　令　名　称	LAD	STL	逻辑功能	操　作　数
置位指令 S	bit （S） N	S bit，N	从 bit 开始的 N 个元件置 1 并保持	I、Q、M、SM、T、C、V、S、L
复位指令 R	bit （R） N	R bit，N	从 bit 开始的 N 个元件置 0 并保持	

置位指令与复位指令的使用说明如下。

（1）bit 表示位元件，N 表示常数，N 的范围为 1～255。

（2）被 S 指令置位的软元件只能用 R 指令才能复位。

（3）R 指令也可以对定时器和计数器的当前值清零。

| 任务实施 |

一、编写 PLC 自锁控制程序

1. 电动机自锁控制程序一

根据电动机自锁控制要求，结合自锁控制的 PLC 输入/输出端口分配表，应用触点串、并联指令编写的电动机自锁控制程序如图 2.41 所示，程序工作原理如下。

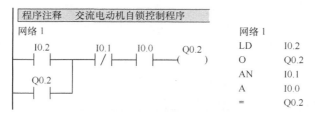

图 2.41　电动机自锁控制程序一

（1）开机准备。当 PLC 处于程序运行状态时，由于输入继电器 I0.0 端子外接的是热继电器 KH 的常闭触点，所以输入继电器 I0.0 通电，程序中的常开触点 I0.0 闭合，为输出继电器 Q0.2 线圈通电做好准备。

（2）启动。当按下启动按钮 SB2 时，程序中 I0.2 常开触点闭合，输出继电器 Q0.2 线圈通电，

Q0.2 常开触点自锁；当松开启动按钮 SB2 后，Q0.2 线圈由于自锁仍保持通电状态。

（3）停止。当按下停止按钮 SB1 时，输入继电器 I0.1 通电，程序中 I0.1 常闭触点断开，输出继电器 Q0.2 线圈断电并解除自锁。

（4）过载保护。当发生电动机过载时，热继电器 KH 的常闭触点断开，输入继电器 I0.0 断电，程序中 I0.0 常开触点断开，输出继电器 Q0.2 线圈断电并解除自锁，起到过载保护作用。

2. 电动机自锁控制程序二

电动机的自锁控制也可以应用置位/复位指令来实现，编写的程序如图 2.42 所示，程序工作原理如下。

（1）开机准备。当 PLC 处于程序运行状态时，由于输入继电器 I0.0 端子外接的是热继电器 KH 的常闭触点，所以输入继电器 I0.0 通电，程序中常闭触点 I0.0 应断开，不执行复位指令。

（2）启动。当按下启动按钮 SB2 时，程序中 I0.2 常开触点闭合，执行置位指令语句"S Q0.2，1"，使 Q0.2 置 1，Q0.2 线圈通电。即使松开 SB2，I0.2 常开触点断开，Q0.2 仍保持通电状态。

（3）停止。当按下停止按钮 SB1 时，输入继电器 I0.1 通电，程序中 I0.1 常开触点闭合，执行复位指令语句"R Q0.2，1"，使 Q0.2 复位为 0，输出继电器 Q0.2 线圈断电并保持。

（4）过载保护。当电动机过载时，热继电器 KH 的常闭触点断开，I0.0 断电，程序中 I0.0 的常闭触点闭合，执行复位指令语句"R Q0.2，1"，输出继电器 Q0.2 线圈断电，起到过载保护作用。出现过载保护情况后，必须排除故障后才能重新启动电动机，否则即使按下启动按钮电动机也不会启动。

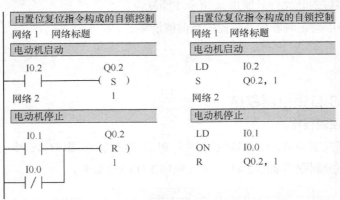

图 2.42 电动机自锁控制程序二

二、操作步骤

（1）按图 2.39 所示电路连接电动机自锁控制线路。

（2）接通电源，拨状态开关于"RUN"（运行）位置。

（3）启动编程软件，单击工具栏停止图标 ■ 使 PLC 处于"STOP"（停止）状态。

（4）将图 2.41 所示的控制程序下载到 PLC。

（5）单击工具栏运行图标 ▶ 使 PLC 处于"RUN"（运行）状态。

（6）PLC 上输入指示灯 I0.0 应点亮，表示输入继电器 I0.0 被热继电器 KH 常闭触点接通。如果指示灯 I0.0 不亮，说明热继电器 KH 常闭触点断开，热继电器已过载保护。

（7）按启动按钮 SB2，输入继电器 I0.2 常开触点闭合，使输出继电器 Q0.2 自锁，交流接触器 KM 通电，电动机 M 通电运行。

（8）按停止按钮 SB1，输入继电器 I0.1 常闭触点断开，使输出继电器 Q0.2 解除自锁，交流接触器 KM 失电，电动机 M 断电停止。

（9）将图 2.42 所示程序下载到 PLC，重新操作步骤（7）和步骤（8）。

★ 知识扩展

一、多地控制

多地控制是指在多个地方控制同一台电动机的启动与停止。图 2.43 所示为两地控制一台电动机的输入端接线图和 PLC 程序。两地启动按钮并联使用输入端口 I0.2，两地停止按钮并联使用输入端口 I0.1；I0.0 端口上连接热继电器 KH 的常闭触点；输出端口为 Q0.0。同理不难设计出多于两地控制的接线图。在多地控制中采用并联按钮的方法可以节省使用 PLC 输入端口的数目。

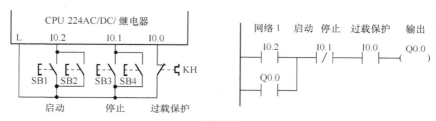

图 2.43 两地控制接线图和程序

二、问题解答

（1）在继电器控制线路中，通常停止按钮使用常闭触点。在 PLC 控制线路中，停止按钮使用常闭触点还是使用常开触点？

答：停止按钮使用常开触点的程序梯形图如图 2.44（a）所示，图中软元件 I0.1 要用常闭触点，与继电器控制线路图的符号一致，方便读者分析程序。因此，在未加说明情况下，在本书中停止按钮默认使用常开触点。

停止按钮使用常闭触点的程序梯形图如图 2.44（b）所示，图中软元件 I0.1 要用常开触点。未按下停止按钮时，由于输入继电器 I0.1 通电，所以 I0.1 的常开触点保持接通状态。如果连接停止按钮 I0.1 的外部线路因故障原因断开，程序会自动停止运行，安全性能高。因此，在实际生产设备中停止按钮要使用常闭触点。同理，过载保护也应使用热继电器的常闭触点。

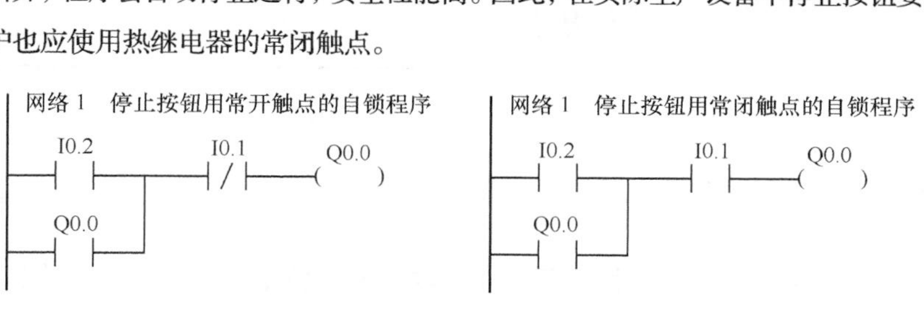

（a）停止按钮使用常开触点
（b）停止按钮使用常闭触点

图 2.44 停止按钮使用不同触点的程序梯形图

（2）在 PLC 控制线路中，热继电器的常闭触点是与接触器线圈串联还是占用 PLC 的一个输入端口？

答：虽然热继电器的常闭触点与接触器线圈串联可以节省 PLC 的一个输入端口，但在实际生产设备中，往往将多个热继电器的常闭触点串联，共同占用 PLC 的一个输入端口，并用这个端口联锁控制整个程序。因此，热继电器的常闭触点应占用一个输入端口为宜，如图 2.39 所示。在本书中，为了方便读者分析程序主要语句，有时也采用热继电器的常闭触点与接触器线圈串联的方式，即热继电器的工作状态与程序无关。

练 习 题

1. 说明 A 指令与 AN 指令的区别。
2. 说明 O 指令与 ON 指令的区别。
3. 在电动机多地控制中，如何连接各地的启动按钮和停止按钮？
4. 写出图 2.45 所示梯形图的指令表，找出程序中的启动触点、停止触点、自锁触点和联锁触点。

图 2.45　练习题 4

任务三　电动机的点动与自锁混合控制

任务引入

在实际生产中，除连续运行控制外，还需要用点动控制调整生产设备的状态。图 2.46 所示为 PLC 点动与自锁混合控制线路，其输入/输出端口分配见表 2.7。

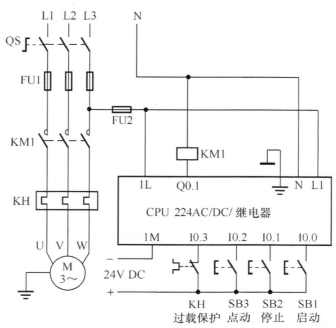

图 2.46　点动与自锁混合控制线路

表 2.7　输入/输出端口分配表

输　　入			输　　出		
输入端子	输入元件	作用	输出端子	输出元件	控制对象
I0.0	SB1	启动	Q0.1	接触器 KM1	电动机 M
I0.1	SB2	停止			
I0.2	SB3	点动			
I0.3	KH	过载保护			

相关知识——位存储器 M

在继电器控制系统中，中间继电器起着信号传递、分配等作用。在 PLC 控制程序中，位存储器 M 的作用类似于中间继电器。位存储器像输出继电器 Q 一样也有常开、常闭触点和线圈，但是线圈没有对应的输出端子，不能直接驱动外部负载，只能使用于程序内部。S7-200 系列 PLC 位存储器用 Mx.y 表示，其中 x 表示 8 位字节的地址，y 表示 x 字节的第 y 位，如 M0.1 表示第 0 个字节的第 1 位。

任务实施

一、编写点动与自锁混合控制程序

根据点动与自锁控制要求，结合 PLC 输入/输出端口分配表，使用位存储器 M 编写的电动机点动与自锁混合控制程序如图 2.47 所示。

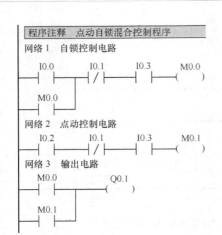

图 2.47　点动自锁混合控制程序

程序工作原理如下。

（1）开机准备。当 PLC 处于程序运行状态时，由于输入继电器 I0.3 端子外接的是热继电器 KH 的常闭触点，所以输入继电器 I0.3 通电，程序中的常开触点 I0.3 闭合，为电动机通电做好准备。

（2）自锁控制。当按下启动按钮 SB1 时，网络 1 中 I0.0 常开触点闭合，M0.0 线圈通电自锁，网络 3 中的 M0.0 常开触点闭合，输出继电器 Q0.1 线圈通电，电动机连续运转。当按下停止按钮 SB2 时，输入继电器 I0.1 通电，程序中 I0.1 常闭触点断开，M0.0 线圈断电并解除自锁，网络 3 中 M0.0 常开触点断开使输出继电器 Q0.1 线圈断电，电动机停止。

（3）点动控制。当按下点动按钮 SB3 时，网络 2 中 I0.2 常开触点闭合，M0.1 线圈通电，网络 3 中的 M0.1 常开触点闭合，输出继电器 Q0.1 线圈通电，电动机运转。当松开 SB3 时，网络 2 中的 M0.1 线圈断电，网络 3 中 M0.1 常开触点断开，输出继电器 Q0.1 线圈断电，电动机停止。

（4）过载保护。当发生电动机过载时，热继电器 KH 的常闭触点断开，输入继电器 I0.3 断电，程序中 I0.3 常开触点断开，M0.0、M0.1 线圈都断电，输出继电器 Q0.1 线圈断电，电动机停止，起到过载保护作用。

二、操作步骤

（1）按图 2.46 所示连接点动与自锁混合控制线路。

（2）接通电源，拨状态开关于"RUN"（运行）位置。

（3）启动编程软件，单击工具栏停止图标■使 PLC 处于"STOP"（停止）状态。

（4）将图 2.47 所示的控制程序下载到 PLC。

（5）单击工具栏运行图标▶使 PLC 处于"RUN"（运行）状态。

（6）PLC 上输入指示灯 I0.3 应点亮，表示输入继电器 I0.3 被热继电器 KH 常闭触点接通。如果指示灯 I0.3 不亮，说明热继电器 KH 常闭触点断开，热继电器已过载保护。

（7）按下点动按钮 SB3，电动机得电运行，松开点动按钮 SB3，电动机断电停机；按下启动按钮 SB1，电动机得电连续运行，按下停止按钮 SB2，电动机断电停机。在电动机连续运行时按点动按钮没有反应，在点动时按启动按钮电动机连续运行，说明连续运行优先。

★ 知识扩展

一、电路块的串并联指令

在 PLC 梯形图程序中除了单个触点的串联与并联形式外，比较复杂的电路还有电路块的串联与并联形式，对串联电路块的操作要应用“与块”指令，对并联电路块的操作要应用“或块”指令。电路块串并联指令的助记符、逻辑功能等指令属性见表 2.8。

表 2.8 ALD、OLD 指令

指令名称	STL	逻辑功能	操作元件
与块	ALD	并联电路块的串联连接	无
或块	OLD	串联电路块的并联连接	无

电路块串并联指令使用说明如下。

（1）两条及以上支路并联形成的电路叫并联电路块。当并联电路块与前面的电路串联连接时，使用 ALD 指令。并联电路块的起点用 LD 或 LDN 指令，并联结束后使用 ALD 指令，表示与前面的电路串联，如图 2.48 所示。

```
LD    I0.0
O     Q0.0
AN    I0.1
LD    I0.2
AN    I0.3
O     I0.4
ALD
=     Q0.0
```

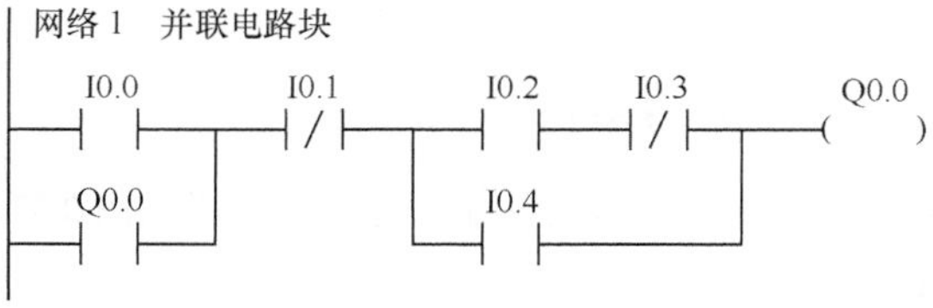

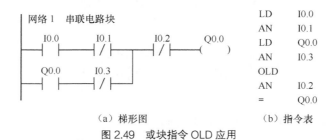

（a）梯形图 （b）指令表

图 2.48 与块指令 ALD 应用

（2）两个及以上触点串联形成的电路叫串联电路块。当串联电路块与前面的电路并联连接时，使用 OLD 指令。串联电路块的起点用 LD 或 LDN 指令，串联结束后使用 OLD 指令，如图 2.49 所示。

```
LD    I0.0
AN    I0.1
LD    Q0.0
AN    I0.3
OLD
AN    I0.2
=     Q0.0
```

（a）梯形图 （b）指令表

图 2.49 或块指令 OLD 应用

二、梯形图的编程规则

PLC 的梯形图程序应符合“上重下轻”“左重右轻”的编程规则，使程序结构精简，运行速度快。

图 2.50 所示的梯形图程序符合“上重下轻”的编程规则，程序有 4 条指令语句。

图 2.51 所示的梯形图程序不符合“上重下轻”的编程规则，虽然逻辑功能与图 2.50 所示的程序相同，但程序有 5 条指令语句，多用 1 条 OLD 指令。

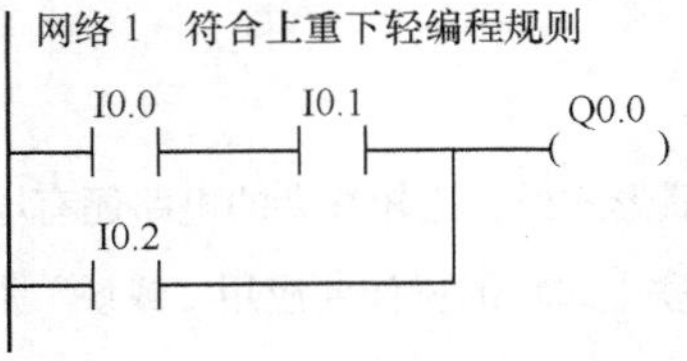

网络1　符合上重下轻编程规则　　　　网络1　符合上重下轻编程规则

```
  I0.0      I0.1        Q0.0         LD    I0.0
───┤├───────┤├──────────( )          A     I0.1
                                     O     I0.2
  I0.2                                =     Q0.0
───┤├──
```

图 2.50　符合"上重下轻"编程规则

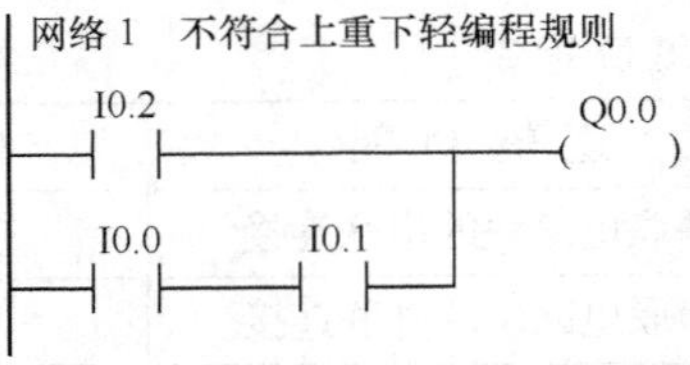

网络1　不符合上重下轻编程规则　　　网络1　不符合上重下轻编程规则

```
  I0.2              Q0.0             LD    I0.2
───┤├──────────────( )              LD    I0.0
                                     A     I0.1
  I0.0      I0.1                     OLD
───┤├───────┤├──                     =     Q0.0
```

图 2.51　不符合"上重下轻"编程规则

图 2.52 所示的梯形图程序符合"左重右轻"的编程规则，程序有 4 条指令语句。

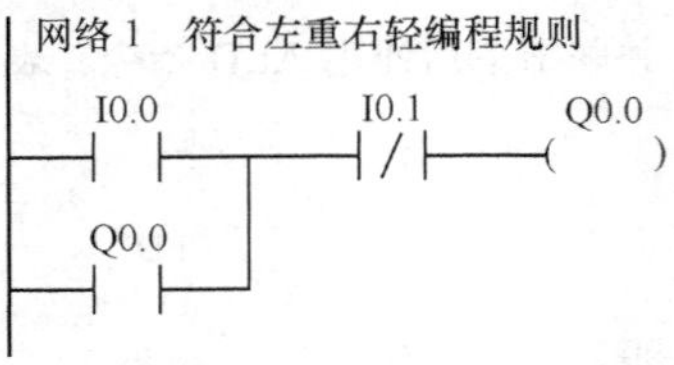

网络1　符合左重右轻编程规则　　　　网络1　符合左重右轻编程规则

```
  I0.0        I0.1      Q0.0         LD    I0.0
───┤├─────────┤/├───────( )          O     Q0.0
                                     AN    I0.1
  Q0.0                                =     Q0.0
───┤├──
```

图 2.52　符合"左重右轻"编程规则

图 2.53 所示的梯形图程序不符合"左重右轻"的编程规则，虽然逻辑功能与图 2.52 所示的程序相同，但程序指令语句有 5 条，多用 1 条 ALD 指令。

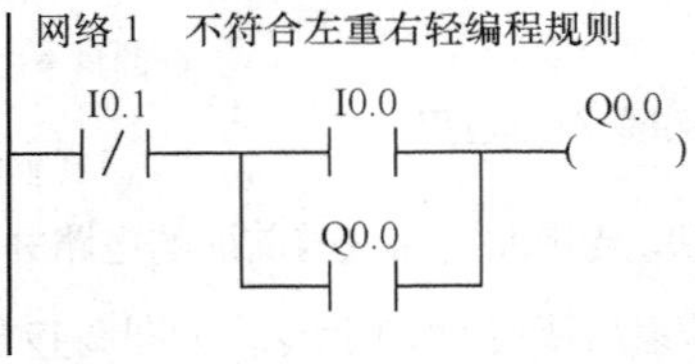

网络1　不符合左重右轻编程规则　　　网络1　不符合左重右轻编程规则

```
  I0.1        I0.0      Q0.0         LDN   I0.1
───┤/├────────┤├────────( )          LD    I0.0
                                     O     Q0.0
              Q0.0                   ALD
            ──┤├──                    =     Q0.0
```

图 2.53　不符合"左重右轻"编程规则

练习题

1. 试说明位存储器 M 与输出继电器 Q 的异同。

2. 什么叫并联电路块？当并联电路块与前面的电路串联连接时，使用什么指令？

3. 什么叫串联电路块？当串联电路块与前面的电路并联连接时，使用什么指令？

4. 某台设备电气接线图如图 2.54 所示，两台电动机分别受接触器 KM1、KM2 控制。控制要求是：两台电动机均可单独启动和停止；如果发生过载，则两台电动机均停止。第一台电动机的启动/停止控制端口是 I0.2/I0.1，第二台电动机的启动/停止控制端口是 I0.4/I0.3，过载保护端口是 I0.5。试编写 PLC 控制程序。

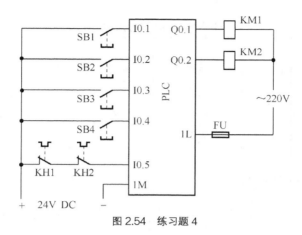

图 2.54 练习题 4

任务四 电动机的顺序启停控制

任务引入

某些生产设备往往需要多台电动机进行驱动，各台电动机的启动顺序由生产工艺决定。例如，某机械设备有 3 台电动机，控制要求如下：按下启动按钮，第 1 台电动机 M1 启动；运行 4s 后，第 2 台电动机 M2 启动；M2 运行 15s 后，第 3 台电动机 M3 启动。按下停止按钮，3 台电动机全部停机。应用 PLC 实现的顺序启动控制线路如图 2.55 所示，其输入/输出端口分配见表 2.9。

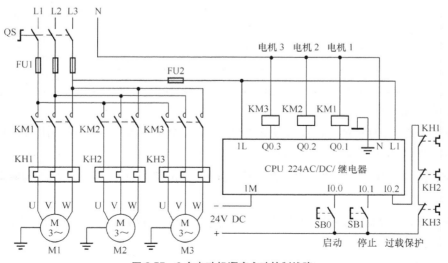

图 2.55 3 台电动机顺序启动控制线路

表 2.9　　　　　　　　　　　　　　　　输入/输出端口分配表

输　　入			输　　出		
输入端子	输入元件	作用	输出端子	输出元件	控制对象
I0.0	SB0	启动	Q0.1	接触器 KM1	电动机 M1
I0.1	SB1	停止	Q0.2	接触器 KM2	电动机 M2
I0.2	KH1、KH2、KH3	过载保护	Q0.3	接触器 KM3	电动机 M3

┃相关知识——定时器

S7-200 系列 PLC 定时器的类型有接通延时定时器（TON）、断开延时定时器（TOF）和有记忆接通延时定时器（TONR）3 种。其梯形图指令盒格式和 STL 指令格式见表 2.10。

表 2.10　　　　　　　　　　　　　　　定时器指令格式

项　　目	接 通 延 时	断 开 延 时	有记忆接通延时
LAD	T××× —IN　TON —PT　???ms	T××× —IN　TOF —PT　???ms	T××× —IN　TONR —PT　???ms
STL	TON　T×××, PT	TOF　T×××, PT	TONR　T×××, PT

PLC 有 256 个定时器，地址编号为 T0～T255，对应不同的定时器指令，其分类见表 2.11。

表 2.11　　　　　　　　　　　　　　定时器指令与定时器分类

定时器指令	分辨率/ms	计时范围/s	定时器号
TONR	1	1～32.767	T0、T64
	10	1～327.67	T1～T4、T65～T68
	100	1～3 276.7	T5～T31、T69～T95
TON, TOF	1	1～32.767	T32、T96
	10	1～327.67	T33～T36、T97～T100
	100	1～3 276.7	T37～T63、T101～T255

定时器使用说明如下。

（1）虽然 TON 和 TOF 的定时器编号范围相同，但一个定时器号不能同时用作 TON 和 TOF，例如，不能够既有 TON T32 又有 TOF T32。

（2）定时器的分辨率（脉冲周期）有 3 种：1ms、10ms 和 100ms。定时器的分辨率由定时器号决定。

（3）定时器计时实际上是对周期脉冲进行计数，其计数值存放于当前值寄存器中（16 位，数值范围是 1～32 767）。

（4）定时器的延时时间为设定值乘以定时器的分辨率。

（5）定时器满足输入条件时开始计时。

（6）每个定时器都有一个位元件，定时时间到时位元件动作。

1. 接通延时定时器（TON）指令

当 TON 定时器输入端（IN）接通时，TON 定时器开始计时，当定时器的当前值等于或大于设定值（PT）时，定时器位元件动作。如果 IN 保持接通，则定时器一直计数到最大值。当输入端（IN）断开时，定时器当前值寄存器内的数据清零，位元件自动复位。

TON 定时器指令编程的应用如图 2.56 所示。当 I0.0 常开触点接通时，定时器 T37 开始对 100ms 时钟脉冲进行计数，当当前值寄存器中的数据与设定值 100 相等（即定时时间 100ms × 100 = 10s）时，定时器位元件动作，T37 常开触点闭合，Q0.1 接通。如果 I0.0 一直接通，则 T37 计数到 3 276.7s 停止计时。当 I0.0 断开或 PLC 断电时，T37 定时器的当前值寄存器和位元件复位，Q0.1 断开。

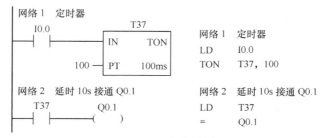

图 2.56　TON 定时器的应用

2. 断开延时定时器（TOF）指令

当 TOF 定时器输入端（IN）接通时，定时器位元件置"1"，并把当前值设为 0。

当输入端（IN）断开时，TOF 定时器开始计时，当定时器的当前值等于设定值（PT）时，定时器位元件复位，并且停止计时。

TOF 指令的应用如图 2.57 所示。某设备生产工艺要求：当主电动机停止工作后，冷却风机电动机要继续工作 1min，以便对主电动机降温。上述工艺要求可以用断开延时定时器来实现，PLC 输出端 Q0.1 控制主电动机，Q0.2 控制冷却风机电动机。

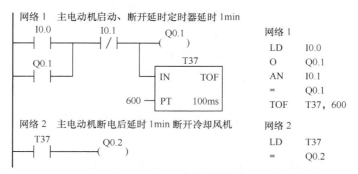

图 2.57　TOF 定时器的应用

在网络 1 中，按下启动按钮，I0.0 常开触点接通，Q0.1 接通自锁，同时定时器 T37 输入端（IN）接通，网络 2 中的 T37 常开触点闭合，Q0.2 接通，因此，主电动机和冷却风机电动机同时工作。按下停止按钮，Q0.1 断电解除自锁，主电动机停止工作。T37 开始对 100ms 时钟脉冲进行累积计数，当 T37 当前值寄存器中的数据与设定值 600 相等（即定时时间 100ms×600＝60s）时，定时器 T37 常开触点复位，Q0.2 断开，冷却风机电动机停止工作。

3．有记忆接通延时定时器（TONR）指令

当 TONR 定时器在计时中途输入端断开时，当前值寄存器中的数据仍然保持，当输入端重新接通时，当前值寄存器在原来数据的基础上继续计时，直到累计时间达到设定值，定时器动作。TONR 延时定时器的当前值寄存器数据只能用复位指令清 0。

TONR 定时器指令编程的应用如图 2.58 所示。在网络 1 中，当 I0.0 常开触点接通时，定时器 T5 开始对 100ms 时钟脉冲进行累积计数。当当前值寄存器中的数据与设定值 100 相等（即定时时间 100ms×100＝10s）时，网络 2 中的定时器 T5 常开触点接通，Q0.1 接通。

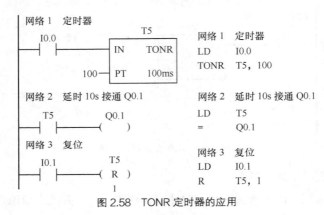

图 2.58　TONR 定时器的应用

在计时中途，若 I0.0 断开时，则 T5 定时器的当前值寄存器保持数据不变。当 I0.0 重新接通时，T5 在保存的当前值数据的基础上继续计时。

当 I0.1 常开触点接通时，复位指令使 T5 定时器复位，T5 当前值清 0，同时网络 2 中的 T5 常开触点复位，Q0.1 断开。

任务实施

一、编写 3 台电动机顺序启动控制程序

根据 3 台电动机顺序启动控制要求，结合 PLC 输入/输出端口分配表，使用定时器编写的电动机顺序启动控制程序如图 2.59 所示。

（1）开机准备。当 PLC 处于程序运行状态时，由于输入继电器 I0.2 端子外接的是热继电器 KH1～KH3 的常闭触点，所以输入继电器 I0.2 通电，程序中的常开触点 I0.2 闭合，为电动机通电做好准备。

（2）顺序启动。按下启动按钮 SB0，网络 1 中 I0.0 常开触点闭合，Q0.1 线圈通电自锁，电动机 M1 启动，同时定时器 T40 通电延时。延时 4s 后，网络 2 中 T40 常开触点闭合，Q0.2 线圈通电，M2 启动，同时定时器 T41 通电延时。延时 15s 后，网络 3 中 T41 常开触点闭合，Q0.3 线圈通电，M3 启动，完成 3 台电动机顺序启动过程。

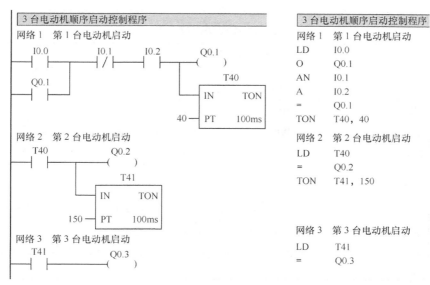

图 2.59　3 台电动机顺序启动控制程序

（3）停止。按下停止按钮 SB1 时，网络 1 中 I0.1 常闭触点断开，输出继电器 Q0.1 线圈断电解除自锁，同时定时器 T40、T41 断电，使 Q0.2、Q0.3 线圈断电，3 台电动机同时停止。

（4）过载保护。热继电器 KH1、KH2、KH3 的常闭触点串联接入输入继电器 I0.2，在未发生过载情况时，I0.2 通电，网络 1 中 I0.2 的常开触点闭合，为正常工作提供条件；当任一台电动机发生过载时，I0.2 断电，网络 1 中 I0.2 的常开触点断开，输出继电器 Q0.1 线圈断电，同时 T40、T41 常开触点断开，使 Q0.2、Q0.3 线圈断电，3 台电动机同时停止。

二、操作步骤

（1）按图 2.55 所示电路连接 3 台电动机顺序启动控制线路。

（2）接通电源，拨状态开关于"RUN"（运行）位置。

（3）启动编程软件，单击工具栏停止图标■使 PLC 处于"STOP"（停止）状态。

（4）将图 2.59 所示的控制程序下载到 PLC。

（5）单击工具栏运行图标▶使 PLC 处于"RUN"（运行）状态。

（6）PLC 上输入指示灯 I0.2 应点亮，表示热继电器 KH1、KH2、KH3 工作正常。

（7）按下启动按钮 SB0，电动机 M1 启动，T40 延时 4s 后电动机 M2 启动，T41 延时 15s 后电动机 M3 启动。按下停止按钮 SB1，三台电动机同时停机。

> ★ **知识扩展**
>
> 　一、特殊存储器
>
> 　特殊存储器（SM）提供了 PLC 和用户之间传递信息的方法，可以利用这些位选择和控制 S7-200 系列 PLC 的一些特殊功能，如第一次扫描的 ON 位、以固定速度触发位、数学运算或操作指令的状态位等。尽管 SM 区属于位存取区，但也可以按字节（8 位）、字（16 位）或者双字（32 位）来存取，其表示形式见表 2.12。

表2.12	特殊存储器区	
位	SM0.0～SM0.7 … SM549.0～SM549.7	4 400 点
字节	SMB0、SMB1、…SMB549	550 个
字	SMW0、SMW2、…SMW548	275 个
双字	SMD0、SMD4、…SMD544	137 个

以下是几个常用的特殊存储器的位。

SM0.0：运行监控。PLC 运转时始终保持接通（ON）状态。在 S7-200 系列 PLC 中，线圈和指令盒不能与左母线直接相连，可以使用 SM0.0 将左母线和线圈或指令盒连接起来。

SM0.1：初始脉冲。PLC 由停止状态（STOP）转为运行状态（RUN）的瞬时接通一个扫描周期。

SM0.4：周期 1min 方波振荡脉冲。

SM0.5：周期 1s 方波振荡脉冲。

二、脉冲产生程序

S7-200 系列 PLC 的特殊存储器 SM0.4、SM0.5 可以分别产生占空比为 1/2、脉冲周期为 1min 和 1s 的时钟脉冲信号，在需要时可以直接应用。在图 2.60 所示的梯形图中，用 SM0.5 的触点控制输出点 Q0.1，用 SM0.4 的触点控制输出点 Q0.5。

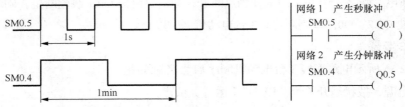

图 2.60　特殊存储器 SM0.4、SM0.5 的波形及应用

在实际应用中也可以组成自复位定时器来产生任意周期的脉冲信号。例如，产生周期为 15s，脉冲持续时间为一个扫描周期的信号。梯形图和时序图如图 2.61 所示。

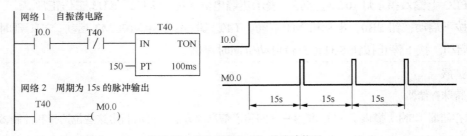

图 2.61　产生周期为 15s 的脉冲信号

由于扫描机制的原因，分辨率为 1ms 和 10ms 的定时器不能组成图 2.61 所示的自复位定时器，图 2.62 所示为 10ms 自复位定时器正确使用的例子。

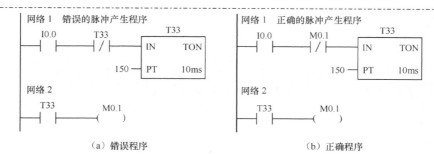

图 2.62　定时器正确使用

　　如果产生一个占空比可调的任意周期的脉冲信号则需要两个定时器，脉冲信号的低电平时间为 10s，高电平时间为 20s 的程序，如图 2.63 所示。

　　当 I0.0 接通时，T40 开始计时，T40 定时 10s 时间到，T40 常开触点闭合，Q0.1 接通，T41 开始计时；T41 定时 20s 时间到，T41 常闭触点断开，T40 复位，Q0.1 断开，T41 复位。T41 常闭触点闭合，T40 再次接通延时。因此，输出继电器 Q0.1 周期性通电 20s、断电 10s。各元件的动作时序如图 2.64 所示。

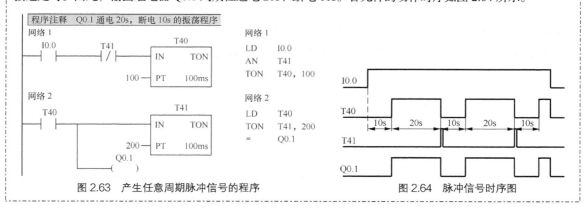

图 2.63　产生任意周期脉冲信号的程序

图 2.64　脉冲信号时序图

　　1. 某设备有两台电动机，控制要求：按下启动按钮，电动机 M1 启动；10s 后 M2 启动；M2 启动 1min 后 M1 和 M2 自动停止；若按下停止按钮，两台电动机立即停止。

　　（1）绘出控制电路图。

　　（2）写出输入/输出端口分配表。

　　（3）编写控制程序。

　　2. 某设备有一台大功率主电动机 M1 和一台为 M1 风冷降温的电动机 M2，控制要求如下：按下启动按钮，两台电动机同时启动；按下停止按钮，主电动机 M1 立即停止，冷却电动机 M2 延时 2min 后自动停止。

　　（1）绘出控制电路图。

　　（2）写出输入/输出端口分配表。

（3）编写控制程序。

电动机的正反转控制

任务引入

电动机的正反转控制是电气控制系统的常见控制之一，本任务应用边沿脉冲指令对电动机进行正反转控制。控制要求：不通过停止按钮，直接按正反转按钮就可改变转向，因此需要采用按钮联锁。为了减轻正反转换向瞬间电流对电动机的冲击，适当延长变换过程，即在正转转反转时，按下反转按钮，先停止正转，延缓片刻松开反转按钮时，再接通反转，反转转正转的过程同理。应用PLC实现的正反转控制线路如图2.65所示，其输入/输出端口分配见表2.13。

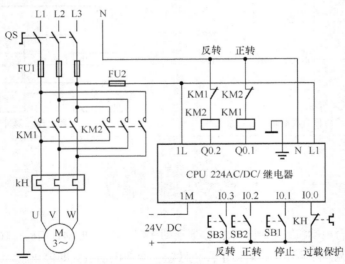

图 2.65　电动机正反转控制线路

表 2.13　　　　　　　　　　　输入/输出端口分配表

输　　入			输　　出		
输入端子	输入元件	作用	输出端子	输出元件	作用
I0.0	KH	过载保护	Q0.1	接触器 KM1	电动机正转
I0.1	SB1	停止	Q0.2	接触器 KM2	电动机反转
I0.2	SB2	正转			
I0.3	SB3	反转			

对于不能同时通电工作的接触器，如正反转控制接触器，必须有接触器常闭触点的硬件联锁。仅依靠程序软件联锁是不够的，因为 PLC 在写输出阶段，同一软元件的常开与常闭触点是同时动作的，如果没有接触器硬件联锁，则容易发生电源短路事故。

相关知识——边沿脉冲指令

S7-200 系列 PLC 有上升沿脉冲指令 EU 和下降沿脉冲指令 ED，其梯形图符号及逻辑功能等指令属性见表 2.14。

表 2.14　　EU、ED 指令

指 令 名 称	LAD	STL	逻 辑 功 能
上升沿脉冲	─┤P├─	EU	在上升沿产生脉冲
下降沿脉冲	─┤N├─	ED	在下降沿产生脉冲

边沿脉冲指令的使用说明如下。

（1）EU 指令对其之前的逻辑运算结果的上升沿产生一个扫描周期的脉冲。

（2）ED 指令对其之前的逻辑运算结果的下降沿产生一个扫描周期的脉冲。

例如，某台设备有两台电动机 M1 和 M2，其交流接触器线圈分别连接 PLC 的输出端 Q0.1 和 Q0.2，启动/停止按钮分别连接 PLC 的输入端 I0.0 和 I0.1。为了减小两台电动机同时启动对供电线路的影响，让 M2 稍微延迟片刻启动。控制要求：按下启动按钮，M1 立即启动，松开启动按钮时，M2 才启动；按下停止按钮，M1、M2 同时停止。

根据控制要求，使用边沿脉冲指令编写的程序梯形图和指令表如图 2.66 所示。

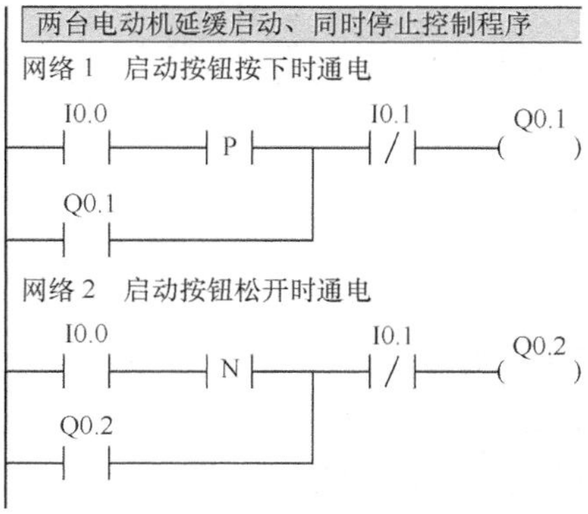


```
网络 1   启动按钮按下时通电
LD      I0.0
EU
O       Q0.1
AN      I0.1
=       Q0.1
网络 2   启动按钮松开时通电
LD      I0.0
ED
O       Q0.2
AN      I0.1
=       Q0.2
```

图 2.66　边沿脉冲指令程序

程序的工作原理：按下启动按钮的瞬间，输入继电器 I0.0 的常开触点闭合，EU 指令在其上升沿时控制输出继电器 Q0.1 自锁，M1 启动。

松开启动按钮的瞬间，输入继电器 I0.0 的常开触点断开，ED 指令在其下降沿控制输出继电器 Q0.2 自锁，M2 启动。

M1、M2 运转时按下停止按钮，Q0.1 和 Q0.2 均解除自锁，M1 和 M2 断电停机。时序图如图 2.67 所示。

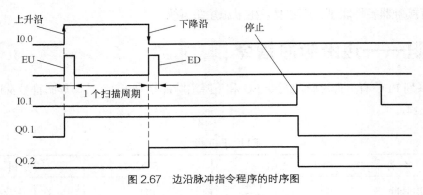

图 2.67　边沿脉冲指令程序的时序图

任务实施

一、编写三相交流电动机正反转控制程序

根据电动机正反转控制要求，结合 PLC 输入/输出端口分配表，使用边沿脉冲指令编写的电动机正反转控制程序如图 2.68 所示。

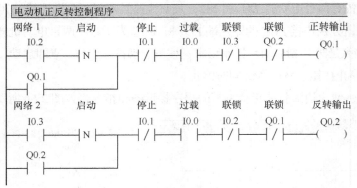

图 2.68　电动机正反转控制程序

程序工作原理如下。

（1）正转启动。按下正转按钮 SB2，网络 1 中 I0.2 常开触点闭合，电动机不会正转。当松开按钮 SB2 时，在 I0.2 的下降沿，Q0.1 线圈通电自锁，电动机正转。

（2）正转转反转。按下反转按钮 SB3，网络 1 中 I0.3 常闭触点断开，电动机正转停止。网络 2 中 I0.3 的常开触点闭合，电动机不会反转。当松开按钮 SB3 时，在 I0.3 的下降沿，Q0.2 线圈通电自锁，电动机反转。电动机反转转正转道理也是一样。

（3）停止。按下停止按钮 SB1 时，网络 1 和网络 2 中 I0.1 常闭触点断开，输出继电器 Q0.1、Q0.2 线圈断电解除自锁，电动机停止。

（4）过载保护。热继电器 KH 的常闭触点接入 I0.0，在未发生过载情况时，I0.0 通电，网络 1

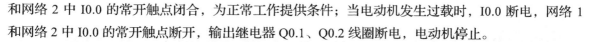

和网络 2 中 I0.0 的常开触点闭合，为正常工作提供条件；当电动机发生过载时，I0.0 断电，网络 1 和网络 2 中 I0.0 的常开触点断开，输出继电器 Q0.1、Q0.2 线圈断电，电动机停止。

（5）双重联锁。在梯形图程序中，网络 1 中常开触点 I0.2 和网络 2 中常闭触点 I0.2 与网络 1 中常闭触点 I0.3 和网络 2 中常开触点 I0.3 构成机械联锁；网络 1 中常闭触点 Q0.2 和网络 2 中常闭触点 Q0.1 构成电气联锁。

二、操作步骤

（1）按图 2.65 所示线路连接三相交流电动机正反转控制线路。

（2）接通电源，拨状态开关于"RUN"（运行）位置。

（3）启动编程软件，单击工具栏停止图标▇使 PLC 处于"STOP"（停止）状态。

（4）将图 2.68 所示的控制程序下载到 PLC。

（5）单击工具栏运行图标▶使 PLC 处于"RUN"（运行）状态。

（6）PLC 上输入指示灯 I0.0 应点亮，表示热继电器 KH 工作正常。

（7）正转启动。按下正转按钮 SB2，I0.2 常闭触点联锁反转输出继电器 Q0.2 断开，I0.2 常开触点闭合；松开 SB2，I0.2 常开触点断开，在其下降沿，使正转输出继电器 Q0.1 自锁，交流接触器 KM1 通电，电动机 M 通电正转运行。

（8）反转启动。分析方法同正转启动。

（9）停止。按下停止按钮 SB1，输出继电器 Q0.1、Q0.2 均解除自锁，交流接触器失电，电动机 M 断电停机。

1. 为什么说正反转接触器仅依靠软件联锁不可靠，而必须要有硬件联锁？

2. 电动机定时正反转控制要求：按下启动按钮，电动机正转，30s 后电动机自动换向反转，20s 后电动机自动换向正转，如此反复；按下停止按钮，电动机立即停止。

（1）绘出控制电路图。

（2）写出输入输出端口分配表。

（3）编写控制程序。

电动机的单按钮启动/停止控制

任务引入

在 PLC 控制系统的实际应用中，输入信号通常由众多的按钮、行程开关和各类传感器构成，有时可能出现输入继电器点数不够用的状况。在这种情况下，除了增加输入扩展模块外，还可以考虑减少输入继电器的使用点数。例如，用单按钮来控制电动机的启动和停止，即第一次按下按钮时电动机启动，第二次按下按钮时电动机停止。采用单按钮控制电动机启动和停止的线路如图 2.69 所示，其输入/输出端口分配见表 2.15。

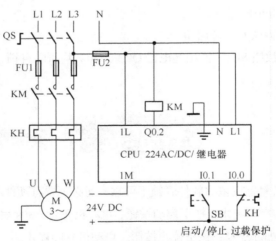

图 2.69　电动机单按钮启动/停止控制线路

表 2.15　　　　　　　　　　　　　　输入/输出端口分配表

输　　入			输　　出		
输入端子	输入元件	作用	输出端子	输出元件	控制对象
I0.0	KH	过载保护	Q0.2	接触器 KM	电动机 M
I0.1	SB	启动/停止			

相关知识——计数器

在生产中需要计数的场合很多，例如，对生产流水线上的工件进行定量计数，对线性产品进行定长计数。在 PLC 程序中，可以应用计数器来实现计数控制。S7-200 系列 PLC 共有 256 个计数器，其指令的形式见表 2.16，表中 C×××为计数器编号，取 C0～C255；CU 为增计数信号输入端；CD 为减计数信号输入端；R 为复位输入；LD 为装载预置值；PV 为预置值。计数器的功能是对输入脉冲进行计数，计数发生在脉冲的上升沿，达到计数器预置值时，计数器位元件动作，以完成计数控制任务。

表 2.16   计数器指令

形　　式	名　　称		
	增计数器	减计数器	增减计数器
LAD	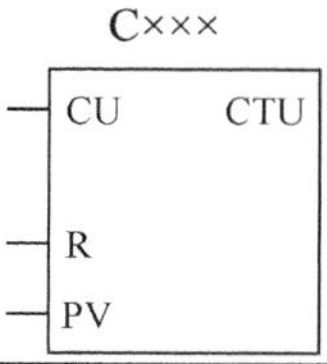 C××× CU　CTU R PV	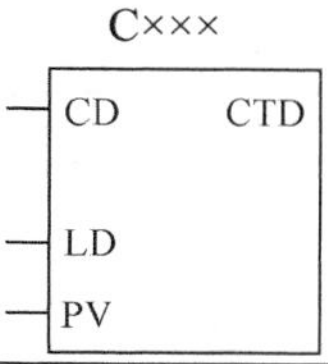 C××× CD　CTD LD PV	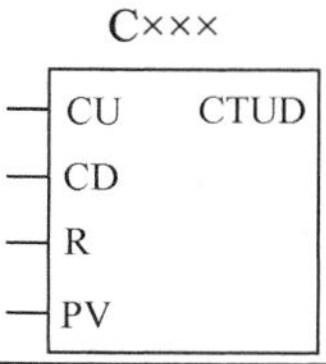 C××× CU　CTUD CD R PV
STL	CTU C×××, PV	CTD C×××, PV	CTUD C×××, PV

1. 增计数器指令 CTU

增计数器指令 "CTU" 从当前值开始，在每一个增计数器（CU）输入状态的上升沿时递增计数。当达到最大值（32 767）后停止计数。当当前计数值≥预置值（PV）时，计数器位元件被置位。当复位端（R）被接通或者执行复位指令时，计数器被复位。

增计数器的应用如图 2.70 所示，I0.0 为增计数输入端，I0.1 为复位端，预置值为 5，输出端为 Q0.1。I0.0 每接通一次，计数器 C1 的当前值加 1。增到 5 时，网络 2 中 C1 的常开触点闭合，输出继电器 Q0.1 通电。当 I0.1 接通一次，C1 当前值清 0，C1 的常开触点复位，Q0.1 断电。其时序图如图 2.71 所示。

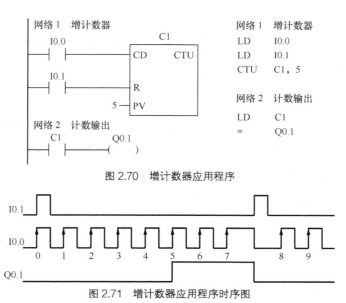

图 2.70　增计数器应用程序

图 2.71　增计数器应用程序时序图

定时器的计时时间有一个最大值，例如，分辨率为100ms的定时器的最长计时时间为3 276.7s，如果所需要的延时时间较长，可以采用计数器与时钟脉冲信号配合获得。在图2.72所示程序中，由特殊存储器SM0.5（秒脉冲信号）和一个计数器构成一个长延时控制程序。当启动端I0.0接通后，计数器C1对秒脉冲信号SM0.5进行计数，经过5h（1s×18 000）的延时，Q0.1才通电。当停止端I0.1接通时，C1复位，Q0.1断电。

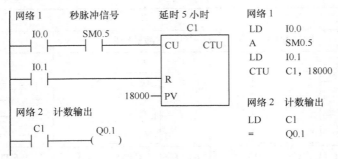

图2.72   长延时控制程序

2. 减计数器指令CTD

减计数器指令"CTD"从当前值开始，在每一个减计数器（CD）输入状态的上升沿时递减计数。当当前计数值等于0时，计数器位元件被置位。当装载输入端（LD）接通时，计数器位元件被自动复位，当前值复位为预置值（PV）。

图2.73所示为减计数器的应用程序。I0.1常开触点闭合时，预置值被装载，C1位元件复位，Q0.1断开。在I0.0常开触点闭合时，C1减计数，当I0.0第3次闭合时，C1的当前值为0，C1位元件置位，Q0.1接通，时序图如图2.74所示。

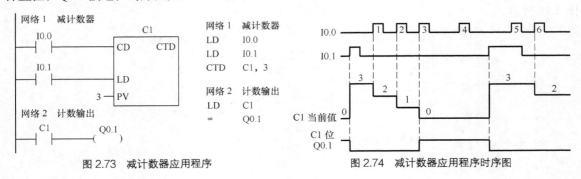

图2.73   减计数器应用程序   图2.74   减计数器应用程序时序图

3. 增减计数器指令CTUD

增减计数器有增计数和减计数两种工作方式，其计数方式由输入端决定。

当达到最大值（32 767）时，在增计数输入端的下一个上升沿将导致当前计数值变为最小值（−32 768）。当达到最小值（−32 768）时，在减计数输入端的下一个上升沿将导致当前计数值变为最大值（32 767）。

图2.75所示为增减计数器指令应用。I0.0接增计数端，I0.1接减计数端，I0.2接复位端。当当前值≥4时，C10常开触点闭合，Q0.1接通。其时序图如图2.76所示。

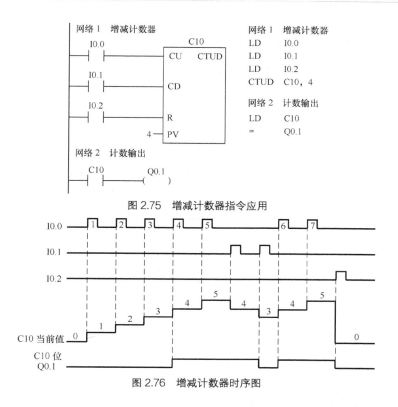

图 2.75 增减计数器指令应用

图 2.76 增减计数器时序图

任务实施

一、编写电动机单按钮启动/停止控制程序

根据单按钮启动/停止控制要求，结合其 PLC 输入/输出端口分配表，应用计数器指令编写的电动机控制程序如图 2.77 所示，输入/输出时序图如图 2.78 所示。

启动/停止共用同一个按钮，连接输入继电器 I0.1 端口，负载连接输出继电器 Q0.2 端口。为消除按钮触点抖动产生的计数误差，I0.1 接入断开延时定时器 T40 的输入端，因为 T40 延时 1s，所以对 1s 时间内的重复抖动不计数。其程序工作原理如下。

（1）启动。当 PLC 进入程序运行状态时，C1、C2 的当前值为 0。当第 1 次按下按钮时，T40 常开触点闭合，计数器 C1、C2 当前计数值为 1，此时 C1 的当前值与设定值 1 相等，C1 常开触点闭合，输出端 Q0.2 通电，接触器 KM 得电，电动机启动运转。

（2）停止。第 2 次按下按钮，C2 的当前值为 2，与设定值 2 相等，C2 常开触点闭合，C1、C2 均被复位，C1 的常开触点断开，输出端 Q0.2 断电，电动机停止。

（3）过载保护。如果发生电动机过载，则热继电器 KH 常闭触点断开，程序中 I0.0 常闭触点闭合，使 C1 和 C2 复位，输出端 Q0.2 断电，电动机停止，起到过载保护作用。

二、操作步骤

（1）按图 2.69 所示线路连接电动机单按钮启动/停止控制线路。

（2）接通电源，拨状态开关于"RUN"（运行）位置。

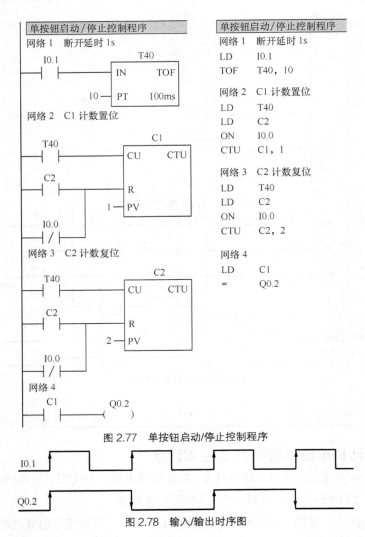

图 2.77　单按钮启动/停止控制程序

图 2.78　输入/输出时序图

（3）启动编程软件，单击工具栏停止图标 ■ 使 PLC 处于"STOP"（停止）状态。

（4）将图 2.77 所示的控制程序下载到 PLC。

（5）单击工具栏运行图标 ▶ 使 PLC 处于"RUN"（运行）状态。

（6）PLC 上输入指示灯 I0.0 应点亮，表示热继电器 KH 工作正常。

（7）按下启动/停止按钮 SB，负载通电；再次按下启动/停止按钮 SB，负载断电。但 1s 时间内数次按下按钮的动作无效。

1. 简述计数器的分类、用途。

2. 某电动机控制要求：按下启动按钮，电动机正转，30s 后电动机自动换向反转，20s 后电动机自动换向正转，如此反复循环 10 次后电动机自动停止。若按下停止按钮，电动机立即停止。

（1）绘出控制电路图。

（2）写出输入/输出端口分配表。

（3）设计出控制程序。

电动机的 丫—△ 降压启动控制

任务引入

电动机的丫—△降压启动控制也是电气控制系统常见的控制，假如某丫—△降压启动控制要求如下：当按下启动按钮 SB1 时，电动机丫形连接启动，6s 后自动转为△形连接运行。当按下停止按钮 SB2 时，电动机停机。采用丫—△降压启动控制的线路如图 2.79 所示，其输入/输出端口分配见表 2.17。

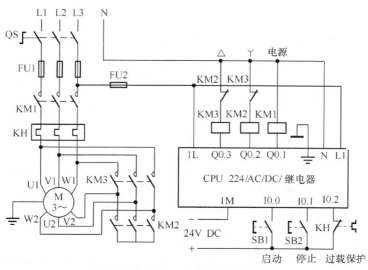

图 2.79　电动机丫—△降压启动控制线路

表 2.17　　　　　　　　　　　　　　输入/输出端口分配表

输　入			输　出		
输入端子	输入元件	作用	输出端子	输出元件	作用
I0.0	SB1	启动	Q0.1	接触器 KM1	电源接触器
I0.1	SB2	停止	Q0.2	接触器 KM2	丫形启动
I0.2	KH	过载保护	Q0.3	接触器 KM3	△形运行

相关知识——堆栈指令

我们知道，如果计算 $A \times B + C \times D$ 的值，要先将 $A \times B$ 和 $C \times D$ 这两个中间计算结果求出并保存，然后再做两者的加法运算才能得到最终结果。堆栈就是 PLC 按照数据"先进后出"的原则保存中间运算结果的存储器。在 S7-200 系列 PLC 中有 9 个堆栈单元，每个单元可以存入一位二进制数据，所以最多可以连续保存 9 个运算数据。堆栈指令的执行过程如图 2.80 所示。

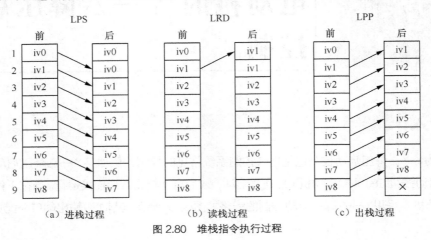

（a）进栈过程　　　　　　　（b）读栈过程　　　　　　（c）出栈过程

图 2.80　堆栈指令执行过程

进栈、读栈、出栈指令的助记符、逻辑功能见表 2.18。

表 2.18　　　　　　　　　　　　LPS、LRD、LPP 指令

助 记 符	指令名称	逻 辑 功 能
LPS	进栈	各级数据依次下移到下一级单元；栈顶单元数据不变；第 9 单元数据丢失
LRD	读栈	第 2 单元的数据送入栈顶单元；各级数据位置不发生上移或下移
LPP	出栈	第 2 单元的数据送入栈顶单元；其他各级数据依次上移到上一级

进栈、读栈、出栈指令的使用说明如下。

（1）LPS、LPP 指令必须成对使用，中间的支路都用 LRD 指令，处理最后一条支路时必须用 LPP 指令。而且连续使用不能超过 9 次，否则数据溢出丢失。

（2）使用 LPS、LRD、LPP 指令时，如果其后是单个触点，需用 A 或 AN 指令；如果其后是电路块，则在电路块的始点用 LD 或 LDN 指令，然后用与块指令 ALD。

在图 2.81 所示的程序中，因为 I0.0 总控制输出继电器 Q0.1～Q0.5，所以 I0.0 的状态要使用 5次。因此，在"LD　I0.0"指令语句后先用 LPS 指令将 I0.0 的状态存入堆栈单元，然后与 I0.1 的状态做"与"运算控制 Q0.1。

在 3 次执行 LRD 读栈指令中，I0.0 的状态被读入顶层单元，分别与 I0.2、I0.3、I0.4 的状态做"与"运算后控制 Q0.2、Q0.3、Q0.4。

在 I0.0 的最后控制行，执行 LPP 出栈指令，I0.0 的状态与 I0.5 的状态做"与"运算后控制 Q0.5。

程序指针离开堆栈返回左母线，执行网络 2 中指令语句。

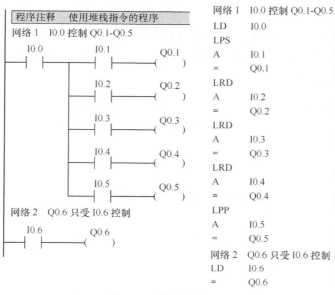

图 2.81　堆栈指令的应用

（3）堆栈可以嵌套，在图 2.82（a）所示的程序中，使用了 2 级堆栈，指令表如图 2.82（b）所示。具体程序请读者自己分析。

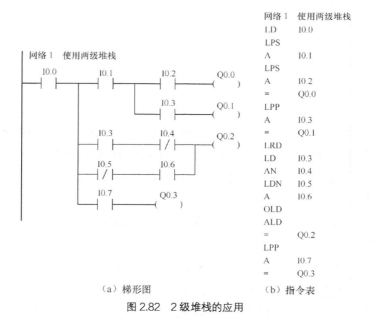

（a）梯形图　　　　　　（b）指令表

图 2.82　2 级堆栈的应用

任务实施

一、编写电动机 丫—△ 降压启动控制程序

根据电动机丫—△降压启动控制要求，结合其 PLC 输入/输出端口分配表，应用堆栈指令编写的电动机控制程序如图 2.83 所示。

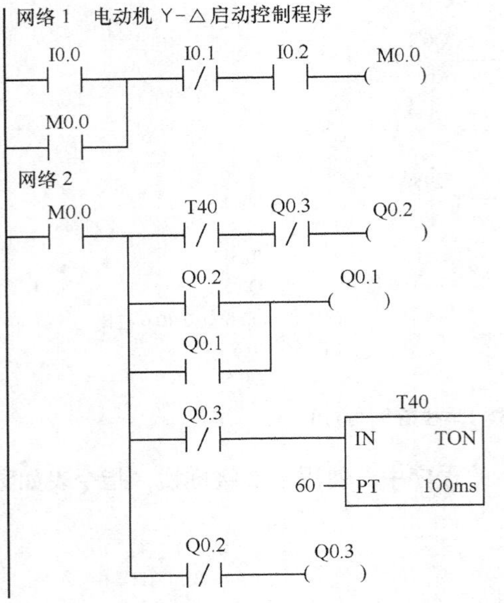

网络 1　电动机 丫-△ 启动控制程序

```
        I0.0        I0.1   I0.2      M0.0
  ┤├────────┤/├───┤├────( )
  M0.0
  ┤├

网络 2
        M0.0        T40    Q0.3      Q0.2
  ┤├─────┬──┤/├───┤/├────( )
         │
         │  Q0.2          Q0.1
         ├──┤├───────────( )
         │  Q0.1
         │  ┤├
         │
         │  Q0.3              ┌─────────────┐
         ├──┤/├──────────────┤IN       TON │
         │                    │              │
         │                60──┤PT      100ms│
         │                    └─────────────┘
         │                         T40
         │  Q0.2          Q0.3
         └──┤/├───────────( )
```

网络 1　电动机 丫-△ 启动控制程序

```
LD    I0.0
O     M0.0
AN    I0.1
A     I0.2
=     M0.0

网络 2
LD    M0.0
LPS
AN    T40
AN    Q0.3
=     Q0.2
LRD
LD    Q0.2
O     Q0.1
ALD
=     Q0.1
LPP
LPS
AN    Q0.3
TON   T40, 60
LPP   Q0.2
AN    Q0.3
=
```

图 2.83　电动机丫－△降压启动控制程序

程序工作原理如下。

（1）丫形启动。当按下启动按钮时，M0.0 接通自锁，Q0.2、Q0.1 和 T40 接通，电动机丫形启动。由于程序是自上而下扫描的，所以 Q0.2 的常闭触点断开，联锁 Q0.3 不能接通。

（2）△形运行。当定时器 T40 延时时间到，T40 常闭触点动作，Q0.2 断电；Q0.2 解除对 Q0.3 的联锁，Q0.3 通电，电动机△形运行。

（3）停止。按下停止按钮时，M0.0 断电解除自锁，电动机停机。

二、操作步骤

（1）按图 2.79 所示电动机丫—△降压启动控制线路连接电路。

（2）接通电源，拨状态开关于 "RUN"（运行）位置。

（3）启动编程软件，单击工具栏停止图标 ■ 使 PLC 处于 "STOP"（停止）状态。

（4）将图 2.83 所示的控制程序下载到 PLC。

（5）单击工具栏运行图标 ▶ 使 PLC 处于 "RUN"（运行）状态。

（6）PLC 上输入指示灯 I0.2 应点亮，表示热继电器 KH 工作正常。

（7）按下启动按钮 SB1，电动机丫形启动，6s 后自动转为△形运行。按停止按钮 SB2，电动机断电停机。

1. 说明堆栈指令的逻辑功能。

2. 图 2.84（a）所示为某台设备的接触器控制线路图，在控制功能不变的情况下改用 PLC 控制，如图 2.84（b）所示。要求：

（1）编写输入/输出端口分配表；

（2）设计程序梯形图，写出程序指令表。

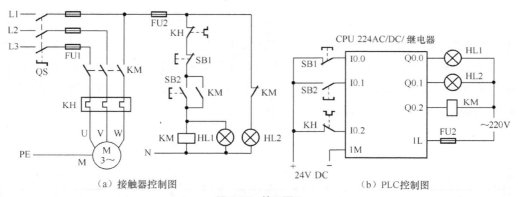

（a）接触器控制图　　　　　　（b）PLC控制图

图 2.84　练习题 2

课题三

| PLC 顺序控制指令的应用 |

许多生产设备的机械动作，是按照生产工艺规定的次序，在各个输入信号的作用下，根据内部状态和时间的顺序，有序地进行。S7-200 系列 PLC 中的顺序控制继电器指令专门用于编制顺序控制程序，顺序控制继电器指令将一个复杂的工作流程分解为若干个较为简单的工步，然后分别对各个工步进行编程，可使编程工作简单化和规范化。

任务一 应用单流程模式实现 3 台电动机顺序启动控制

|任务引入|

设某设备有 3 台电动机，控制要求：按下启动按钮，第 1 台电动机 M1 启动；运行 5s 后，第 2 台电动机 M2 启动；M2 运行 15s 后，第 3 台电动机 M3 启动。按下停止按钮，3 台电动机全部停机。3 台电动机顺序启动控制电路如图 3.1 所示，PLC 输入/输出端口分配见表 3.1。

表 3.1　　　　　　　　　　　　　输入/输出端口分配

输　入			输　出		
输入端子	输入元件	作　用	输出端子	输出元件	控 制 对 象
I0.0	SB1	启动	Q0.0	接触器 KM1	电动机 M1
I0.1	SB2	停止	Q0.1	接触器 KM2	电动机 M2
			Q0.2	接触器 KM3	电动机 M3

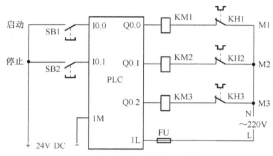

图 3.1　3 台电动机顺序启动控制线路

相关知识

一、工序图

工序图是整个工作过程按一定步骤有序动作的图形，它是一种通用的技术语言。绘制工序图时要将整个工作过程依工艺顺序分为若干步工序，每一步工序用一个矩形框表示，两个相邻工序之间用流程线连接，当满足转移条件时即转入下一步工序。

3 台电动机顺序启动的工序图如图 3.2 所示。从工序图可以看出，整个工作过程依据电动机的工作状况分成若干个"工步"，每个"工步"之间的转换需要满足特定的条件（按钮指令或时间）。

二、顺序控制功能图

顺序控制功能图是在工序图的基础上利用状态继电器 S 来描述顺序控制功能的图形。顺序控制功能图主要由顺序控制继电器、动作、有向连线和转换条件组成。从图 3.3 所示的顺序控制功能图可以看出，3 台电动机顺序启动属于单流程模式，即所有的状态转移只有一个方向，而没有其他分支路径。

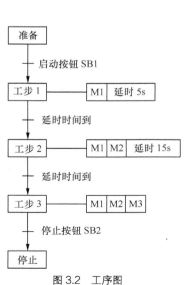

图 3.2　工序图

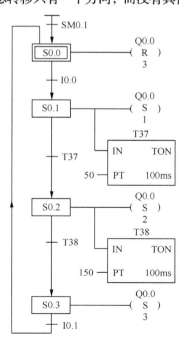

图 3.3　顺序控制功能图

1. 顺序控制继电器

将一个顺序控制程序分解为若干个状态，每一个状态要使用一个顺序控制继电器来控制。顺序控制继电器符号用单线方框表示。

S7-200 系列顺序控制继电器存储于顺序控制继电器区，用"S"表示，用于步进过程的控制。顺序控制继电器区的数据可以是位，也可以是字节（8 位）、字（16 位）或者双字（32 位）。其表示形式见表 3.2。

表 3.2   顺序控制继电器存储器区

位	S0.0～S0.7 … S31.0～S31.7	256 点
字节	SB0、SB1、…、SB31	32 个
字	SW0、SW2、…、SW30	16 个
双字	SD0、SD4、…、SD28	8 个

顺序控制继电器存储区的说明如下。

（1）位。表示格式：S[字节地址].[位地址]。例如，S1.0 表示顺序控制存储区第 1 个字节的第 0 位。

（2）字节（B）。表示格式：SB[起始字节地址]。例如，SB0 表示顺序控制存储区第 0 个字节，共 8 位，其中第 0 位是最低位，第 7 位为最高位，其表示形式如图 3.4 所示。

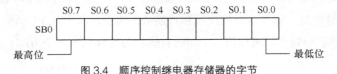

图 3.4　顺序控制继电器存储器的字节

（3）字（W）。表示格式：SW[起始字节地址]。一个字含两个字节，这两个字节的地址必须连续，其中低位字节在一个字中应该是高 8 位，高位字节在一个字中应该是低 8 位。例如，SW0 中 SB0 是高 8 位，SB1 是低 8 位，其表示形式如图 3.5 所示。

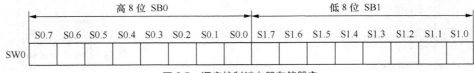

图 3.5　顺序控制继电器存储器字

（4）双字（DW）。表示格式为：SD[起始字节地址]。一个双字含四个字节，这四个字节的地址必须连续，最低位字节在一个双字中是最高 8 位。例如，SD0 中 SB0 是最高 8 位，SB1 是高 8 位，SB2 是低 8 位，SB3 是最低 8 位，其表示形式如图 3.6 所示。

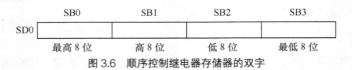

图 3.6　顺序控制继电器存储器的双字

2. 初始状态

一个顺序控制程序必须有一个初始状态，初始状态对应顺序控制程序运行的起点。初始状态顺序控制继电器用双线方框表示。

3. 动作

顺序控制继电器符号方框右边用线条连接的线圈为本顺序控制继电器的控制对象，简称为动作（允许某些状态无控制对象）。

4. 有向连线

有向连线表示顺序控制继电器的转移方向。在绘制顺序控制功能图时，将代表各状态顺序控制继电器的方框按先后顺序排列，并用有向连线将它们连接起来。表示从上到下或从左到右这两个方向的有向连线的箭头也可以省略。

5. 转换条件

顺序控制继电器之间的转换条件用与有向连线垂直的短划线来表示，转换条件标注在转换短线的旁边。转换条件是与转换逻辑相关的触点，可以是常开触点、常闭触点或它们的组合。

6. 活动状态

当顺序控制继电器置位时，该顺序控制继电器便处于活动状态，相应的动作被执行；处于不活动状态的顺序控制继电器时，相应的非保持型动作被停止。

三、顺序控制指令

S7-200 中的顺序控制继电器指令 SCR、SCRT、SCRE 是专门用于编制顺序控制程序的。顺序控制程序被划分为 SCR 与 SCRE 指令之间的若干个 SCR 段，一个 SCR 段对应于顺序功能图中的一个状态。顺序控制指令的格式见表 3.3。

表 3.3　　　　　　　　　　　　　　顺序控制继电器指令

LAD	STL	功　　能	操 作 对 象
bit SCR	LSCR S-bit	顺序状态开始	S（位）
bit （SCRT）	SCRT S-bit	顺序状态转移	S（位）
（SCRE）	SCRE	顺序状态结束	无

顺序控制继电器指令使用说明如下。

（1）装载顺序控制指令"LSCR S-bit"用来表示一个 SCR 段（顺序功能图中的状态）的开始。指令中的操作数 S-bit 表示顺序控制继电器"S"的位地址。顺序控制继电器为"1"状态时，执行对应的 SCR 段中的程序，反之不执行。

（2）顺序控制结束指令 SCRE 用来表示 SCR 段的结束。

（3）顺序控制转移指令"SCRT S-bit"用来表示在 SCR 段之间进行转移，即活动状态的转移。当 SCRT 线圈"得电"时，SCRT 指令中指定的顺序控制继电器变为"1"状态，同时当前活动的顺序控制继电器被复位为"0"状态。

使用顺序控制继电器指令时应注意以下3点。

（1）不能在同一段程序中使用相同的状态继电器位。

（2）不能在 SCR 段之间使用 JMP 及 LBL 指令，即不允许用跳转的方法跳入或跳出 SCR 段。

（3）不能在 SCR 段中使用 FOR、NEXT 和 END 指令。

任务实施

一、编写顺序控制程序

根据图 3.3 所示顺序控制功能图编写的 3 台电动机顺序启动的程序梯形图如图 3.7 所示。

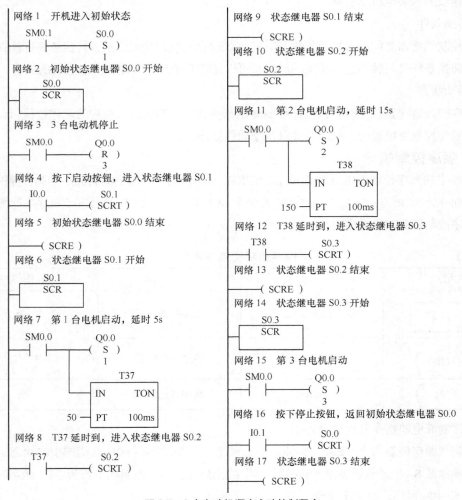

图 3.7   3 台电动机顺序启动控制程序

程序工作原理如下。

（1）网络 1，利用初始脉冲 SM0.1 将状态继电器 S0.0 置位。

（2）网络 2，初始顺序控制继电器 S0.0 的开始。

（3）网络 3～5，S0.0 状态的转移条件和转移方向。网络 3 中，SM0.0 在程序运行过程中始终保持接通，对从 Q0.0 开始的 3 个位（Q0.0、Q0.1 和 Q0.2）复位；网络 4 中，当按下启动按钮 SB1 时，I0.0 常开触点接通，顺序控制继电器 S0.1 置位，转移到 S0.1，同时 S0.0 自动复位；网络 5 为 S0.0 顺序控制状态结束。

（4）网络 6 为顺序控制继电器 S0.1 的开始。

（5）网络 7～9，S0.1 状态的转移条件和转移方向。当 S0.1 为活动状态时，网络 7 中对 Q0.0 置位为 1，第 1 台电动机启动，同时定时器 T37 开始延时 5s；网络 8 中，当 T37 延时时间到，T37 常开触点接通，顺序控制继电器 S0.2 置位，转移到 S0.2，同时 S0.1 自动复位；网络 9 为 S0.1 顺序控制状态结束。

（6）网络 10 为顺序控制继电器 S0.2 的开始。

（7）网络 11～13，S0.2 状态的转移条件和转移方向。当 S0.2 为活动状态时，网络 11 中对从 Q0.0 开始的 2 个位置位为 1，第 2 台电动机启动，同时定时器 T38 开始延时 15s；网络 12 中，当 T38 延时时间到，T38 常开触点接通，顺序控制继电器 S0.3 置位，转移到 S0.3，同时 S0.2 自动复位；网络 13 为 S0.2 顺序控制状态结束。

（8）网络 14 为顺序控制继电器 S0.3 的开始。

（9）网络 15～17，S0.3 状态的转移条件和转移方向。当 S0.3 为活动状态时，网络 15 中对从 Q0.0 开始的 3 个位置位为 1，第 3 台电动机启动；网络 16 中，当按下停止按钮 SB2 时，I0.1 常开触点接通，顺序控制继电器 S0.0 置位，转移到 S0.0，对从 Q0.0 开始的 3 个位（Q0.0、Q0.1 和 Q0.2）复位，3 台电动机同时停止，等待下一次启动，同时 S0.3 自动复位；网络 17 为 S0.3 顺序控制状态结束。

二、操作步骤

（1）按图 3.1 所示线路连接 3 台交流电动机顺序启动控制线路。

（2）接通电源，拨状态开关于"RUN"（运行）位置。

（3）启动编程软件，单击工具栏停止图标■使 PLC 处于"STOP"（停止）状态。

（4）将图 3.7 所示的控制程序下载到 PLC。

（5）单击工具栏运行图标▶使 PLC 处于"RUN"（运行）状态。

（6）按下启动按钮，第一台电动机 M1 启动；运行 5s 后，第二台电动机 M2 启动；M2 运行 15s 后，第三台电动机 M3 启动。按下停止按钮，3 台电动机全部停机。

1. 什么叫顺序控制功能图？顺序控制功能图包括几个方面？有哪几个方面是必须的？

2. 有 3 台电动机，控制要求如下。

（1）按下启动按钮，M1 启动；5min 后，M2 自行启动；M2 启动 3 min 后，M3 自行启动；

（2）按下停止按钮，M1 停止；4min 后，M2 停止；M2 停止 2 min 后，M3 停止。

设计出顺序控制功能图和顺序控制梯形图程序。

3. 设计出图 3.8 所示顺序控制功能图对应的顺序控制梯形图程序。

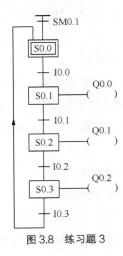

图 3.8 练习题 3

任务二 应用选择流程模式实现运料小车控制

任务引入

在多分支结构中，根据不同的转移条件来选择其中的某一个分支，就是选择流程模式。以图 3.9 所示的运料小车运送 3 种原料的控制为例，说明选择流程模式的应用。运料小车在装料处（I0.3 限位）从 a、b、c 三种原料中选择一种装入，右行送料，自动将原料对应卸在 A（I0.4 限位）、B（I0.5 限位）、C（I0.6 限位）处，左行返回装料处。

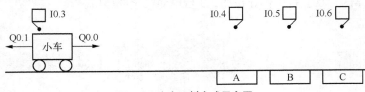

图 3.9 小车运料方式示意图

用开关 I0.1、I0.0 的状态组合选择在何处卸料。

I0.1、I0.0 = 11、即 I0.1、I0.0 均闭合，选择卸在 A 处；

I0.1、I0.0 = 10、即 I0.1 闭合、I0.0 断开，选择卸在 B 处；

I0.1、I0.0 = 01、即 I0.1 断开、I0.0 闭合，选择卸在 C 处。

运料小车控制线路如图 3.10 所示，其 PLC 输入/输出端口分配见表 3.4。

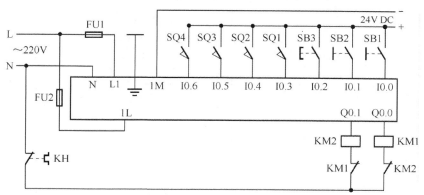

图 3.10　运料小车控制线路

表 3.4　　　　　　　　　　　　输入/输出端口分配表

输　　入			输　　出		
输 入 端 子	输 入 元 件	作　用	输 出 端 子	输 出 元 件	控 制 对 象
I0.0	SB1	选择开关	Q0.0	接触器 KM1	小车右行
I0.1	SB2	选择开关	Q0.1	接触器 KM2	小车左行
I0.2	SB3	启动按钮			
I0.3	SQ1	左限位			
I0.4	SQ2	A 处限位			
I0.5	SQ3	B 处限位			
I0.6	SQ4	C 处限位			

根据小车运料方式设计的顺序控制功能图如图 3.11 所示。从顺序控制功能图可以看出，初始状态 S0.0 有 3 个转移方向，即可以分别转移到 S0.2、S0.3 和 S0.4 分支。具体转移到哪一个分支，由 I0.0、I0.1 的状态组合所决定。

例如，当装 b 原料时，使开关状态 I0.1、I0.0 = 10，按下启动按钮 I0.2，则选择进入 S0.3 分支，小车右行。当小车触及行程开关 I0.4 时，由于 S0.2 状态 OFF，所以 I0.4 不影响小车的运行。当小车继续右行触及 I0.5 时，则进入 S0.5 状态，小车在 B 处停止，卸下 b 原料，同时 T37 延时，延时时间 20s 到，进入 S0.6 状态，小车左行，触及行程开关 I0.3 时，小车在装料处停止，完成一个工作周期。

由于 3 个分支（S0.2、S0.3 和 S0.4）都转移到 S0.5 状态，所以 S0.5 是选择结构的汇合处。

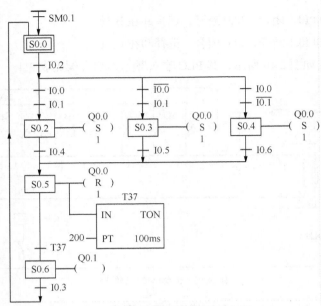

图 3.11 运料小车的顺序控制功能图

任务实施

一、编写运料小车控制程序

根据图 3.11 顺序控制功能图编写的控制程序如图 3.12 所示。

程序工作原理如下。

（1）网络 1，初始化脉冲 SM0.1 使 5 个位（S0.2～S0.6）复位，同时使 S0.0 置位。

（2）网络 2～6 为初始顺序控制继电器 S0.0 的控制部分，当小车位于装料处时，按下运行按钮 I0.2，根据 I0.1、I0.0 状态进行选择。当 I0.1 和 I0.0 都闭合时，在网络 3 中选择 S0.2 状态；当只有 I0.1 闭合时，在网络 4 中选择 S0.3 状态；当只有 I0.0 闭合时，在网络 5 选择 S0.4 状态。

（3）网络 7～10，在 S0.2 状态下，在网络 8 中，Q0.0 置位为 1，运料小车右行，行至卸料处 A 时，行程开关 I0.4 闭合，转移到 S0.5 状态。

（4）网络 11～14，在 S0.3 状态下，在网络 12 中，Q0.0 置位为 1，运料小车右行，由于 S0.2 是非活动状态，所以不影响小车右行。行至卸料处 B 时，行程开关 I0.5 闭合，转移到 S0.5 状态。

（5）网络 15～18，在 S0.4 状态下，在网络 16 中，Q0.0 置位为 1，运料小车右行，由于 S0.2、S0.3 是非活动状态，所以不影响小车右行。行至卸料处 C 时，行程开关 I0.6 闭合，转移到 S0.5 状态。

（6）网络 19～22，在 S0.5 状态下，小车右行停止，在相应的卸料处进行卸料，卸料时间为 20s，由定时器 T37 控制，延时时间到，转移 S0.6 状态。

（7）网络 23～26，在 S0.6 状态下，运料小车左行，返回至装料处，行程开关 I0.3 闭合，返回初始状态 S0.0，完成一个工作周期。

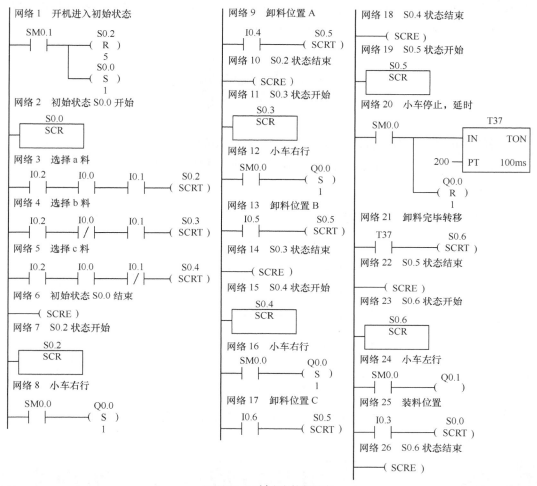

图 3.12　运料小车控制程序

二、操作步骤

（1）按图 3.10 所示线路连接运料小车控制线路。

（2）接通电源，拨状态开关于"RUN"（运行）位置。

（3）启动编程软件，单击工具栏停止图标■使 PLC 处于"STOP"（停止）状态。

（4）将图 3.12 所示的控制程序下载到 PLC。

（5）单击工具栏运行图标▶使 PLC 处于"RUN"（运行）状态。

（6）运料小车工作过程如下。

原料卸在 A 处：I0.1、I0.0 = 11，按下启动按钮 I0.2，Q0.0 灯亮，小车右行。接通 I0.4，卸料 20s 后，Q0.1 灯亮，小车左行。接通 I0.3，程序返回原位。

原料卸在 B 处：I0.1、I0.0 = 10，按下启动按钮 I0.2，Q0.0 灯亮，小车右行。接通 I0.5，卸料 20s 后，Q0.1 灯亮，小车左行。接通 I0.3，程序返回原位。

原料卸在 C 处：I0.1、I0.0 = 01，按下启动按钮 I0.2，Q0.0 灯亮，小车右行。接通 I0.6，卸料 20s 后，Q0.1 灯亮，小车左行。接通 I0.3，程序返回原位。

练 习 题

1. 选择结构的顺序控制功能图在分支和汇合上有什么特点？

2. 设计出图 3.13 所示顺序控制功能图对应的顺序控制梯形图程序。

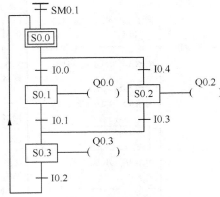

图 3.13　练习题 2

3. 若小车运送 a、b、c、d 四种材料到 A、B、C、D 处，试画出状态流程图。

任务三　应用并行流程模式实现交通信号灯控制

任务引入

在多个分支结构中，当满足某个条件后使多个分支流程同时执行的多分支流程，称为并行结构流程。并行结构流程中，要等所有分支都执行完毕后，才能同时转移到下一个状态。以十字路口交通信号灯控制为例，东西方向信号灯为一分支，南北方向信号灯为另一分支，两个分支应同时工作。交通信号灯控制电路如图 3.14 所示，输入/输出端口分配见表 3.5。

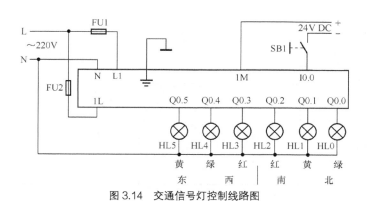

图 3.14　交通信号灯控制线路图

表 3.5　　　　　　　　　　　　　　　　输入/输出端口分配表

输　　入			输　　出		
输 入 端 子	输 入 元 件	作　用	输 出 端 子	输 出 元 件	控 制 对 象
			Q0.0	HL0	南北绿灯
			Q0.1	HL1	南北黄灯
I0.0	SB1	运行开关	Q0.2	HL2	南北红灯
			Q0.3	HL3	东西红灯
			Q0.4	HL4	东西绿灯
			Q0.5	HL5	东西黄灯

交通信号灯一个周期（120s）的时序图如图 3.15 所示。南北信号灯和东西信号灯同时工作，0～50s 期间，南北信号绿灯亮，东西信号红灯亮；50～60s 期间，南北信号黄灯亮，东西信号红灯亮；60～110s 期间，南北信号红灯亮，东西信号绿灯亮；110～120s 期间，南北信号红灯亮，东西信号黄灯亮。

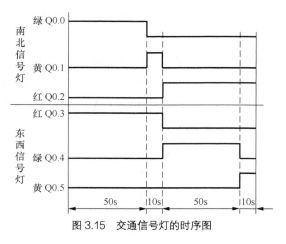

图 3.15　交通信号灯的时序图

交通信号灯顺序控制功能图如图 3.16 所示，程序运行后在初始状态 S0.0 等待，I0.0 接通后，并行的南北、东西两分支同时工作。

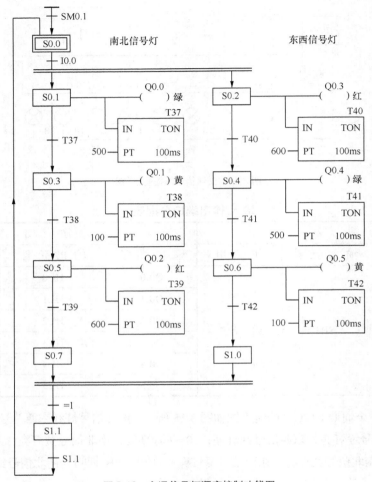

图 3.16　交通信号灯顺序控制功能图

（1）并行结构的分支。状态 S0.1 和状态 S0.2 同时变为活动状态，南北绿灯亮，东西红灯亮；定时器 T37 和 T40 开始定时。

南北信号灯分支：定时器 T37 设定时间到，由 S0.1 转移到 S0.3，南北黄灯亮，定时器 T38 开始定时；T38 的设定时间到，由 S0.3 转移到 S0.5，南北红灯亮，定时器 T39 开始定时。

东西信号灯分支：定时器 T40 设定时间到，由 S0.2 转移到 S0.4，东西绿灯亮，定时器 T41 开始定时；T41 的设定时间到，由 S0.4 转移到 S0.6，东西黄灯亮，定时器 T42 开始定时。

（2）并行结构分支的汇合。当 S0.7 和 S1.0 都处于活动状态时，将 S0.7 和 S1.0 的常开触点串联，来控制对 S1.1 的置位和对 S0.7、S1.0 的复位，从而使 S1.1 变成活动状态，S0.7 和 S1.0 变为不活动状态。

当 S1.1 为活动状态时，其常开触点闭合，系统返回初始状态 S0.0，周而复始地重复上述过程。

任务实施

一、编写交通信号灯控制程序

根据图 3.16 所示顺序控制功能图编写的控制程序如图 3.17 所示。

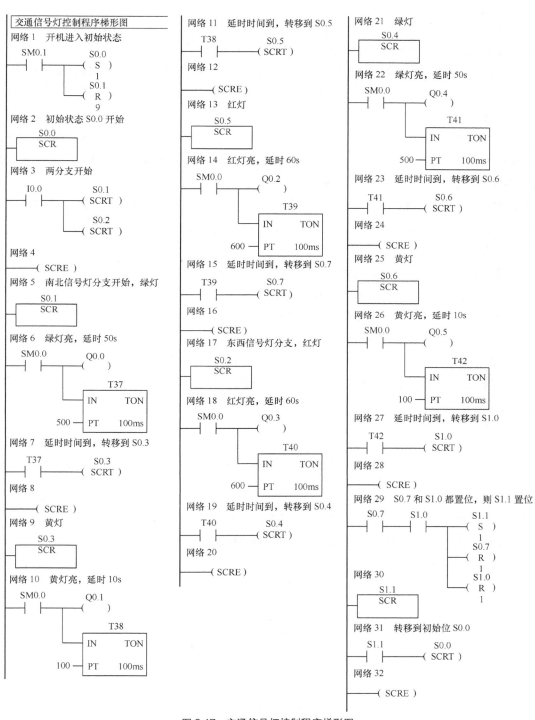

图 3.17　交通信号灯控制程序梯形图

程序工作原理如下。

（1）网络 1，开机进入初始状态 S0.0，同时对从 S0.1 开始的 9 个位复位。

（2）网络 2～4 是并行结构的开始分支处，当 I0.0 接通时，S0.1、S0.2 状态同时被置位，进入并行运行，S0.0 状态自动复位。

（3）网络 5～28 是南北信号灯和东西信号灯并行运行的程序。

南北方向：S0.1 状态置位后，Q0.0 通电，绿灯亮，定时器 T37 延时 50s 后转移到 S0.3 状态，Q0.1 通电，黄灯亮，定时器 T38 延时 10s 后转移到 S0.5 状态，Q0.2 通电，红灯亮，定时器 T39 延时 60s 转移到 S0.7。

东西方向：S0.2 状态置位后，Q0.3 通电，红灯亮，定时器 T40 延时 60s 后转移到 S0.4 状态，Q0.4 通电，绿灯亮，定时器 T41 延时 50s 后转移到 S0.6 状态，Q0.5 通电，黄灯亮，定时器 T42 延时 10s 后转移到 S1.0。

（4）网络 29～32 是并行结构的汇合处，只有当 S0.7、S1.0 都为活动状态，S1.1 状态置位，同时 S0.7、S1.0 状态自动复位。S1.1 置位后程序返回初始状态 S0.0，进入下一个周期。

二、操作步骤

（1）按图 3.14 所示线路连接交通信号灯控制线路。

（2）接通电源，拨状态开关于"RUN"（运行）位置。

（3）启动编程软件，单击工具栏停止图标■使 PLC 处于"STOP"（停止）状态。

（4）将图 3.17 所示的控制程序下载到 PLC。

（5）单击工具栏运行图标▶使 PLC 处于"RUN"（运行）状态。

（6）模拟交通信号灯工作过程。按下启动按钮 SB1，并行结构的顺序控制程序运行，相应输出指示灯循环亮灭。

1. 并行流程模式的状态流程图在分支和汇合上有什么特点?

2. 设计出图 3.18 所示顺序控制功能图对应的顺序控制梯形图程序。

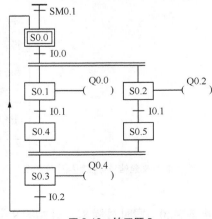

图 3.18 练习题 2

Chapter

4

课题四

| PLC 功能指令的应用 |

PLC 是一种工业控制计算机，具有计算机系统特有的运算控制功能。PLC 的功能指令主要包括数据传送和比较、程序流控制、算术逻辑运算、循环移位等。利用 PLC 的功能指令，可以实现较复杂的控制任务。

 **应用数据传送指令实现电动机Y—△降压启动控制**

| 任务引入 |

要求应用数据传送指令设计三相交流电动机Y—△降压启动控制线路和程序，并具有启动/报警指示，指示灯在启动过程中亮，启动结束时灭。如果发生电动机过载，电动机会停机并且灯光报警。三相交流异步电动机Y—△降压启动控制线路如图 4.1 所示，其输入/输出端口分配见表 4.1。

表 4.1   输入/输出端口分配表

输　　入			输　　出		
输 入 端 子	输 入 元 件	作　用	输 出 端 子	输 出 元 件	作　　用
I0.0	KH	过载保护	Q0.0	HL	启动/报警
I0.1	SB1	停止	Q0.1	接触器 KM1	接通电源
I0.2	SB2	启动	Q0.2	接触器 KM2	Y形连接
			Q0.3	接触器 KM3	△形连接

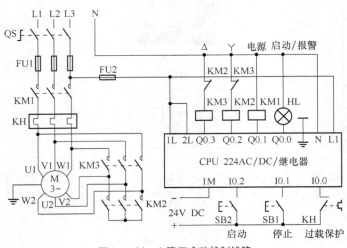

图 4.1　Y—△降压启动控制线路

相关知识

一、数据类型

在 S7-200 存储器中，不同类型的数据被存放在不同的存储空间，从而形成各种数据区。这些数据区可以分为数字量输入输出映像区、模拟量输入输出映像区、变量存储器区、位存储器区、顺序控制继电器区、局部存储器区、定时器存储器区、计数器存储器区、高速计数器区、累加器区和特殊存储器区。

1. 数据类型及范围

S7-200 系列 PLC 数据类型可以是布尔型（0 或 1）、整型和实数型。实数（或浮点数）采用 32 位单精度数来表示，数据类型、长度及范围见表 4.2。

表 4.2　　数据类型、长度及范围

基本数据类型	无符号整数		基本数据类型	有符号整数	
	十 进 制	十 六 进 制		十 进 制	十 六 进 制
字节 B（8 位）	0～255	0～FF	字节 B（8 位）	−128～127	80～7F
字 W（16 位）	0～65535	0～FFFF	整型（16 位）	−32 768～32 767	8000～7FFF
双字 D（32 位）	0～4294967295	0～FFFFFFFF	双整型（32 位）	−2 147 483 648～2 147 483 647	80000000～7FFFFFFF
布尔型（1 位）	0 或 1				
实数（32 位）	$-10^{38} \sim 10^{38}$				

2. 常数

在 S7-200 系列 PLC 编程中经常使用到常数，常数值可以为字节、字或双字。CPU 以二进制方式存储所有常数，但使用常数可以用二进制、十进制、十六进制、ASCII 码、实数等多种形式。几种常数表示形式见表 4.3。

表 4.3 常数表示形式

进　　制	使 用 格 式	举　　例
十进制	十进制数值	20 047
十六进制	十六进制值	16#4E4F
二进制	二进制值	2#100 1110 0100 1111
ASCII 码	'ASCII 码文本'	'How are you?'
实数或浮点格式	ANSI/IEEE 754-1985	+1.175495E-38（正数）
		−1.175495E-38（负数）

3. 数据存储区域

（1）数字量输入映像区（I 区）。数字量输入映像区是 S7-200 系列 PLC 为输入端信号状态建立的一个存储区，用"I"表示。在每次扫描周期的开始，CPU 对输入端进行采样，并将采样值存于输入映像区寄存器中。该区的数据可以是位（1 位）、字节（8 位）、字（16 位）或者双字（32 位）。其表示形式见表 4.4。

表 4.4 数字量输入映像区

位	I0.0～I0.7 … I15.0～I15.7	128 点
字节	IB0、IB1、…、IB15	16 个
字	IW0、IW2、…、IW14	8 个
双字	ID0、ID4、ID8、ID12	4 个

数字量输入映像区说明如下。

① 位。表示格式：I[字节地址].[位地址]。如 I1.0 表示数字量输入映像区第 1 个字节的第 0 位。

② 字节（B）。表示格式：IB[起始字节地址]。例如，IB0 表示数字量输入映像区第 0 个字节，共 8 位，其中第 0 位是最低位，第 7 位为最高位。其表示形式如图 4.2 所示。

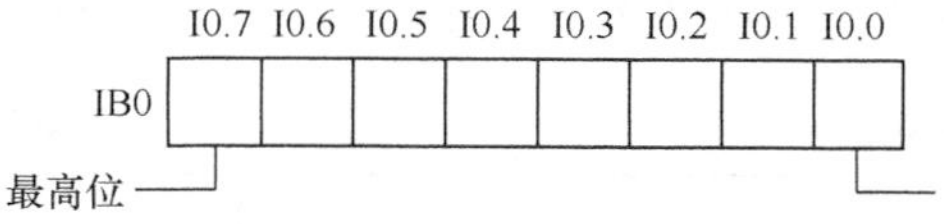

图 4.2 数字量输入的字节

③ 字（W）。表示格式：IW[起始字节地址]。一个字包含两个字节，这两个字节的地址必须连续，其中低位字节是高 8 位，高位字节是低 8 位。例如，IW0 中 IB0 是高 8 位，IB1 是低 8 位，其表示形式如图 4.3 所示。

④ 双字（DW）。表示格式：ID[起始字节地址]。一个双字含四个字节，这四个字节的地址必须

连续，最低位字节在一个双字中是最高8位。例如，ID0中IB0是最高8位，IB1是高8位，IB2是低8位，IB3是最低8位，其表示形式如图4.4所示。

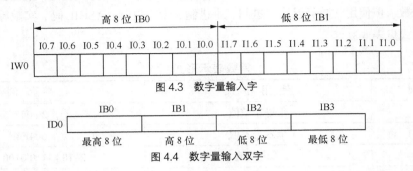

图4.3　数字量输入字

图4.4　数字量输入双字

（2）数字量输出映像区（Q区）。数字量输出映像区是S7-200系列PLC为输出端信号状态建立的一个存储区，用"Q"表示。在扫描周期的写输出阶段，CPU将输出映像寄存器的数值复制到物理输出继电器上。该区的数据可以是位（1位）、字节（8位）、字（16位）或者双字（32位）。其表示形式见表4.5。

表4.5　　　　　　　　　　　　　　数字量输出映像区

位	Q0.0～Q0.7 … Q15.0～Q15.7	128点
字节	QB0、QB1、…、QB15	16个
字	QW0、QW2、…、QW14	8个
双字	QD0、QD4、QW8、QD12	4个

数字量输出映像区说明如下。

数字量输出映像区的位、字节、字和双字的表示格式除区域表示符（Q）与数字量输入映像区（I区）不一样外，其他完全一致。

（3）变量存储器区（V区）。变量存储器区用于程序执行过程中存储逻辑运算的中间结果，也可以使用变量存储器保存与工作过程相关的数据。可以按位（1位）、字节（8位）、字（16位）或双字（32位）来存取V存储器。以CPU 224为例，其表示形式见表4.6。

表4.6　　　　　　　　　　　　　　变量存储器区

位	V0.0～V0.7 … V8191.0～V8191.7	65 536点
字节	VB0、VB1、…、VB8191	8 192个
字	VW0、VW2、…、VW8190	4 096个
双字	VD0、VD4、…、VD8188	2 048个

变量存储器区说明如下。

变量存储器区位、字节、字和双字的表示格式除区域表示符（V）与数字量输入映像区（I 区）不一样外，其他完全一致。

（4）位存储器区（M 区）。PLC 执行程序过程中，常常需要位控制，位存储器就是根据这个要求建立的。位存储器区用"M"表示。M 虽然叫位存储器，但是其中的数据不仅可以是位，也可以是字节（8 位）、字（16 位）或者双字（32 位）。其表示形式见表 4.7。

表 4.7　　　　　　　　　　　　　　位存储器区

位	M0.0～M0.7 … M31.0～M31.7	256 点
字节	MB0、MB1、…、MB31	32 个
字	MW0、MW2、…、MW30	16 个
双字	MD0、MD4、…、MD28	8 个

位存储器区说明如下。

位存储器区位、字节、字和双字的表示格式除区域表示符（M）与数字量输入映像区（I 区）不一样外，其他完全一致。

二、数据传送指令 MOV

数据传送指令包括字节传送、字传送、双字传送和实数传送，其指令格式见表 4.8。

表 4.8　　　　　　　　　　　　　　数据传送指令

项　目	字 节 传 送	字 传 送	双 字 传 送	实 数 传 送
LAD	MOV_B EN　ENO IN　OUT	MOV_W EN　ENO IN　OUT	MOV_DW EN　ENO IN　OUT	MOV_R EN　ENO IN　OUT
STL	MOVB IN, OUT	MOVW IN, OUT	MOVD IN, OUT	MOVR IN, OUT

数据传送指令的使用说明如下。

（1）数据传送指令的梯形图 LAD 使用指令盒表示：传送指令由传送符 MOV，数据类型（B/W/DW/R），使能输入端 EN，使能输出端 ENO，源操作数 IN 和目标操作数 OUT 构成。

（2）数据传送指令语句 STL 表示：传送指令由操作码 MOV，数据类型（B/W/D/R），源操作数 IN 和目标操作数 OUT 构成。

（3）数据传送指令的原理：当 EN=1 时，执行数据传送指令。其功能是把源操作数 IN 传送到目标操作数 OUT 中，也可以传送常数，如图 4.5 所示。数据传送指令执行后，源操作数的数据不变，目标操作数的数据刷新。此时 ENO＝1，ENO 可接下一个指令盒。

（4）数据传送指令的注意事项：应用传送指令应该注意

图 4.5　传送常数数据

数据类型，字节用符号 B、字用符号 W、双字用符号 D 或 DW、实数用符号 R 表示。

任务实施

一、编写丫—△降压启动控制程序

1. 丫—△降压启动过程和控制数据

丫—△降压启动过程和控制数据见表 4.9。

表 4.9　　　　　　　　　　丫—△降压启动过程和控制数据

操作元件	状　态	输入端子	输出端子/负载				控制数据
			Q0.3/KM3	Q0.2/KM2	Q0.1/KM1	Q0.0/HL	
SB2	丫形启动 T40 延时 10s	I0.2	0	1	1	1	7
	T40 延时到 T41 延时 1s		0	0	1	1	3
	T41 延时到 △形运转		1	0	1	0	10
SB1	停止	I0.1	0	0	0	0	0
KH	过载保护	I0.0	0	0	0	1	1

2. 编写程序梯形图控制程序

根据图 4.1 所示控制线路和表 4.9 所示的控制数据编写了丫—△降压启动控制程序，如图 4.6 所示。

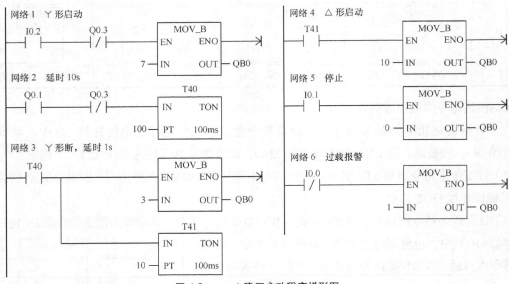

图 4.6　丫—△降压启动程序梯形图

程序中使用了两个定时器 T40 和 T41。T40 用于电动机从丫形启动到△形运转的时间控制，时间为 10s。T41 用于 KM2 与 KM3 之间动作延时控制，以防止两个接触器同时工作，避免触点间电弧短路，时间为 1s。在生产中 T40 和 T41 的延时时间应根据实际工作情况设定。其工作原理如下。

（1）丫形连接启动，延时 10s。按下启动按钮，I0.2 接点通，执行数据传送指令后，Q0.2、Q0.1 和 Q0.0 接通。丫形接触器 KM2 和电源接触器 KM1 通电，电动机丫形启动。指示灯 HL 通电亮。Q0.1 接点通使定时器 T40 通电延时 10s。

（2）丫形连接分断，等待 1s。T40 延时到，T40 接点通，执行数据传送指令后，Q0.1 和 Q0.0 保持接通，电源接触器 KM1 保持通电，指示灯 HL 通电亮。Q0.2 断电，丫形接触器 KM2 断电。同时使定时器 T41 通电延时 1s。

（3）△形连接运转。T41 延时到，T41 接点通，执行数据传送指令后，Q0.1 和 Q0.3 接通，电源接触器 KM1 保持通电，△形接触器 KM3 通电，电动机△形连接运转。

（4）停机。按下停止按钮，I0.1 接点通，执行数据传送指令后，Q0.0～Q0.3 全部断开，电动机断电停机。

（5）过载保护。在正常情况下，热继电器常闭触点接通输入继电器 I0.0，使 I0.0 常闭触点断开，不执行数据传送指令；当发生过载时，热继电器常闭触点分断，I0.0 断电，I0.0 常闭触点闭合，执行数据传送指令，Q0.3、Q0.2 和 Q0.1 断开，电动机断电停机。Q0.0 通电，指示灯 HL 亮，报警。

二、操作步骤

（1）按图 4.1 所示连接三相交流电动机丫—△降压启动控制线路。

（2）接通电源，拨状态开关于"TERM"（终端）位置。

（3）启动编程软件，单击工具栏停止图标■使 PLC 处于"STOP"（停止）状态。

（4）将图 4.6 所示的控制程序下载到 PLC。

（5）单击工具栏运行图标▶使 PLC 处于"RUN"（运行）状态。

（6）PLC 上输入指示灯 I0.0 应点亮，表示热继电器工作正常。

（7）按下启动按钮 SB2，交流电动机丫形降压启动。10s 后，丫形接触器断电。延时 1s 后，△形接触器通电运行。在启动过程中，指示灯 HL 亮。

（8）按下停止按钮 SB1，电动机 M 断电停机。

（9）过载保护。在电动机运转中断开热继电器常闭触点与 I0.0 的连线，模拟过载现象，则电动机断电停机，指示灯亮，报警。

★ 知识扩展——数据块传送指令

　　数据块传送指令（BM）一次可传送多个（最多 255 个）数据，它包括字节块传送、字块传送和双字块的传送，其指令格式见表 4.10。

表 4.10　　　　　　　　　　　　　数据块传送指令

项 目	字节块传送	字 块 传 送	双字块传送
LAD	BLKMOV_B EN　ENO IN　OUT N	BLKMOV_W EN　ENO IN　OUT N	BLKMOV_D EN　ENO IN　OUT N
STL	BMB　IN, OUT, N	BMW　IN, OUT, N	BMD　IN, OUT, N

数据块传送的使用说明如下。

（1）LAD 表示：数据块传送指令由数据块传送符 BLKMOV、数据类型（B/W/D）、EN、ENO、源数据起始地址 IN、源数据数目 N 和目标操作数起始地址 OUT 构成。

（2）STL 表示：数据块传送指令由数据块传送操作码 BM、数据类型（B/W/D）、源数据起始地址 IN、目标操作数起始地址 OUT 和源数据数目 N 构成。

（3）数据块传送指令的原理：数据块传送指令是当 EN=1 时，执行数据块传送功能。其功能是把源操作数起始地址 IN 的 N 个数据传送到目标操作数起始地址 OUT 中。应用数据块传送指令应该注意数据地址的连续性。

数据块传送指令的应用如图 4.7 所示，把 VB10～VB14 五个字节的内容传送到 VB100～VB104 的单元中，启动信号为 I0.0。源操作数起始地址为 VB10，源数据数目为 5，目标数据起始地址为 VB100，故 IN 数据应为 VB10，N 为 5，OUT 数据应为 VB100。执行该指令后，VB100～VB104 的五个字节的存储数据分别为 31～35。

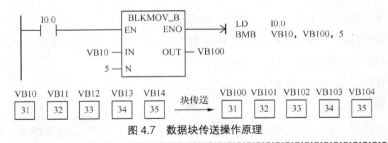

图 4.7　数据块传送操作原理

1. 存储单元的字节与位的关系是什么？VD100 的最高位字节是什么？最低位字节是什么？
2. 说明下列存储单元表示多少位数据？

   MB10 VW100 IB0 QW2 VD50
3. 编写一段程序，将 VB0 开始的 50 个字的数据传送到 VB500 开始的存储区。
4. 设有 8 盏指示灯，控制要求：当 I0.0 接通时，全部灯亮；当 I0.1 接通时，奇数灯亮；当 I0.2

接通时，偶数灯亮；当 I0.3 接通时，全部灯灭。试设计电路并用数据传送指令编写程序。

任务二　应用算术运算指令实现单按钮的功率调节控制

任务引入

某加热器的功率调节有 7 个挡位，大小分别是 0.5kW、1kW、1.5kW、2kW、2.5kW、3kW 和 3.5kW，加热由 1 个功率选择按钮 SB1 和 1 个停止按钮 SB2 控制。第一次按 SB1 选择功率第 1 挡，第二次按 SB1 选择功率第 2 挡，……，第八次按 SB1 或按停止按钮 SB2 时，停止加热。功率调节控制线路如图 4.8 所示，其输入/输出端口分配见表 4.11。

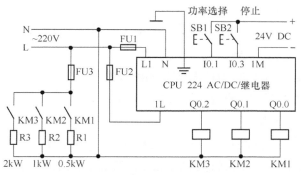

图 4.8　单按钮的功率控制线路

表 4.11　　　　　　　　　　　　　输入/输出端口分配表

输　入			输　出	
输入端子	输入元件	作　用	输出端子	接触器、电热元件
I0.1	SB1	功率选择	Q0.0	KM1、R1/0.5kW
I0.3	SB2	停止加热	Q0.1	KM2、R2/1kW
			Q0.2	KM3、R3/2kW

相关知识——算术运算指令

PLC 的算术运算指令包括加、减、乘、除运算和增 1、减 1 运算。

一、加法指令 ADD

加法指令 ADD 是对有符号数进行相加操作，它包括整数加法、双整数加法和实数加法，其指令格式见表 4.12。

表 4.12　　　　　　　　　　　　ADD 指令

项　目	整 数 加 法	双整数加法	实 数 加 法
LAD	ADD_I EN　ENO IN1　OUT IN2	ADD_DI EN　ENO IN1　OUT IN2	ADD_R EN　ENO IN1　OUT IN2
STL	+I　IN1, OUT	+D　IN1, OUT	+R　IN1, OUT

1. 加法指令 ADD 的说明

（1）整数加法运算 ADD_I

在 LAD 中，使能 EN= 1 时，将两个单字长（16 位）有符号整数 IN1 和 IN2 相加，运算结果送 OUT 指定的存储器单元，输出结果为 16 位。

（2）双整数加法运算 ADD_DI

在 LAD 中，使能 EN= 1 时，将两个双字长（32 位）有符号双整数 IN1 和 IN2 相加，运算结果送 OUT 指定的存储器单元，输出结果为 32 位。

（3）实数加法运算 ADD_R

在 LAD 中，使能 EN= 1 时，将两个双字长（32 位）有符号实数 IN1 和 IN2 相加，运算结果送 OUT 指定的存储器单元，输出结果为 32 位。

（4）如果算术运算结果等于 0，则零标志位 SM1.0 置 1。

（5）如果算术运算结果溢出，则溢出标志位 SM1.1 置 1。

2. 加法指令 ADD 的举例

加法指令 ADD 的应用举例如图 4.9 所示。在网络 1 中，I0.1 接通时，常数-100 传送到 VW10；在网络 2 中，I0.2 接通时，常数 500 传送到 VW20；在网络 3 中，I0.3 接通时，执行加法指令，VW10 中的数据-100 传送到 VW30，然后与 VW20 中的数据 500 相加，运算结果 400 传送到 VW30。

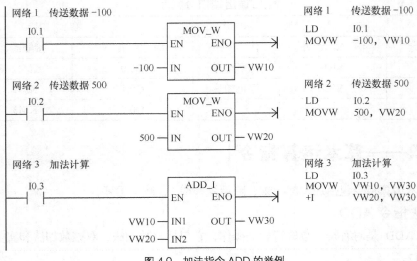

图 4.9　加法指令 ADD 的举例

　　状态监控表可以对存储单元的数据进行监控，双击树状菜单下状态表中的"用户定义 1"或单击工具栏中图标■即可进入状态监控表。在"地址"栏输入监控的单元地址并在"格式"栏选择监控的数据格式，在"当前值"栏可以看到监控单元的数据。加法运算状态监控表如图4.10所示，表中显示存储单元VW10、VW20和VW30中数据分别是−100、500和400。

	地址	格式	当前值
1	VW10	有符号	-100
2	VW20	有符号	+500
3	VW30	有符号	+400
4		有符号	
5		有符号	

图4.10　加法运算状态监控表

二、减法指令 SUB

　　减法指令是对有符号数进行相减操作，它包括整数减法、双整数减法和实数减法，其指令格式见表4.13。

表4.13　　　　　　　　　　　　　　　　SUB 指令

项　目	整 数 减 法	双 整 数 减 法	实 数 减 法
LAD	SUB_I EN　ENO IN1　OUT IN2	SUB_DI EN　ENO IN1　OUT IN2	SUB_R EN　ENO IN1　OUT IN2
STL	−I　IN1, OUT	−D　IN1, OUT	−R　IN1, OUT

　　1. 减法指令 SUB 的说明

　　（1）整数减法运算 SUB_I。在 LAD 中，使能 EN＝1 时，将两个单字长（16 位）有符号整数 IN1 和 IN2 相减，运算结果送 OUT 指定的存储器单元，输出结果为 16 位。

　　（2）双整数减法运算 SUB_DI。在 LAD 中，使能 EN＝1 时，将两个双字长（32 位）有符号双整数 IN1 和 IN2 相减，运算结果送 OUT 指定的存储器单元，输出结果为 32 位。

　　（3）整数减法运算 SUB_R。在 LAD 中，使能 EN＝1 时，将两个双字长（32 位）有符号实数 IN1 和 IN2 相减，运算结果送 OUT 指定的存储器单元，输出结果为 32 位。

　　2. 减法指令 SUB 的举例

　　减法指令 SUB 的应用举例如图4.11所示。在网络 1 中，I0.1 接通时，常数 3000 传送到 VW100，常数 1200 传送到 VW200；在网络 2 中，I0.2 接通时，执行减法指令，VW100 中的数据 3000 传送到 VW300，然后与 VW200 中的数据 1200 相减，运算结果 1800 传送到 VW300。

　　减法运算状态监控表如图4.12所示，表中显示存储单元 VW100、VW200 和 VW300 中数据分别是 3000、1200 和 1800。

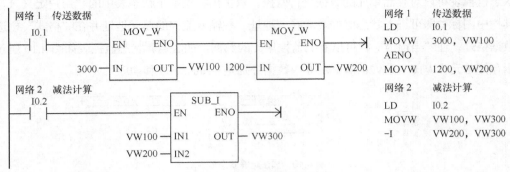

图 4.11 减法指令 SUB 的举例

图 4.12 减法运算状态监控表

三、增 1/减 1 指令 INC/DEC

增 1/减 1 指令用于自增、自减操作，以实现累计计数和循环控制等程序的编制。其操作数可以是字节、字或双字，指令格式见表 4.14。

表 4.14 INC/DEC 指令

项目	增 1（INC）			减 1（DEC）		
LAD	INC_B EN ENO IN OUT	INC_W EN ENO IN OUT	INC_DW EN ENO IN OUT	DEC_B EN ENO IN OUT	DEC_W EN ENO IN OUT	DEC_DW EN ENO IN OUT
STL	INCB OUT	INCW OUT	INCD OUT	DECB OUT	DECW OUT	DECD OUT

1. 增 1/减 1 指令的说明

在 LAD 中，当使能输入 EN=1 时，数据 IN 增 1 或减 1，其结果存储于 OUT 指定的单元中；在 STL 中，数 OUT 被增 1 或减 1，其结果存放在 OUT 中。

2. 增 1/减 1 指令举例

程序梯形图如图 4.13 所示，开机 QB0 清零。I0.0 每接通一次，QB0 的数据被加 1 后存储，即（QB0）+1→（QB0）；I0.1 每接通一次，QB0 的数据被减 1 后存储，即（QB0）-1→（QB0），运算结果可以通过输出 LED 显示。

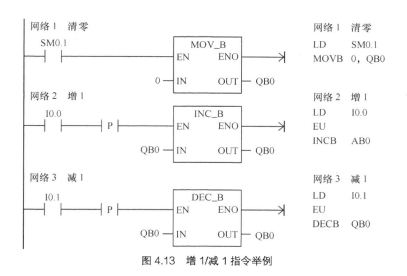

图 4.13　增 1/减 1 指令举例

任务实施

一、编写单按钮功率调节控制程序

1. 单按钮功率调节控制的输出功率和存储单元的关系

单按钮功率调节控制的输出功率和存储单元的关系见表 4.15。

表 4.15　　　　　　　　　　输出功率和存储单元关系

输出功率/kW	位存储器 MB10				按 SB1 次数
	M10.3	M10.2	M10.1	M10.0	
0	0	0	0	0	0
0.5	0	0	0	1	1
1	0	0	1	0	2
1.5	0	0	1	1	3
2	0	1	0	0	4
2.5	0	1	0	1	5
3	0	1	1	0	6
3.5	0	1	1	1	7
0	1	0	0	0	8

2. 编写功率调节控制程序

根据图 4.8 所示控制线路和表 4.15 所示的控制数据编写了单按钮功率调节控制程序，如图 4.14 所示。由表 4.15 所列数据可知，输出功率与存储单元的数据成线性关系，因为每按下一次按钮 SB1，存储单元的数据应作增 1 变化，相应功率增加 0.5kW，所以程序中要应用增 1 指令。在程序中，用位存储器 MB10 的低 4 位来存储功率调节数据。其工作原理如下。

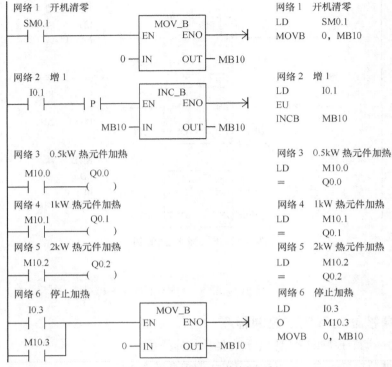

图 4.14　单按钮的功率控制程序

（1）网络 1，使用初始化脉冲 SM0.1 使 MB10 清零。

（2）网络 2～网络 5，当按下功率选择按钮 SB1 时，I0.1 常开触点闭合，在 I0.1 的上升沿使 MB10 数据加 1，M10.2～M10.0 的常开触点对应控制 Q0.2～Q0.0 通断电。

（3）网络 6，当按下停止按钮 SB2 或 SB1 按到第 8 次（M10.3=1）时，I0.3 常开触点或 M10.3 闭合，MB10 清零，Q0.2～Q0.0 无输出，停止加热。

二、操作步骤

（1）按图 4.8 所示电路连接单按钮的功率控制线路。

（2）接通电源，拨状态开关于"RUN"（运行）位置。

（3）启动编程软件，单击工具栏停止图标▇使 PLC 处于"STOP"（停止）状态。

（4）将图 4.14 所示的控制程序下载到 PLC。

（5）单击工具栏运行图标▶使 PLC 处于"RUN"（运行）状态。

（6）每按一次功率选择按钮 SB1，输出功率增加 0.5kW；在最大功率挡位时按 SB1 或随时按停止按钮 SB2 时，停止加热。

★　知识扩展

一、乘法指令 MUL

乘法运算指令是对有符号数进行乘法运算，包括整数乘运算、双整数乘运算、整数乘双整数输出运算和实数乘运算，其指令格式见表 4.16。

表 4.16 　　　　　　　　　　　　　　　　 MUL 指令

项　目	整　数　乘	双　整　数　乘	整数乘双整数输出	实　数　乘
LAD	MUL_I EN　ENO IN1　OUT IN2	MUL_DI EN　ENO IN1　OUT IN2	MUL EN　ENO IN1　OUT IN2	MUL_R EN　ENO IN1　OUT IN2
STL	*I　IN1, OUT	*D　IN1, OUT	MUL　IN1, OUT	*R　IN1, OUT

1. 乘法指令 MUL 的说明

（1）整数乘法运算 MUL_I。在 LAD 中，使能 EN＝1 时，将两个单字长（16 位）有符号整数 IN1 和 IN2 相乘，运算结果送 OUT 指定的存储器单元，输出结果为 16 位。

（2）双整数乘法运算 MUL_DI。在 LAD 中，使能 EN＝1 时，将两个双字长（32 位）有符号双整数 IN1 和 IN2 相乘，运算结果送 OUT 指定的存储器单元，输出结果为 32 位。

（3）整数乘双整数输出 MUL。在 LAD 中，使能 EN＝1 时，将两个单字长（16 位）有符号整数 IN1 和 IN2 相乘，运算结果送 OUT 指定的存储器单元，输出结果为 32 位。

（4）实数乘法运算 MUL_R。在 LAD 中，使能 EN＝1 时，将两个双字长（32 位）有符号实数 IN1 和 IN2 相乘，运算结果送 OUT 指定的存储器单元，输出结果为 32 位。

2. 乘法指令 MUL 的举例

处于监控状态的整数乘双整数输出的梯形图如图 4.15（a）所示。当 I0.0 接点接通时，执行乘法指令，乘法运算的结果（10 923×12 = 131 076）存储在 VD30 目标操作数中，其二进制形式为 0000 0000 0000 0010 0000 0000 0000 0100。

VD30 中各字节存储的数据分别是 VB30=0、VB31=2、VB32=0 和 VB33=4；各字存储的数据分别是 VW30= +2 和 VW32 = +4，状态监控表如图 4.15（b）所示。

网络1　乘法运算举例

I0.0=ON

	MUL	
	EN　ENO	
10923 — IN1	VD30 —	+1314076
12 — IN2		

（a）监控梯形图

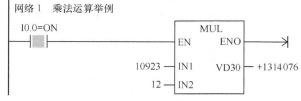

	地址	格式	当前值
1	VD30	有符号	+131076
2	VB30	无符号	0
3	VB31	无符号	2
4	VB32	无符号	0
5	VB33	无符号	4
6	VW30	有符号	+2
7	VW32	有符号	+4

？新特性
CPU 224 REL 01.21
＋ 程序块
＋ 符号表
－ 状态表
　　用户定义1
＋ 数据块
＋ 系统块
＋ 交叉引用

（b）状态监控表

图 4.15　乘法指令 MUL 的举例

二、除法指令 DIV

除法运算指令是对有符号数进行除法运算，包括整数除法运算、双整数除法运算，整数除双整数输出运算和实数除法运算，其指令格式见表4.17。

表 4.17   DIV 指令

项 目	整 数 除	双 整 数 除	整数除双整数输出	实 数 除
LAD	DIV_I EN ENO IN1 OUT IN2	DIV_DI EN ENO IN1 OUT IN2	DIV EN ENO IN1 OUT IN2	DIV_R EN ENO IN1 OUT IN2
STL	/I IN1, OUT	/D IN1, OUT	DIV IN1, OUT	/R IN1, OUT

1. 除法指令 DIV 的说明

（1）整数除法运算 DIV_I。在 LAD 中，使能 EN= 1 时，将两个单字长（16 位）有符号整数 IN1 和 IN2 相除，运算结果送 OUT 指定的存储器单元，输出结果为 16 位。

（2）双整数除法运算 DIV_DI。在 LAD 中，使能 EN= 1 时，将两个双字长（32 位）有符号双整数 IN1 和 IN2 相除，运算结果送 OUT 指定的存储器单元，输出结果为 32 位。

（3）整数除双整数输出 DIV。在 LAD 中，使能 EN= 1 时，将两个单字长（16 位）有符号整数 IN1 和 IN2 相除，运算结果送 OUT 指定的存储器单元，输出结果为 32 位，其中低 16 位是商，高 16 位是余数。

在图 4.16（a）所示的除法程序中，被除数存储在 VW0，除数存储在 VW10。当 I0.0 接通时，执行除法指令，运算结果存储在 VD20。其中商存储在 VW22，余数存储在 VW20，操作数的结构如图 4.16（b）所示。

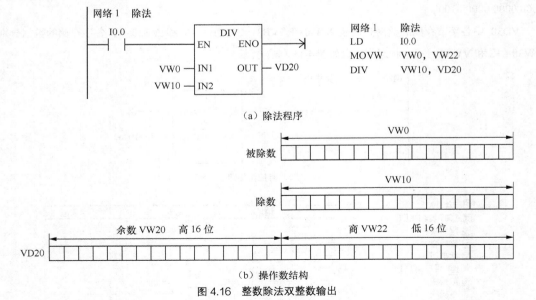

（a）除法程序

（b）操作数结构

图 4.16 整数除法双整数输出

（4）实数除法运算 DIV_R。在 LAD 中，使能 EN= 1 时，将两个双字长（32 位）有符号实数 IN1 和 IN2 相除，运算结果送 OUT 指定的存储器单元，输出结果为 32 位。

2. 除法指令 DIV 的举例

　　处于监控状态的除法指令梯形图如图 4.17（a）所示。如果 I0.0 接点接通，执行除法指令。除法运算的结果（15/2=商 7 余 1）存储在 VD20 的目标操作数中，其中商 7 存储在 VB23，余数 1 存储在 VB21。其二进制形式为 0000 0000 0000 0001 0000 0000 0000 0111。

　　VD20 中各字节存储的数据分别是 VB20=0、VB21=1、VB22=0 和 VB23=7；各字存储的数据分别是 VW20=+1 和 VW22=+7，状态监控表如图 4.17（b）所示。

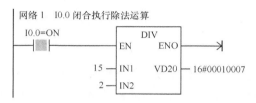

（a）监控梯形图

	地址	格式	当前值
1	VD20	有符号	+65543
2	VB20	无符号	0
3	VB21	无符号	1
4	VB22	无符号	0
5	VB23	无符号	7
6	VW20	有符号	+1
7	VW22	有符号	+7

（b）状态监控表

图 4.17　除法指令 DIV 的举例

练 习 题

1. 用整数除法指令将 VW100 中的数据（240）除以 8 后存放到 AC0 中。

2. 设计一个程序，将 85 传送到 VW0，23 传送到 VW10，并完成以下操作。

（1）求 VW0 与 VW10 的和，结果送到 VW20 存储；

（2）求 VW0 与 VW10 的差，结果送到 VW30 存储；

（3）求 VW0 与 VW10 的积，结果送到 VW40 存储；

（4）求 VW0 与 VW10 的余数和商，结果送到 VW50、VW52 存储。

3. 作 500×20+300÷15 的运算，并将结果送到 VW50 存储。

应用跳转指令实现手动/自动工作方式选择控制

任务引入

跳转指令可用来选择执行指定的程序段，跳过暂时不需要执行的程序段。例如，在调试设备工艺参数时，需要手动操作方式；在生产时，需要自动操作方式。这就要在程序中编排两段程序，一段程序用于调试工艺参数，另一段程序用于生产自动控制。

应用跳转指令的程序结构如图4.18所示。I0.1是手动/自动选择开关的信号输入端。当I0.1未接通时，执行手动程序段，反之执行自动程序段。I0.1的常开/常闭接点起联锁作用，使手动、自动两个程序段只能选择其一。

某台设备具有手动/自动两种操作方式，其控制线路如图4.19所示。SB3是操作方式选择开关，当SB3处于断开状态时，选择手动操作方式；当SB3处于接通状态时，选择自动操作方式，不同操作方式进程如下。

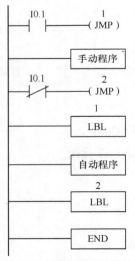

图 4.18　手动/自动程序跳转

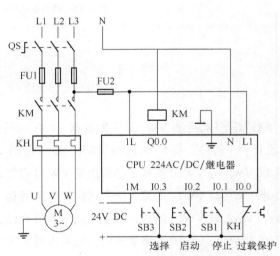

图 4.19　手动/自动选择控制线路图

手动操作方式进程：按启动按钮SB2，电动机运转；按停止按钮SB1，电动机停机。

自动操作方式进程：按启动按钮SB2，电动机连续运转1min后，自动停机。按停止按钮SB1，电动机立即停机。

其输入/输出端口分配见表4.18。

表4.18 输入/输出端口分配表

输　　入			输　　出	
输 入 端 子	输 入 元 件	作　　用	输 出 端 子	输 出 元 件
I0.0	KH	过载保护	Q0.0	交流接触器 KM
I0.1	SB1	停止		
I0.2	SB2	启动		
I0.3	SB3	手动/自动选择		

相关知识——跳转指令和标号指令

跳转指令由跳转助记符 JMP 和跳转标号 N 构成。标号指令由标号指令助记符 LBL 和标号 N 构成。跳转指令和标号指令的梯形图和语句见表4.19。

表4.19 跳转指令与标号指令

项　　目	跳 转 指 令	标 号 指 令
LAD	——(JMP) N	N LBL
STL	JMP　N	LBL　N
数据范围	N：0～255	

跳转指令与标号指令的说明如下。

（1）跳转指令：改变程序流程，使程序转移到具体的标号（N）处。当跳转条件满足时，程序由 JMP 指令控制转至标号 N 的程序段去执行。

（2）标号指令：标记转移目的地的位置。

　　　跳转指令和标号指令必须位于主程序、子程序或中断程序内，不能从主程序转移至子程序或中断程序内，也不能从子程序或中断程序转移至该子程序或中断程序之外。

任务实施

一、编写手动/自动方式选择程序

根据手动/自动方式控制要求，编写的梯形图程序如图 4.20 所示。在程序中，手动/自动程序段不能同时被执行，所以程序中的线圈 Q0.0 不能视为双线圈。程序工作原理如下。

（1）手动工作方式。当 SB3 处于断开状态时，网络 1 中的 I0.3 常开触点断开，不执行"JMP 1"指令语句，而由网络 2 顺序执行手动程序段。在网络 3 中，因 I0.3 常闭触点闭合，执行"JMP 2"指令语句，跳过自动工作方式程序段到"LBL 2"指令语句。

（2）自动工作方式。当 SB3 处于接通状态时，网络 1 中的 I0.3 常开触点闭合，执行"JMP 1"

指令语句，跳过网络2和网络3手动程序段到网络4"LBL 1"指令语句；执行网络5的自动程序段，然后顺序执行到指令语句结束。

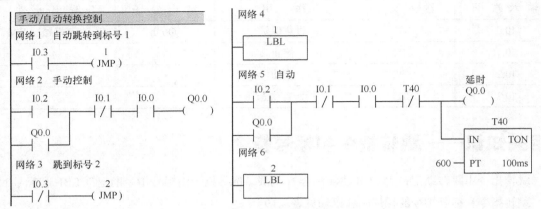

图 4.20　手动/自动方式选择控制梯形图

二、操作步骤

（1）按图4.19所示连接三相交流电动机手动/自动选择控制线路。

（2）接通电源，拨状态开关于"RUN"（运行）位置。

（3）启动编程软件，单击工具栏停止图标■使PLC处于"STOP"（停止）状态。

（4）将图4.20所示的控制程序下载到PLC。

（5）单击工具栏运行图标▶使PLC处于"RUN"（运行）状态。

（6）PLC上输入指示灯I0.0应点亮，表示热继电器工作正常。

（7）选择手动工作方式。断开SB3，输入指示灯I0.3熄灭。按启动按钮SB2，电动机启动。按停止按钮SB1，电动机断电停机。

（8）选择自动工作方式。接通SB3，输入指示灯I0.3亮。按启动按钮SB2，电动机启动，1min后自动停机。在运转过程中，按停止按钮SB1，电动机断电停止。

1．为什么图4.20所示程序中的线圈Q0.0不能视为双线圈？

2．应用跳转指令，编写一个既能点动控制、又能自锁控制的电动机控制程序。设输入继电器I0.0接通时实现点动控制，I0.0断开时实现自锁控制。

应用子程序调用指令编写应用程序

任务引入

在 PLC 程序中，有时会存在多个逻辑功能完全相同的程序段，如图 4.21（a）所示的 D 程序段。为了简化程序结构，可以只设置 1 个 D 程序段，称为子程序。需要执行 D 程序段时，则调用子程序，子程序执行完毕，再返回调用它的下一条指令语句处顺序执行。子程序调用与返回程序的结构如图 4.21（b）所示。

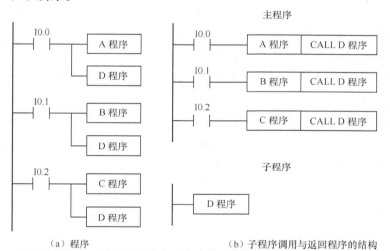

（a）程序　　　　　　　　　　　（b）子程序调用与返回程序的结构

图 4.21　子程序调用与返回结构

相关知识——子程序调用指令

子程序调用指令 CALL、条件返回指令 CRET 的指令格式见表 4.20。

表 4.20　CALL、CRET 指令

项　　目	子程序调用指令	条件返回指令
LAD	SBR_N —EN	——（RET）
STL	CALL　SBR_N	CRET

CRET 多用于子程序的内部，由判断条件决定是否结束子程序调用，RET 用于子程序的结束。用编程软件编程时，不需手工输入 RET 指令，而是由软件自动在内部加到每个子程序的结尾。

如果子程序调用条件满足，则中断主程序去执行子程序。子程序执行结束，通过返回指令返回主程序中断处去继续执行主程序的下一条指令语句。

在子程序中再调用其他子程序称为子程序嵌套，嵌套总数可达8级。

任务实施

一、编写包含子程序的应用程序

应用子程序调用指令的程序如图4.22所示。程序功能：I0.1、I0.2、I0.3分别接通时，将相应的数据传送到VW0、VW10，然后调用加法子程序；在加法子程序中，将VW0、VW10存储的数据相加，运算结果存储在VW20，用存储数据低字节VB21控制输出QB0。

子程序调用程序的工作原理如下。

（1）I0.1接通时的动作。在I0.1上升沿的那个扫描周期，将十进制数据1和2分别传送到数据存储器VW0和VW10中，然后中断主程序，去调用并执行加法子程序SBR_0。

在加法子程序中将VW0与VW10的数据相加，运算结果3送到VW20，然后用VW20的低8位（VB21）控制输出QB0，使输出继电器Q0.0、Q0.1通电，Q0.2～Q0.7断电。

同理可分析I0.2、I0.3接通时的工作过程。

（2）主程序中网络4中的程序功能是清零。I0.4闭合时，对输出字节QB0清零。

二、操作步骤

（1）接通电源，拨状态开关于"RUN"（运行）位置。

（2）启动编程软件，单击工具栏停止图标■使PLC处于"STOP"（停止）状态。

（3）将图4.22所示的控制程序下载到PLC。

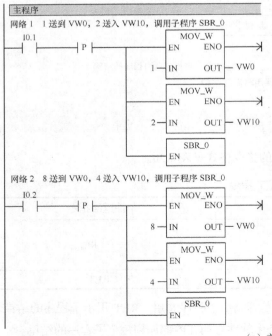
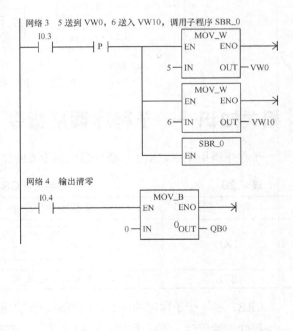

（a）主程序

图4.22　应用子程序调用指令的程序

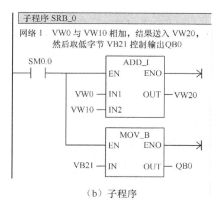

（b）子程序

图 4.22 应用子程序调用指令的程序（续）

（4）单击工具栏运行图标▶使 PLC 处于"RUN"（运行）状态。

（5）接通 I0.1，Q0.0、Q0.1 输出指示灯亮；接通 I0.2，Q0.2、Q0.3 输出指示灯亮；接通 I0.3，Q0.0、Q0.1、Q0.3 输出指示灯亮。

（6）接通 I0.4，输出指示灯全灭。

1. _____多用于子程序的内部，由判断条件决定是否结束子程序调用，在子程序中再调用其他子程序称为_____，嵌套总数可达_____级。

2. 跳转指令和子程序调用指令都可以改变程序流程，两者有什么区别？

应用循环指令编写求和程序

任务引入

对于求算式 0+1+2+3+…+100 的和，如果仅使用加法指令，则需要 100 个 ADD 指令，程序非常烦琐。但分析加数构成可看出后一个加数均比前一个加数大 1，所以可以用增 1 指令 INC 来实现加数的变化。在编写程序时，对于这样大量重复但有规律性的运算，最适合使用循环指令。

相关知识——循环指令

循环指令 FOR、NEXT 的指令格式见表 4.21。

表 4.21   FOR、NEXT 指令

项　目	FOR 指令	NEXT 指令
LAD	 FOR EN ENO INDX INIT FINAL	─(NEXT)
STL	FOR INDX, INIT, FINAL	NEXT

循环指令 FOR、NEXT 的说明：

FOR、NEXT 之间的程序称为循环体，FOR 用来标记循环体的开始，NEXT 用来标记循环体的结束。在一个扫描周期内，循环体反复被执行。FOR、NEXT 指令必须成对出现，缺一不可。在嵌套程序中距离最近的 FOR 指令及 NEXT 指令是一对，各嵌套之间不能有交叉现象。

参数 INDX 为当前循环计数器，用来记录循环次数的当前值，循环体程序每执行一次 INDX 值加 1。参数 INIT 及 FINAL 用来规定循环次数的初值及终值，当循环次数当前值大于终值时，循环结束。可以用改写参数值的方法控制循环体的实际循环次数。

任务实施

一、应用循环指令编写程序

用循环指令编写的求 0+1+2+3+…+100 的和的程序如图 4.23 所示，VW2 作为循环增量。在程序中，按下 I0.0 循环开始，循环次数 100 次。每循环 1 次，VW2 中的数据自动加 1，VW0 与 VW2 相加，结果存入 VW0 中，循环结束后，VW0 中存储的数据为 5050。I0.0 是计算控制端，I0.1 是清零控制端。

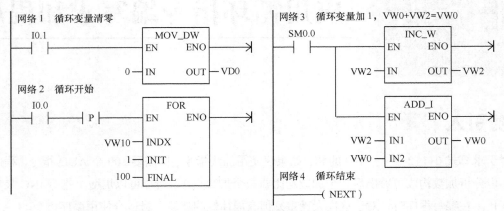

图 4.23　应用循环指令求和的程序

由于循环指令在每个扫描周期都被重复执行，因此，需要在循环指令开始前对循环中使用的数据继电器进行清零操作，使 VW2 只能存储 1 个扫描周期的和。

二、操作步骤

（1）接通电源，拨状态开关于"RUN"（运行）位置。

（2）启动编程软件，单击工具栏停止图标■使 PLC 处于"STOP"（停止）状态。

（3）将图 4.23 所示的控制程序下载到 PLC。

（4）单击工具栏运行图标▶使 PLC 处于"RUN"（运行）状态。

（5）接通 I0.0，用状态监控表监控变量存储器 VW0，显示的数值为 5050。

（6）接通 I0.1，变量存储器 VW0 显示的数值为 0。

（7）反复进行 I0.0、I0.1 的通断操作，其输出结果同上。

★ 知识扩展——2 级循环嵌套

如果在循环体内又包含了另外一个完整的循环，称为循环嵌套，循环指令最多允许 8 级循环嵌套。用 2 级循环指令编写的求 0+1+2+3+…+100 的和的程序如图 4.24 所示。在程序中，使用了两级循环嵌套，外循环的次数为 2 次，内循环的次数为 50 次，总循环的次数为 2×50 = 100 次。循环结束后，VW0 中存储的数据为 5050。

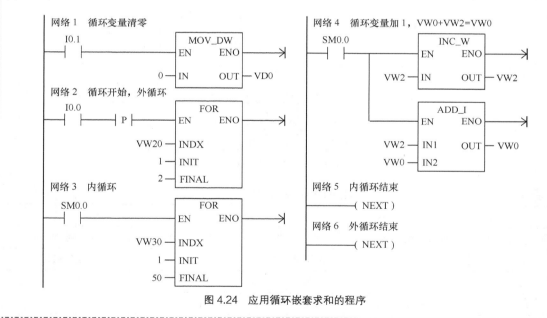

图 4.24　应用循环嵌套求和的程序

1. 循环指令_____和_____必须成对出现，缺一不可。位于循环指令之间的程序称为_____。

2. 使用循环指令求 0+1+2+3+…+50 的和。

应用逻辑运算指令实现
指示灯控制

任务引入

设有 8 盏指示灯，控制要求：当按下按钮 SB1 时，偶数灯亮；当按下按钮 SB2 时，奇数灯亮；当按下按钮 SB3 时，HL0～HL3 灯亮；当按下按钮 SB4 时，HL4～HL7 灯亮。由于有 8 个输出负载，故可采用型号为 CPU 224 AC/DC/继电器的 PLC 进行控制。指示灯控制线路如图 4.25 所示，其输入/输出端口分配见表 4.22。

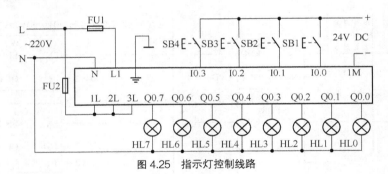

图 4.25　指示灯控制线路

表 4.22　　　　　　　　　　　　　　　输入/输出端口分配表

输　　入			输　　出	
输入端子	输入元件	作　用	输出端子	控制对象
I0.0	SB1	控制偶数灯	Q0.0～Q0.7	HL0～HL7
I0.1	SB2	控制奇数灯		
I0.2	SB3	控制 HL0～HL3 灯		
I0.3	SB4	控制 HL4～HL7 灯		

相关知识——逻辑运算指令

"与""或""非"逻辑是开关量控制的基本逻辑关系。逻辑运算指令是对无符号数进行逻辑处理，主要包括逻辑"与""或""非"和"取反"指令。按操作数长度可分为字节、字和双字逻辑运算。

1. 逻辑"与"指令 WAND

逻辑"与"指令 WAND 的指令格式见表 4.23。

表 4.23　　　　　　　　　　　　　　　　　WAND 指令

项　目	字节"与"	字"与"	双字"与"
LAD	WAND_B EN　ENO IN1　OUT IN2	WAND_W EN　ENO IN1　OUT IN2	WAND_DW EN　ENO IN1　OUT IN2
STL	ANDB　IN1, IN2	ANDW　IN1, IN2	ANDD　IN1, IN2

（1）逻辑"与"指令 WAND 的说明

IN1、IN2 为相"与"逻辑运算的源操作数，OUT 为存储"与"逻辑运算结果的目标操作数。

逻辑"与"指令的功能是将两个源操作数的数据进行二进制按位相"与"，并将运算结果存入目标操作数中。

（2）逻辑"与"指令 WAND 的举例

假设要求用输入继电器 I0.0～I0.4 的位状态去控制输出继电器 Q0.0～Q0.4，可用输入字节 IB0 去控制输出字节 QB0。对字节多余的控制位 I0.5、I0.6 和 I0.7，可与 0 相"与"进行屏蔽。程序如图 4.26 所示。

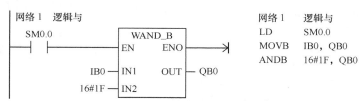

图 4.26　应用逻辑"与"指令的程序

运算过程如图 4.27 所示。逻辑"与"运算规则："全 1 出 1、有 0 出 0"。设输入字节 IB0 的数据为 16#BA，与十六进制常数 16#1F 相"与"后，送到输出字节 QB0 的结果为 16#1A。输出继电器与输入继电器低 5 位的状态完全相同。由此可得出结论：某位状态与 1 相"与"状态保持，与 0 相"与"状态屏蔽。

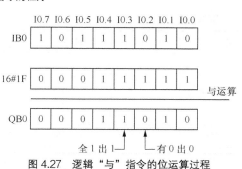

图 4.27　逻辑"与"指令的位运算过程

2. 逻辑"或"指令 WOR

逻辑"或"指令 WOR 的指令格式见表 4.24。

表 4.24　　　　　　　　　　　　　　　　　WOR 指令

项　目	字节"或"	字"或"	双字"或"
LAD	WOR_B EN　ENO IN1　OUT IN2	WOR_W EN　ENO IN1　OUT IN2	WOR_DW EN　ENO IN1　OUT IN2
STL	ORB　IN1, IN2	ORW　IN1, IN2	ORD　IN1, IN2

（1）逻辑"或"指令 WOR 的说明

IN1、IN2 为两个相"或"逻辑运算的源操作数，OUT 为存储"或"逻辑运算结果的目标操作数。

逻辑"或"指令的功能是将两个源操作数的数据进行二进制按位相"或"，并将运算结果存入目标操作数中。

（2）逻辑"或"指令 WOR 的举例

假设要求用输入继电器字节 IB0 去控制输出继电器字节 QB0，但 Q0.3、Q0.4 位不受字节 IB0 的控制而始终处于 ON 状态。可用逻辑"或"指令屏蔽 I0.3、I0.4 位，程序如图 4.28 所示。

运算过程如图 4.29 所示。逻辑或运算规则："全 0 出 0、有 1 出 1"。假设输入字节 IB0 的数据为 16#AA，与十六进制常数 16#18 相或后，送到输出字节 QB0 的结果为 16#BA。可见字节 QB0 的 Q0.3、Q0.4 位保持"1"状态不变，与 I0.3、I0.4 的状态无关，而其余六位则与 IB0 的状态相同。

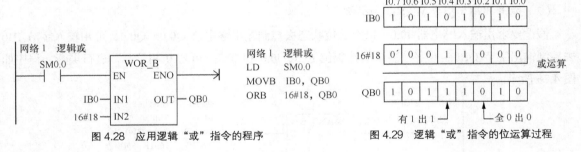

图 4.28　应用逻辑"或"指令的程序　　　图 4.29　逻辑"或"指令的位运算过程

3. 逻辑"异或"指令 WXOR

逻辑"异或"指令 WXOR 的指令格式见表 4.25。

表 4.25　　　　　　　　　　　WXOR 指令

项　目	字节"异或"	字"异或"	双字"异或"
LAD	WXOR_B EN　ENO IN1　OUT IN2	WXOR_W EN　ENO IN1　OUT IN2	WXOR_DW EN　ENO IN1　OUT IN2
STL	XORB　IN1, IN2	XORW　IN1, IN2	XORD　IN1, IN2

（1）逻辑"异或"指令 WXOR 的说明

IN1、IN2 为两个相"异或"逻辑运算的源操作数，OUT 为存储"异或"逻辑运算结果的目标操作数。

逻辑"异或"指令的功能是将两个源操作数的数据进行二进制按位相"异或"，并将运算结果存入目标操作数中。

（2）逻辑"异或"指令 WXOR 的举例

假设要求用输入继电器字节 IB0 的相反状态去控制输出继电器字节 QB0，即 IB0 的某位为"1"时，QB0 的相应位为"0"；IB0 某位为"0"时，QB0 的相应位为"1"。程序如图 4.30 所示。

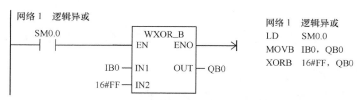

图 4.30 应用逻辑"异或"指令的程序

运算过程如图 4.31 所示。逻辑异或运算规则:"相同出 0,相异出 1"。设输入字节 IB0 的数据为 16#AA,与十六进制常数 16#FF 进行按位"异或"后,送入输出字节 QB0 的结果为 16#55,恰好是输入字节 IB0 的反码。由此可得出结论:字"异或"指令具有逻辑"非"的功能。

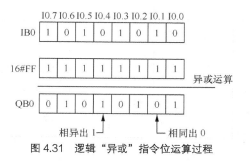

图 4.31 逻辑"异或"指令位运算过程

4. 逻辑"取反"指令 INV

逻辑"取反"指令 INV 的指令格式见表 4.26。

表 4.26 INV 指令

项 目	字节"取反"	字"反"	双字"取反"
LAD	INV_B EN ENO IN OUT	INV_W EN ENO IN OUT	INV_DW EN ENO IN OUT
STL	INVB IN	INVW IN	INVD IN

(1)逻辑"取反"指令 INV 的说明

IN 为"取反"逻辑运算的源操作数,OUT 为存储"取反"逻辑运算结果的目标操作数。

逻辑"取反"指令的功能是将源操作数数据进行二进制按位"取反",并将运算结果存入目标操作数中。

(2)逻辑"取反"指令 INV 举例

假设要求用输入继电器的字节 IB0 的相反状态去控制输出继电器的字节 QB0,即 IB0 的某位为"1"时,QB0 的相应位为"0";IB0 某位为"0"时,QB0 的相应位为"1"。程序如图 4.32 所示。

运算过程如图 4.33 所示。逻辑取反运算规则:"有 0 出 1,有 1 出 0"。设输入字节 IB0 的数据为 16#AA,经按位"取反"后,送入输出字节 QB0 的结果为 16#55。

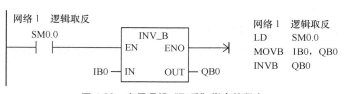

图 4.32 应用逻辑"取反"指令的程序

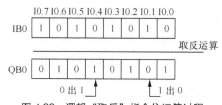

图 4.33 逻辑"取反"指令位运算过程

任务实施

一、应用逻辑运算指令编写程序

根据控制要求编写的指示灯控制程序如图 4.34 所示。

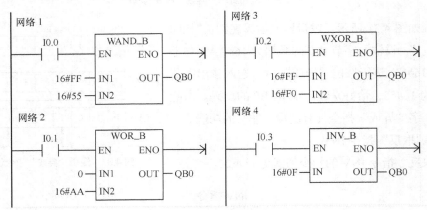

图 4.34　指示灯控制程序

工作原理如下。

（1）网络 1，当按钮 SB1 按下，I0.0 接通，将 16#FF（2#11111111）与 16#55（2#01010101）按位相与，结果（2#01010101）送入 QB0，偶数灯亮。

（2）网络 2，当按钮 SB2 按下，I0.1 接通，将 0 与 16#AA（2#10101010）按位相或，结果（2#10101010）送入 QB0，奇数灯亮。

（3）网络 3，当按钮 SB3 按下，I0.2 接通，将 16#FF（2#11111111）与 16#F0（2#11110000）按位异或，结果（2#00001111）送入 QB0，HL0～HL3 灯亮。

（4）网络 4，当按钮 SB4 按下，I0.3 接通，将 16#0F（2#00001111）按位取反，结果（2#11110000）送入 QB0，HL4～HL7 灯亮。

二、操作步骤

（1）按图 4.25 所示连接指示灯控制线路。

（2）接通电源，拨状态开关于"RUN"（运行）位置。

（3）启动编程软件，单击工具栏停止图标■使 PLC 处于"STOP"（停止）状态。

（4）将图 4.34 所示的控制程序下载到 PLC。

（5）单击工具栏运行图标▶使 PLC 处于"RUN"（运行）状态。

（6）按下 SB1，偶数灯亮；按下 SB2，奇数灯亮；按下 SB3，HL0～HL3 灯亮；按下 SB4，HL4～HL7 灯亮。

设计一个程序，将 16#85 传送到 VB0，16#23 传送到 VB10，并完成以下操作。

（1）求 VB0 与 VB10 的逻辑"与"，结果送 VB20 存储；

（2）求 VB0 与 VB10 的逻辑"或"，结果送 VB30 存储；

（3）求 VB0 与 VB10 的逻辑"异或"，结果送 VB40 存储。

应用比较指令实现传送带控制

任务引入

用传送带输送 20 个工件，控制要求：当计件数量小于 15 时，指示灯常亮；当计件数量等于或大于 15 以上时，指示灯闪烁；当计件数量为 20 时，10s 后传送带停机，同时指示灯熄灭。可以使用光电传感器对工件进行计数，如图 4.35 所示。

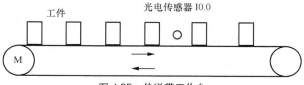

图 4.35　传送带工作台

将光电传感器的发光部分接 L+ 与 M 之间，光电开关接 I0.0 与 1M 之间。工件经过光电传感器时反射光线，光电开关导通。根据控制要求设计的传送带控制线路如图 4.36 所示，其输入/输出端口分配见表 4.27。

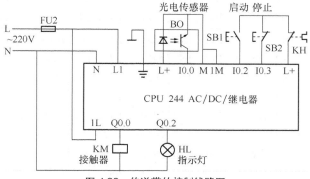

图 4.36　传送带的控制线路图

表 4.27　　　　　　　　　　　　　　　输入/输出端口分配表

输　　入			输　　出		
输 入 端 子	输 入 元 件	作　　用	输 出 端 子	控 制 元 件	控 制 对 象
I0.0	光电传感器	计数	Q0.0	接触器 KM	电动机 M
I0.2	SB1	启动	Q0.2	HL	指示灯
I0.3	SB2	停止			

相关知识——比较指令

比较指令是将两个数值或字符串按指定条件进行比较，条件成立时，触点闭合，去控制相应的对象。所以比较指令实际上也是一种位指令。在实际应用中，比较指令为上下限控制以及为数值条件判断提供了方便。

比较指令的指令格式见表 4.28，操作数据类型可以是字节、整数、双整数、实数和字符串。

表 4.28　　　　　　　　　　　　　　　比较指令表

项　　目	方　　式				
	字 节 比 较	整 数 比 较	双 整 数 比 较	实 数 比 较	字 符 串 比 较
LAD（以==为例）	IN1 ─┤==B├─ IN2	IN1 ─┤==I├─ IN2	IN1 ─┤==D├─ IN2	IN1 ─┤==R├─ IN2	IN1 ─┤==S├─ IN2
STL	LDB= IN1, IN2 LDB<> IN1, IN2 LDB< IN1, IN2 LDB<= IN1, IN2 LDB> IN1, IN2 LDB>= IN1, IN2 AB= IN1, IN2 AB<> IN1, IN2 AB< IN1, IN2 AB<= IN1, IN2	LDW= IN1, IN2 LDW<> IN1, IN2 LDW< IN1, IN2 LDW<= IN1, IN2 LDW> IN1, IN2 LDW>= IN1, IN2 AW= IN1, IN2 AW<> IN1, IN2 AW< IN1, IN2 AW<= IN1, IN2	LDD= IN1, IN2 LDD<> IN1, IN2 LDD< IN1, IN2 LDD<= IN1, IN2 LDD> IN1, IN2 LDD>= IN1, IN2 AD= IN1, IN2 AD<> IN1, IN2 AD< IN1, IN2 AD<= IN1, IN2	LDR= IN1, IN2 LDR<> IN1, IN2 LDR< IN1, IN2 LDR<= IN1, IN2 LDR> IN1, IN2 LDR>= IN1, IN2 AR= IN1, IN2 AR<> IN1, IN2 AR< IN1, IN2 AR<= IN1, IN2	 LDS= IN1, IN2 AS= IN1, IN2 OS= IN1, IN2 LDS<> IN1, IN2 AS<> IN1, IN2 OS<> IN1, IN2
STL	AB> IN1, IN2 AB>= IN1, IN2 OB= IN1, IN2 OB<> IN1, IN2 OB< IN1, IN2 OB<= IN1, IN2 OB> IN1, IN2 OB>= IN1, IN2	AW> IN1, IN2 AW>= IN1, IN2 OW= IN1, IN2 OW<> IN1, IN2 OW< IN1, IN2 OW<= IN1, IN2 OW> IN1, IN2 OW>= IN1, IN2	AD> IN1, IN2 AD>= IN1, IN2 OD= IN1, IN2 OD<> IN1, IN2 OD< IN1, IN2 OD<= IN1, IN2 OD> IN1, IN2 OD>= IN1, IN2	AR> IN1, IN2 AR>= IN1, IN2 OR= IN1, IN2 OR<> IN1, IN2 OR< IN1, IN2 OR<= IN1, IN2 OR> IN1, IN2 OR>= IN1, IN2	 LDS= IN1, IN2 AS= IN1, IN2 OS= IN1, IN2 LDS<> IN1, IN2 AS<> IN1, IN2 OS<> IN1, IN2

相等取比较指令的应用如图 4.37 所示。VW0 中存储数据与常数 100 相比较，如果两者相等，

触点接通，执行后面的输出指令；如果不相等，触点断开，不执行输出指令。

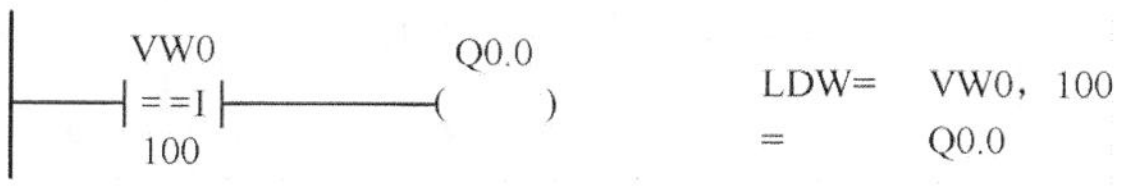

```
     VW0              Q0.0
    ┤ ==I ├─────────(   )          LDW=    VW0, 100
     100                            =       Q0.0
```

图 4.37　相等取比较指令

任务实施

一、应用比较指令编写程序

根据传送带控制线路和控制要求编写的控制程序如图 4.38 所示。

工作原理如下。

（1）网络 1，开机初始化，对计件数量存储器 VW0 清零。

（2）网络 2，当按下启动按钮 SB1，I0.2 接通，输出继电器 Q0.0 得电自锁，传送带工作。

（3）网络 3，工件每次经过光电传感器时，光电开关（接到 I0.0）接通 1 次，VW0 加 1；VW0>=15 时，指示灯每秒闪烁 1 次；VW0<15 时，指示灯常亮。

（4）网络 4，当工件数 VW0>19 时，T41 延时 10s 断开 Q0.0，同时对 VW0 清零。

二、操作步骤

（1）按图 4.36 所示电路连接传送带的控制线路。

（2）接通电源，拨状态开关于"RUN"（运行）位置。

（3）启动编程软件，单击工具栏停止图标■使 PLC 处于"STOP"（停止）状态。

（4）将图 4.38 所示的控制程序下载到 PLC。

（5）单击工具栏运行图标▶使 PLC 处于"RUN"（运行）状态。

（6）按下启动按钮 SB1，Q0.0、Q0.2 输出指示灯亮。

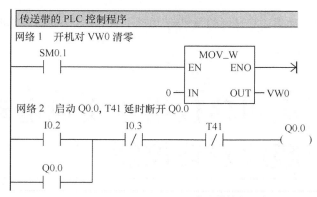

图 4.38　传送带控制程序

网络3　I0.0接通1次，VW0加1；VW0>=15，灯每隔0.5s亮0.5s；VW0<15，灯常亮

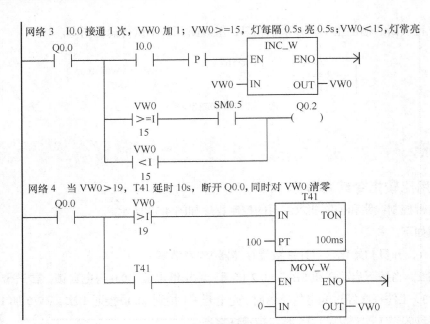

图4.38　传送带控制程序（续）

（7）反复接通I0.0，模拟光电开关通断，当I0.0接通15次后，Q0.2输出指示灯闪烁。当I0.0接通20次后，定时器T41开始延时，10s后，Q0.0、Q0.2断电，输出指示灯灭。

1．某设备有5台电动机，要求每台电动机间隔5s顺序启动。试利用触点比较指令和置位/复位指令编写控制程序。

2．在图4.38所示的程序中，如果要求计件的数量为40个，大于40个时延时20s停止传送带，该如何修改程序？

应用移位指令实现电动机顺序启动控制

任务引入

某台设备有8台电动机，为了减小电动机同时启动对电源的影响，利用位移指令实现间隔10s

的顺序通电控制。按下停止按钮时，同时停止工作。为了满足控制要求，需要 2 个输入端口作为启动和停止，8 个输出端口接 8 个接触器线圈控制 8 台电动机。其控制线路比较简单，不再给出，输入/输出端口的分配见表 4.29。

表 4.29 输入/输出端口分配表

输 入			输 出	
输 入 端 子	输 入 元 件	作 用	输 出 端 子	控 制 对 象
I0.0	SB1	启动	Q0.0～Q0.7	8 个接触器
I0.1	SB2	停止		

相关知识——移位指令

移位指令主要应用于字元件中有规律的位移控制，操作数据可以是字节、字和双字。

1. 左移指令 SHL

左移指令 SHL 的指令格式见表 4.30。

表 4.30 SHL 指令

项 目	字 节	字	双 字
LAD	SHL_B — EN ENO — — IN OUT — — N	SHL_W — EN ENO — — IN OUT — — N	SHL_DW — EN ENO — — IN OUT — — N
STL	SLB OUT, N	SLW OUT, N	SLD OUT, N

左移指令 SHL 的说明如下。

（1）左移就是把输入数据 IN 左移 N 位后，将结果输出到 OUT 所指定的存储单元。如果 IN 和 OUT 的存储单元不同，则输入数据 IN 各位保持状态不变。

（2）左移移位数据存储单元的最高位（移出端）溢出 N 位数据，另一端自动补 N 个零。

（3）被移出数据块的末位影响溢出标志位 SM1.1。

（4）如果移位操作使数据变为 0，则零标志位 SM1.0 置位。

左移指令 SHL 的应用示例梯形图如图 4.39 所示。

左移指令 SHL 的应用示例过程如图 4.40 所示，每当 I0.0 接通时，数据向左移动 4 位，数据低位补 4 个 0，同时影响 SM1.0 和 SM1.1。当 I0.0 前 3 次接通时，SM1.0 = SM1.1 = 0；当 I0.0 第 4 次接通时，SM1.0 = SM1.1 = 1。

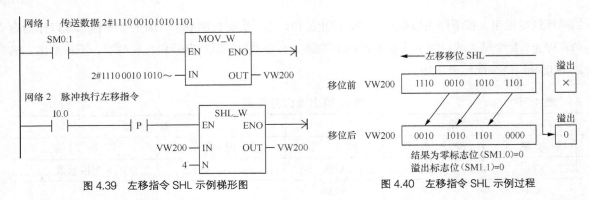

图 4.39　左移指令 SHL 示例梯形图　　　　图 4.40　左移指令 SHL 示例过程

2. 右移指令 SHR

右移指令 SHR 的指令格式见表 4.31。

表 4.31　　　　　　　　　　　　SHR 指令

项　　目	字　　节	字	双　　字
LAD	SHR_B EN　ENO IN　OUT N	SHR_W EN　ENO IN　OUT N	SHR_DW EN　ENO IN　OUT N
STL	SRB　OUT, N	SRW　OUT, N	SRD　OUT, N

右移指令 SHR 的说明如下。

（1）右移就是把输入数据 IN 右移 N 位后，将结果输出到 OUT 所指定的存储单元。如果 IN 和 OUT 的存储单元不同，则输入数据 IN 各位保持状态不变。

（2）右移移位数据存储单元的最低位（移出端）溢出 N 位数据，另一端自动补 N 个 0。

（3）溢出标志位 SM1.1 和零标志位 SM1.0 的动作同前所述。

右移指令 SHR 的应用示例梯形图如图 4.41 所示。

右移指令 SHR 的应用示例过程如图 4.42 所示，每当 I0.0 接通时，数据向右移动 4 位，数据高位补 4 个 0，同时影响 SM1.0、SM1.1。

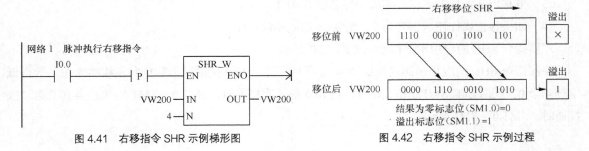

图 4.41　右移指令 SHR 示例梯形图　　　　图 4.42　右移指令 SHR 示例过程

任务实施

一、应用移位指令编写程序

8 台电动机顺序启动控制的梯形图程序如图 4.43 所示。

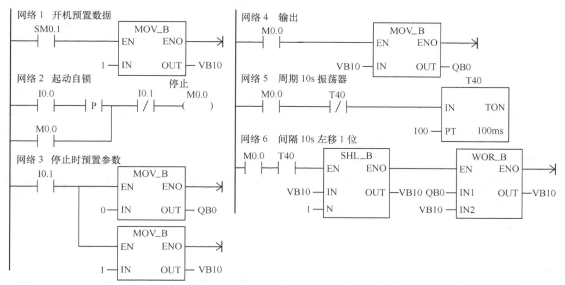

图 4.43 8 台电动机顺序启动控制梯形图

工作原理如下。

（1）网络 1，开机初始化，为变量存储器 VB10 预置数据 1。

（2）网络 2，按下启动按钮 SB1，I0.0 接通，位存储器 M0.0 得电自锁。

（3）网络 3，按下停止按钮 SB2，I0.1 接通，输出存储器 QB0 清 0，所有电动机都停止，同时 VB10 置 1，为下次启动做准备。

（4）网络 4，启动时，M0.0 常开触点闭合，VB10 的数据传送到 QB0，第 1 台电动机启动。

（5）网络 5，周期 10s 振荡器，每隔 10s，T40 常开触点接通 1 次。

（6）网络 6，每 10s 数据 VB10 左移 1 位，然后与 QB0 进行相或，通过网络 4 控制电动机的启动。

二、操作步骤

（1）连接好 8 台电动机顺序启动控制线路。

（2）接通电源，拨状态开关于"RUN"（运行）位置。

（3）启动编程软件，单击工具栏停止图标■使 PLC 处于"STOP"（停止）状态。

（4）将图 4.43 所示的控制程序下载到 PLC。

（5）单击工具栏运行图标▶使 PLC 处于"RUN"（运行）状态。

（6）按下启动按钮 SB1，8 台电动机以 10s 间隔顺序通电启动。按停止按钮 SB2，所有电动机同时停机。

★ 知识扩展——循环移位指令

1. 循环左移指令 ROL

循环左移指令 ROL 的指令格式见表 4.32。

表 4.32　　　　　　　　　　　　　　ROL 指令

项　目	字　节	字	双　字
LAD	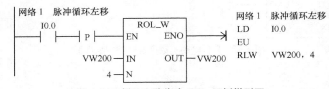		
STL	RLB　OUT，N	RLW　OUT，N	RLD　OUT，N

循环左移指令 ROL 的说明如下。

循环移位是指周而复始的移位。循环左移就是把输入数据 IN 循环左移 N 位，从数据最高位移出的数据块转移到数据最低位。如果 IN 和 OUT 的存储单元不同，则输入数据 IN 各位保持状态不变。溢出标志位 SM1.1 的动作同前所述。

循环左移指令 ROL 的应用示例梯形图如图 4.44 所示。

图 4.44　循环左移指令 ROL 示例梯形图

循环左移指令 ROL 的应用示例过程如图 4.45 所示。

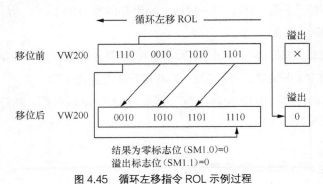

图 4.45　循环左移指令 ROL 示例过程

2. 循环右移指令 ROR

循环右移指令 ROR 的指令格式见表 4.33。

项　　目	字　　节	字	双　　字
表 4.33		ROR 指令	
LAD	ROR_B — EN　ENO — — IN　OUT — — N	ROR_W — EN　ENO — — IN　OUT — — N	ROR_DW — EN　ENO — — IN　OUT — — N
STL	RRB　OUT, N	RRW　OUT, N	RRD　OUT, N

循环右移指令 ROR 的说明如下。

循环右移就是把输入数据 IN 循环右移 N 位,从数据最低位移出的数据块转移到数据最高位。如果 IN 和 OUT 的存储单元不同,则输入数据 IN 各位保持状态不变。溢出标志位 SM1.1 的动作同前所述。

循环右移指令 ROR 的应用示例梯形图如图 4.46 所示。

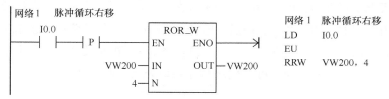

图 4.46　循环右移指令 ROR 示例梯形图

循环右移指令 ROR 的应用示例过程如图 4.47 所示。

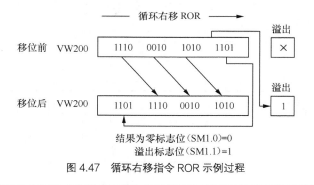

图 4.47　循环右移指令 ROR 示例过程

1. 某台设备有 6 个电动机负载,为了减小电动机同时启动对电源的冲击,利用移位指令实现间隔 5s 的顺序通电启动控制。按下停止按钮时,间隔 1s 顺序断电停机。试编写控制程序。

2. 某灯光招牌有 16 个灯,要求按下启动按钮 I0.0 时,灯以正、反序每 0.5s 间隔轮流点亮;按下停止按钮 I0.1 时,停止工作。试用移位指令编写控制程序。

任务九　用数码管显示5人竞赛抢答器

任务引入

　　在生产实际中，数码显示是人机对话的主要方式之一。由于人们对十进制最熟悉，所以常采用十进制数码来显示各种参数、进程或结果。假如设计一个用数码显示的5人智力竞赛抢答器，控制要求：某参赛选手抢先按下自己的按钮时，则显示该选手的号码，同时联锁其他参赛选手的输入信号无效。主持人按复位按钮清除显示数码后，比赛继续进行。5人竞赛抢答器控制线路如图4.48所示，PLC输出端接外部直流电源（5～30V），每段发光二极管的电流通常是几十毫安，应根据直流电压数值高低确定限流电阻的阻值。PLC输入/输出端口分配见表4.34。

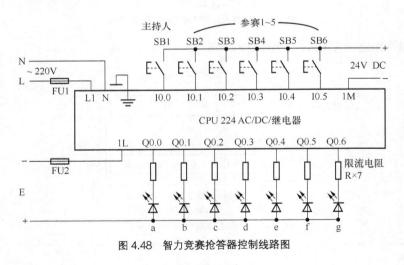

图4.48　智力竞赛抢答器控制线路图

表4.34　　　　　　　　　　　　　　输入/输出端口分配表

输　　入			输　　出	
输入端子	输入元件	作　用	输出端子	控制对象
I0.0	SB1	主持人复位	Q0.0～Q0.6	a～g 七段显示码
I0.1～I0.5	SB2～SB6	参赛选手1～5		

相关知识

一、七段数码管

七段数码管可以显示数字 0~9，十六进制数字 A~F。图 4.49 所示为发光二极管组成的七段数码管外形和内部结构，七段数码管分共阳极结构和共阴极结构。以共阴极数码管为例，当 a、b、c、d、e、f 段接高电平发光，g 段接低电平不发光时，显示数字"0"。当七段均接高电平发光时，则显示数字"8"。

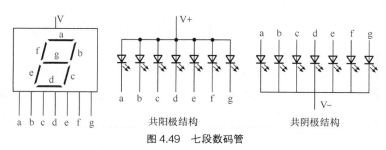

图 4.49 七段数码管

二、七段显示代码

表 4.35 列出十进制数码与七段显示电平的逻辑关系。

表 4.35 十进制数字与七段显示电平和显示代码逻辑关系

十进制数码		七段显示电平							16 进制显示代码
十进制表示	二进制表示	g	f	e	d	c	b	a	
0	0000	0	1	1	1	1	1	1	16#3F
1	0001	0	0	0	0	1	1	0	16#06
2	0010	1	0	1	1	0	1	1	16#5B
3	0011	1	0	0	1	1	1	1	16#4F
4	0100	1	1	0	0	1	1	0	16#66
5	0101	1	1	0	1	1	0	1	16#6D
6	0110	1	1	1	1	1	0	1	16#7D
7	0111	0	1	0	0	1	1	1	16#27
8	1000	1	1	1	1	1	1	1	16#7F
9	1001	1	1	0	1	1	1	1	16#6F

三、七段编码指令 SEG

对要显示的数码既可以传送七段显示码，也可以由编码指令 SEG 编出七段显示码，七段编码指令 SEG 的梯形图、语句等指令格式见表 4.36。

表4.36　　　　　　　　　　　　　　　SEG 指令

LAD	
	SEG EN　　ENO IN　　OUT
STL	SEG　IN, OUT
描述	使能输入有效时，将字节型输入数据 IN 的低四位有效数字产生相应的七段显示码，并将其输出到 OUT 指定的单元

七段编码指令 SEG 的说明如下。

（1）IN 为要编码的源操作数，OUT 为存储七段编码的目标操作数。IN、OUT 数据类型为字节（B）。

（2）SEG 指令是对 4 位二进制数编码，如果源操作数大于 4 位，只对最低 4 位编码。

（3）SEG 指令的编码范围为十六进制数字 0～9、A～F，对数字 0～9 的七段编码见表4.35。对数字 A～F 的七段编码本书不做介绍，有兴趣的读者可计算出数字 A～F 的编码后在 PLC 上用 SEG 指令验证。

任务实施

一、编写抢答器程序

5 人竞赛抢答器程序如图 4.50 所示，主持人和选手 1、2 的指令语句使用传送指令 MOV，将七段显示码传送到输出端。选手 3～5 的指令语句使用编码指令 SEG，自动编写七段显示码到输出端。

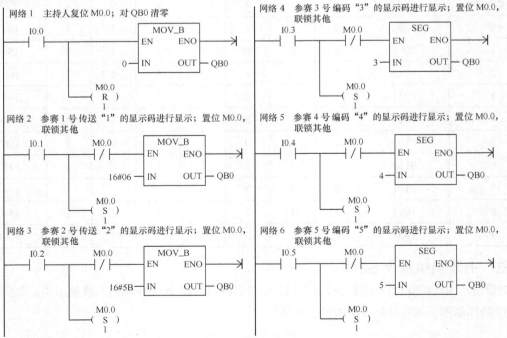

图 4.50　智力竞赛抢答器梯形图程序

程序工作原理如下。

（1）网络 1，主持人按下复位按钮 SB1 时，I0.0 常开触点闭合，将 M0.0 复位。对输出继电器字节 QB0 清零，七段数码管熄灭。

（2）网络 2，选手 1 按下按钮 SB2 时，将"1"的七段显示码"16#06"传送到 QB0，数码管显示数码"1"。同时 M0.0 置位，M0.0 常闭触点断开其他选手的编码电路，起到联锁作用。

（3）网络 3 与网络 2 同理。

（4）网络 4，选手 3 按下按钮 SB4 时，编码指令对 3 进行编码并送到 QB0，数码管显示数码"3"。同时 M0.0 置位，联锁其他选手编码电路。

（5）网络 5～6 与网络 4 同理。

将控制线路和程序稍做修改，便可将参赛选手扩大到 9 人。

二、操作步骤

（1）按图 4.48 所示连接 5 人竞赛抢答控制线路。

（2）接通电源，拨状态开关于"RUN"（运行）位置。

（3）启动编程软件，单击工具栏停止图标■使 PLC 处于"STOP"（停止）状态。

（4）将图 4.50 所示的控制程序下载到 PLC。

（5）单击工具栏运行图标▶使 PLC 处于"RUN"（运行）状态。

（6）某参赛手抢先按下按钮时，则显示相应代码，并联锁其他选手。

（7）主持人按下按钮 SB1，显示数码"0"，重新开始竞赛。

1. 应用七段编码指令 SEG 编写单个数码管显示控制程序。控制要求：I0.0 接通时，数码管每秒钟依次显示数码 0～9；I0.0 断开时，显示数码 0。

2. 应用七段编码指令 SEG 编写数码显示的 9 人竞赛抢答器程序。

应用 IBCD 指令实现停车场空车位数码显示

任务引入

某停车场最多可停 50 辆车，用两位数码管显示停车数量。用出/入传感器检测进出车辆数，每进一辆车停车数量增 1，每出一辆车减 1。场内停车数量小于 45 时，入口处绿灯亮，允许入场；等于和大于 45 时，绿灯闪烁，提醒待进车辆司机注意将满场；等于 50 时，红灯亮，禁止车辆入场。用 PLC 控制的停车场空车位数码显示线路如图 4.51 所示，PLC 需要 2 个输入端，16 个输出端，由于 CPU 224 的输出点只有 10 个，不能满足本题要求，故扩展一个 8 点数字量输出模块 EM222，输入/输出端口分配见表 4.37。

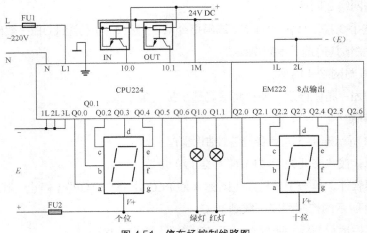

图 4.51　停车场控制线路图

表 4.37　　　　　　　　　　　　　　　输入/输出端口分配表

输　　　　入			输　　　　出	
输 入 端 子	输 入 元 件	作　　用	输 出 端 子	控 制 对 象
I0.0	传感器 IN	检测进场车辆	Q0.6～Q0.0	个位数显示
I0.1	传感器 OUT	检测出场车辆	Q2.6～Q2.0	十位数显示
			Q1.0	绿灯，允许信号
			Q1.1	红灯，禁行信号

通常传感器有 3 个端子，分别接 PLC 内部直流电源 24V 的正极、输入公共端 1M（0V）和输入信号端。在图 4.51 中，入口传感器 IN 接 I0.0，出口传感器 OUT 接 I0.1。

两个共阳极数码管的公共端 V+接外部直流电源正极，个位数码管 a～g 段接输出端口 Q0.0～Q0.6，十位数码管 a～g 段接扩展模块输出端口 Q2.0～Q2.6。CPU 输出公共端 1L、2L、3L 和扩展模块的 1L、2L 接外部直流电源负极，由于输出动作较频繁，继电器输出型的触点容易损坏，所以要选用晶体管输出型。红、绿信号灯分别接 Q1.0 和 Q1.1 输出端口。

┃相关知识┃

一、8421BCD 编码

在 PLC 中，参加运算和存储的数据无论是以十进制形式输入还是以十六进制的形式输入，都是以二进制的形式存在。如果直接使用 SEG 指令对两位以上的数据进行编码，则会出现差错。例如，十进制数 21 的二进制形式是 00010101，对高 4 位应用 SEG 指令编码，则得到"1"的七段显示码；对低 4 位应用 SEG 指令编码，则得到"5"的七段显示码，显示的数码"15"是十六进制数，而不是十进制数 21。显然，要想显示"21"，就要先将二进制数 00010101 转换成反映十进制进位关系（即逢十进一）的 00100001 代码，然后对高 4 位"2"和低 4 位"1"分别用 SEG 指令编出七段显示码。

这种用二进制形式反映十进制进位关系的代码称为 BCD 码，其中最常用的是 8421BCD 码，它是用 4 位二进制数来表示 1 位十进制数，该代码从高位至低位的权分别是 8、4、2、1，故称为 8421BCD 码。

十进制数、十六进制数、二进制数与 8421BCD 码的对应关系见表 4.38。

表 4.38　　　　　　　十进制、十六进制、二进制与 8421BCD 码关系

十 进 制 数	十六进制数	二 进 制 数	8421BCD 码
0	0	0000	0000
1	1	0001	0001
2	2	0010	0010
3	3	0011	0011
4	4	0100	0100
5	5	0101	0101
6	6	0110	0110
7	7	0111	0111
8	8	1000	1000
9	9	1001	1001
10	A	1010	0001 0000
11	B	1011	0001 0001
12	C	1100	0001 0010
13	D	1101	0001 0011
14	E	1110	0001 0100
15	F	1111	0001 0101
16	10	10000	0001 0110
17	11	10001	0001 0111
20	14	10100	0010 0000
50	32	110010	0101 0000
150	96	10010110	0001 0101 0000
258	102	100000010	0010 0101 1000

从表中可以看出，8421BCD 码从低位起每 4 位为一组，高位不足 4 位补 0，每组表示 1 位十进制数。8421BCD 码与二进制数的表面形式相同，但概念完全不同，虽然在一组 8421BCD 码中，每位的进位也是二进制，但组与组之间的进位则是十进制。

二、BCD 码转换指令 IBCD

要想正确地显示十进制数码，必须先用 BCD 转换指令将二进制形式的数据转换成 8421BCD 码，再利用 SEG 指令编成七段显示码，最后输出控制数码管发光。

BCD 码转换指令 IBCD 的梯形图、语句表等指令格式见表 4.39。

表 4.39   IBCD 指令

LAD	（见图：L_BCD 方框 EN ENO / IN OUT）
STL	IBCD OUT
描述	使能输入有效时，将输入的整数值 IN 转换成 BCD 码，并且将结果送到 OUT 输出

IBCD 转换指令的说明。

（1）IN 为要转换的源操作数（0～9999），OUT 为存储 BCD 码的目标操作数。

（2）IBCD 指令是将源操作数的数据转换成 8421BCD 码存入目标操作数中。在目标操作数中每 4 位表示 1 位十进制数，从低至高分别表示个位、十位、百位、千位。

IBCD 指令的应用举例如图 4.52 所示。当 I0.0 接通时，先将 5028 存入 VW0，然后将（VW0）= 5028 编为 BCD 码存入输出继电器 QW0。执行过程如图 4.53 所示，可以看出，VW0 中存储的二进制数据与 QW0 中存储的 BCD 码完全不同。QW0 以 4 位 BCD 码为 1 组，从高位至低位分别是十进数 5、0、2、8 的 BCD 码。

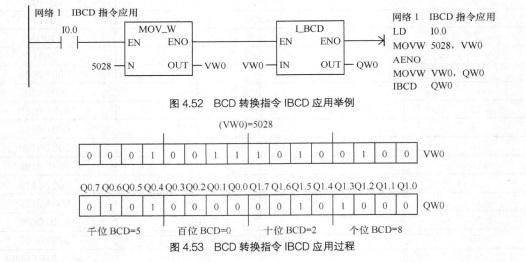

图 4.52   BCD 转换指令 IBCD 应用举例

图 4.53   BCD 转换指令 IBCD 应用过程

任务实施

一、编写停车场空车控制程序

停车场空车位数码显示程序如图 4.54 所示，工作原理如下。

（1）网络 1，开机对 VW0 清零。

（2）网络 2 和网络 3，传感器检测车辆进出，数据寄存器 VW0 的数据增加或减少。

（3）网络 4，将（VW0）编为 8421BCD 码存入 VW10（VB11 中），将 VB11 与 16#0F 进行逻

辑"与"运算，取低 4 位 VB11.3～VB11.0 编为七段显示码送个位数码管显示；将 VB11 右移 4 位，取高 4 位 VB11.7～VB11.4 编为七段显示码送十位数码管显示。

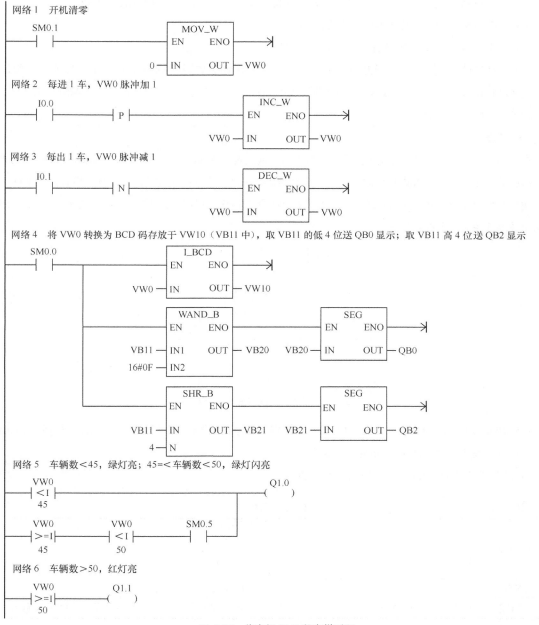

图 4.54　停车场 PLC 程序梯形图

（4）网络 5，如果停车数量小于 45 时，绿灯常亮，允许车辆入场。如果停车数量大于等于 45，小于 50 时，绿灯闪烁，提醒注意满场。

（5）网络 6，如果停车数量大于等于 50 时，红灯亮，禁止车辆入场。

二、模拟操作步骤

（1）接通电源，拨状态开关于"RUN"（运行）位置。

（2）启动编程软件，单击工具栏停止图标■使 PLC 处于"STOP"（停止）状态。

（3）将图 4.54 所示的控制程序下载到 PLC。

（4）单击工具栏运行图标▶使 PLC 处于"RUN"（运行）状态。

（5）在停车场车辆数目显示程序中每按下一次 I0.0 按钮，数码管输出数目加 1，每按下一次 I0.1 按钮，数码管输出数目减 1。数目小于 45 时，Q1.0 绿灯亮；大于等于 45 时，Q1.0 绿灯闪烁；大于等于 50 时，Q1.1 红灯亮。

★ 知识扩展——BCDI 指令

在实际生产中，当生产工艺发生变化或每台机器的状况差异较大时，往往需要调整或修改 PLC 控制程序。解决的方法是重新写入新的 PLC 程序，或者用拨码开关调节程序的相关参数，显然，后者快捷易行。

拨码开关的外形与接线如图 4.55 所示，按动拨码开关的按键可以向 PLC 输入十进制数码（0~9）。图中两位拨码开关显示十进制数据 53。

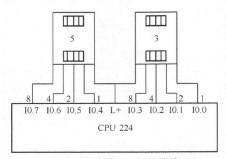

图 4.55　两位拨码开关的接线图

拨码开关产生的是 BCD 码，而在 PLC 程序中数据的存储和操作都是二进制形式。因此，要使用 BCDI 指令将拨码开关产生的 BCD 码变换为二进制代码。

BCDI 转换指令的梯形图、语句等指令格式见表 4.40。

表 4.40　　　　　　　　　　　BCDI 指令

LAD	![BCD_I EN ENO IN OUT]
STL	BCDI　OUT
描述	使能输入有效时，将 BCD 码输入数据 IN 转换成整数类型，并且将结果送到 OUT 输出

BCDI 转换指令说明如下。

（1）IN 为要转换的源操作数（0~9999），OUT 为存储整数的目标操作数。

（2）BCDI 指令是将源操作数的数据（8421BCD 码）转换成整数存入目标操作数中。在源操作数中每 4 位表示 1 位十进制数，从低位至高位分别表示个位、十位、百位、千位。

例如，将图 4.55 所示的拨码开关数据经 BCDI 变换后存储到数据寄存器 VW10 中，同时将拨码开关数据不经 BCDI 变换直接传送到数据寄存器 VW20 中，程序如图 4.56 所示。在网络 1 中，将输入状态传送 VB1；在网络 2 中，经过 BCDI 指令变换后，数据传送 VW10；在网络 3 中，数据直接传送 VW20。

从图 4.57 所示的程序数据监控表中可以看出，经 BCDI 变换后数据寄存器 VW10 中的数据 "53" 是正确的。而不经 BCDI 变换，直接传送到数据寄存器 VW20 中的数据 "83" 则是错误的。

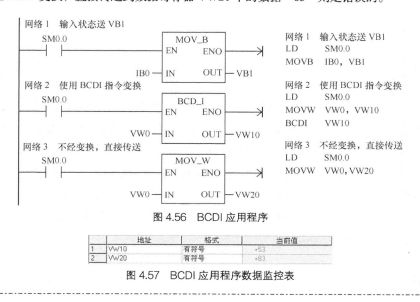

图 4.56　BCDI 应用程序

	地址	格式	当前值
1	VW10	有符号	+53
2	VW20	有符号	+83

图 4.57　BCDI 应用程序数据监控表

练习题

1. 编写下列各数的 8421BCD 码。

35　　　　　　　2345　　　　　　　987　　　　　　　5679

2. 设（VW0）= 3 498，将 VW0 中的数据编为 8421BCD 码后存储到 VW10 中，并将该数据的千位、百位、十位和个位的七段显示码分别存储到 VB23、VB22、VB21 和 VB20 中。

3. 某生产线的工件班产量为 80，用两位数码管显示工件数量。用接入 I0.0 端的传感器检测工件数量，工件数量小于 75 时，绿灯亮；等于和大于 75 时，绿灯闪烁；等于 80 时，红灯亮，1 分钟后生产线自动停机。I0.1、I0.2 是启动/停机按钮，Q0.0 是生产线输出控制端。试设计 PLC 控制线路和控制程序。

4. 某拨码开关的数据为 902，经 BCDI 变换后存储到数据寄存器 VW10 中，试绘出 VW10 的位状态图。问现在 VW10 中的十进制数值是多少？

中断指令的一般应用

|任务引入|

有很多 PLC 内部或外部的事件是随机发生的，例如，外部开关量输入信号的上升沿或下降沿、高速计数器的当前值等于预置值和定时中断等。事先并不知道这些事件何时发生，但是当它们出现时又需要尽快地处理，PLC 用中断的方法来解决上述问题。

所谓中断就是当 CPU 执行正常程序时，系统中出现了某些急需处理的特殊请求，这时 CPU 暂时中断现行程序，转而去对随机发生的更紧迫事件进行处理（称为执行中断服务程序），当该事件处理完毕后，CPU 自动返回原来被中断的程序继续执行。执行中断服务程序前后，系统会自动保护被中断程序的运行环境，不会造成混乱。

|相关知识|

一、中断事件

在激活一个中断程序前，必须使中断事件和该事件发生时希望执行的中断程序间建立一种联系，这个中断事件也称为中断源。S7-200 系列 PLC 支持 34 种中断源，见表 4.41，表中 Y 表示该型号 CPU 具有该中断功能。

表 4.41　　　　　　　　　　　　　　中断事件

事件号	中 断 描 述	CPU 221 CPU 222	CPU 224	CPU 224XP CPU 226	事件号	中 断 描 述	CPU 221 CPU 222	CPU 224	CPU 224XP CPU 226
0	上升沿，I0.0	Y	Y	Y	7	下降沿 I0.3	Y	Y	Y
1	下降沿，I0.0	Y	Y	Y	8	端口 0：接收字符	Y	Y	Y
2	上升沿，I0.1	Y	Y	Y	9	端口 0：发送完成	Y	Y	Y
3	下降沿，I0.1	Y	Y	Y	10	定时中断 0 SMB34	Y	Y	Y
4	上升沿，I0.2	Y	Y	Y	11	定时中断 1 SMB35	Y	Y	Y
5	下降沿，I0.2	Y	Y	Y	12	HSC0 CV=PV（当前值=预置值）	Y	Y	Y
6	上升沿，I0.3	Y	Y	Y	13	HSC1 CV=PV（当前值=预置值）		Y	Y

续表

事件号	中断描述	CPU 221 CPU 222	CPU 224	CPU 224XP CPU 226	事件号	中断描述	CPU 221 CPU 222	CPU 224	CPU 224XP CPU 226
14	HSC1 输入方向改变		Y	Y	25	端口 1：接收字符			Y
15	HSC1 外部复位		Y	Y	26	端口 1：发送完成			Y
16	HSC2 CV=PV（当前值=预置值）		Y	Y	27	HSC0 输入方向改变	Y	Y	Y
					28	HSC0 外部复位	Y	Y	Y
17	HSC2 输入方向改变		Y	Y	29	HSC4 CV=PV（当前值=预置值）	Y	Y	Y
18	HSC2 外部复位		Y	Y					
19	PTO 0 完成中断	Y	Y	Y	30	HSC4 输入方向改变	Y	Y	Y
20	PTO 1 完成中断	Y	Y	Y	31	HSC4 外部复位	Y	Y	Y
21	定时器 T32 CT=PT 中断	Y	Y	Y	32	HSC3 CV=PV（当前值=预置值）	Y	Y	Y
22	定时器 T96 CT=PT 中断	Y	Y	Y					
23	端口 0：接收信息完成	Y	Y	Y	33	HSC5 CV=PV（当前值=预置值）	Y	Y	Y
24	端口 1：接收信息完成			Y					

二、中断指令

中断指令的梯形图、语句等指令格式见表 4.42。

表 4.42　　　　　　　　　　　中断指令的格式

项　目	中断连接指令	中断允许指令	中断分离指令	中断禁止指令
LAD	ATCH EN　ENO INT EVNT	——(ENI)	DTCH EN　ENO EVNT	——(DISI)
STL	ATCH　INT，EVNT	ENI	DTCH　EVNT	DISI
描述	使能输入有效时，把一个中断事件 EVNT 和一个中断程序 INT 联系起来，并允许这一中断事件	使能输入有效时，全局允许所有中断	使能输入有效时，切断一个中断事件 EVNT 与所有中断程序的联系	使能输入有效时，全局关闭所有中断
操作数	INT：0～127		EVNT：0～33	

中断指令说明如下。

（1）程序开始运行时，CPU 默认禁止所有中断。如果执行中断允许指令 ENI，允许所有中断。

（2）多个中断事件可以调用一个中断程序，但一个中断事件不能同时调用多个中断程序。

（3）中断分离指令仅禁止某个事件与中断程序的联系，而执行中断禁止指令可以禁止所有中断。

任务实施

一、I/O 中断的应用

I/O 中断包括上升沿中断和下降沿中断、高速计数器（HSC）中断和脉冲序列输出（PTO）中断。I/O 中断应用的控制要求：用中断指令控制输出端 Q 的状态。输入端 I0.0 接通上升沿时 Q0.0～Q0.3 接通，输入端 I0.0 断开下降沿时 QB0 = 0。

1. 编写 I/O 中断应用程序

I/O 中断应用的程序如图 4.58 所示。

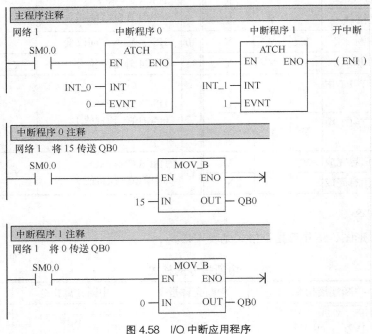

图 4.58 I/O 中断应用程序

程序工作原理如下。

（1）在主程序中，将事件 0 与中断程序 INT_0 连接起来，将事件 1 与中断程序 INT_1 连接起来，全局允许中断。

（2）在中断程序 0 中，将常数 15 送入 QB0。

（3）在中断程序 1 中，将 QB0 清零。

2. 模拟操作步骤

（1）接通电源，拨状态开关于"RUN"（运行）位置。

（2）启动编程软件，单击工具栏停止图标■使 PLC 处于"STOP"（停止）状态。

（3）将图 4.58 所示的控制程序下载到 PLC。

（4）单击工具栏运行图标▶使 PLC 处于"RUN"（运行）状态。

（5）接通 I0.0 时，输出继电器 Q0.0～Q0.3 指示灯亮；断开 I0.0 时，指示灯全部熄灭。

二、定时中断的应用

定时中断以 1ms 为增量，周期可以取 1～255ms。定时中断 0 和定时中断 1 的时间间隔分别写入特殊存储器字节 SMB34 和 SMB35 中。每当定时时间到时，就立即执行相应的定时中断程序。定时中断应用的控制要求：用定时中断 0 实现周期为 1s 的高精度定时，在 QB0 端口以增 1 形式输出。

1. 编写定时中断程序

定时中断应用程序如图 4.59 所示。

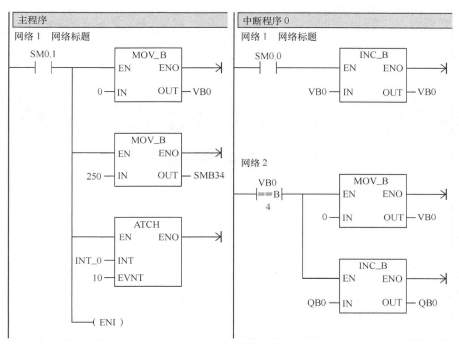

图 4.59 定时中断应用程序

程序工作原理如下。

（1）在主程序中，初始化脉冲将中断次数计数器 VB0 清零，定时时间间隔 250ms 写入 SMB34，将中断事件 10 与中断程序 INT_0 连接起来，全局允许中断。

（2）在中断程序网络 1 中，每产生 1 次中断，VB0 加 1。在中断程序网络 2 中，当中断 4 次时（250ms×4=1s），VB0 清 0，QB0 加 1。

2. 模拟操作步骤

（1）接通电源，拨状态开关于"RUN"（运行）位置。

（2）启动编程软件，单击工具栏停止图标■使 PLC 处于"STOP"（停止）状态。

（3）将图 4.59 所示的控制程序下载到 PLC。

（4）单击工具栏运行图标▶使 PLC 处于"RUN"（运行）状态，可以看到输出端指示灯每秒加 1 输出。

1. 什么是中断？

2. 编程实现 I/O 中断。用中断指令控制 Q0.0 和 Q0.1 的状态，输入端 I0.0 接通上升沿时只有 Q0.0 通电，下降沿时只有 Q0.1 通电。

3. 设计一个时间中断程序，每 20ms 读取输入端口 IB0 数据一次，每 1s 计算一次平均值，并送 VD100 存储。

 应用高速计数器指令实现转速的测量

任务引入

在实际生产中，常常需要测量主轴的转速，而主轴的转速往往高达上千转/分，传感器输出的脉冲频率可能为几千赫兹，使用普通的计数器不能满足测量要求，这就需要用到高速计数器。利用高速计数器测量转速的控制线路如图 4.60 所示，其输入输出端口分配见表 4.43。

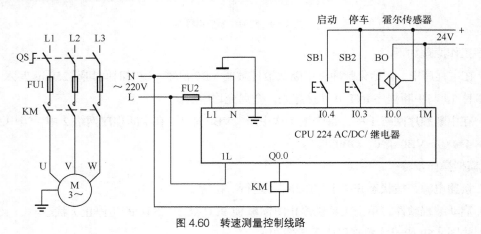

图 4.60 转速测量控制线路

表 4.43　　　　　　　　　　　输入/输出端口分配表

输　　　入			输　　　出		
输 入 端 子	输 入 元 件	作　用	输 出 端 子	输 出 元 件	作　　用
I0.0	BO	输入传感器信号	Q0.0	交流接触器 KM	控制电动机
I0.3	SB2	停止			
I0.4	SB1	启动			

相关知识

一、测速传感器

电动机的转速可由霍尔传感器测量，霍尔传感器与电动机主轴的安装示意如图 4.61 所示。

霍尔传感器有三个端子，分别是正极（接 24V+）、负极（接 24V−）和信号端（接 PLC 的输入端 I0.0）。当电动机主轴旋转时，磁钢经过霍尔传感器时，产生脉冲信号送入 I0.0，由于电动机的主轴转速高达每分钟上千转，所以使用高速计数器 HSC0 对 I0.0 的脉冲信号计数。

图 4.61　霍尔传感器与电动机主轴的安装示意图

二、高速计数器

一般情况下 PLC 的普通计数器只能接收频率为几十赫兹以下的低频脉冲信号，对于大多数控制系统来说，已能满足控制要求。普通计数器只能接收低频（速）信号的原因有两点：一是与 PLC 输入端连接的按钮开关或继电器的簧片在接通或断开瞬间会产生连续脉冲的抖动信号，为了消除抖动信号的影响，PLC 的系统程序为输入端设置了一定的延迟时间；二是因为 PLC 的周期性扫描工作方式的影响，PLC 只在读输入阶段接收外部输入信号。一般 PLC 用户程序的扫描周期在几十至数百毫秒之间，小于扫描周期的信号不能有效地接收。

为此，西门子 S7-200 系列 PLC 专门设置了 6 个 32 位双向高速计数器 HSC0～HSC5（CPU 221、CPU 222 没有 HSC1 和 HSC2），高速计数器可以独立于用户程序工作，不受输入端延迟时间和程序扫描周期的限制。

1. 高速计数器指令

定义高速计数器指令和高速计数器指令的格式见表 4.44。

表 4.44　　　　　　　　　　　高速计数器指令

项　　目	定义高速计数器	高速计数器
LAD	HDEF — EN　　ENO — — HSC — MODE	HSC — EN　　ENO — — N
STL	HDEF　HSC，MODE	HSC　N
操作数的含义及范围	HSC：（BYTE）常数；MODE：（BYTE）常数；N：（WORD）常数	

高速计数器指令的说明如下。

（1）高速计数器定义指令（HDEF）为指定的高速计数器（HSCx）设置一种工作模式，工作模式决定了高速计数器的时钟、方向、启动和复位功能。每个高速计数器只能用一条 HDEF 指令。

（2）高速计数器指令（HSC）中参数 N 用来设置高速计数器的编号。

2. 高速计数器工作模式和输入端

S7-200 系列 PLC 高速计数器 HSC0～HSC5 具有以下四种基本类型：带有内部方向控制的单相计数器，带有外部方向控制的单相计数器，带有两个时钟输入的双相计数器和 A/B 相正交计数器。

HSC0～HSC5 可以配置为以上任意一种类型，根据外部输入点的不同可以配置不同的模式（模式 0～模式 11）。高速计数器的工作模式见表 4.45。

表 4.45　　　　　　　　　　　　高速计数器的工作模式和输入点

计数器标号及各种工作模式对应的输入点	HSC0	I0.0	I0.1	I0.2	
	HSC1	I0.6	I0.7	I1.0	I1.1
	HSC2	I1.2	I1.3	I1.4	I1.5
	HSC3	I0.1			
	HSC4	I0.3	I0.4	I0.5	
	HSC5	I0.4			
带有内部方向控制的单相计数器	模式 0	时钟			
	模式 1	时钟		复位	
	模式 2	时钟		复位	启动
带有外部方向控制的单相计数器	模式 3	时钟	方向		
	模式 4	时钟	方向	复位	
	模式 5	时钟	方向	复位	启动
带有增减计数时钟的双相计数器	模式 6	增时钟	减时钟		
	模式 7	增时钟	减时钟	复位	
	模式 8	增时钟	减时钟	复位	启动
A/B 相正交计数器	模式 9	时钟 A	时钟 B		
	模式 10	时钟 A	时钟 B	复位	
	模式 11	时钟 A	时钟 B	复位	启动

为了准确计数及适应各种计数控制的要求，高速计数器配有外部启动、复位端子。其有效电平可设置为高电平有效或低电平有效。当有效电平激活复位输入端时，计数器清除当前值并一直保持到复位端失效。当激活启动输入端时，允许计数器计数。当启动端失效时，计数器当前值保持为常数，并忽略时钟事件。

在使用高速计数器时，除了要定义它的工作模式外，还必须正确地使用它的输入端。同一个输入端不能同时用于两个不同的功能，但是任何一个没有被高速计数器的当前模式使用的输入端，可以被用作其他用途。例如，如果 HSC0 正被用于模式 1，它占用 I0.0 和 I0.2，则 I0.1 可以被 HSC3

占用。

3．设置控制字节

每个高速计数器在特殊存储器区拥有各自的控制字节，见表 4.46。控制字节用来定义高速计数器的计数方式和其他一些设置，改变控制字节各个位的状态可以设置不同的功能。

表 4.46   HSC0～HSC5 的控制字节

HSC0	HSC1	HSC2	HSC3	HSC4	HSC5	描　　述
SM37.0	SM47.0	SM57.0		SM147.0		0=复位高电平有效；1=复位低电平有效
	SM47.1	SM57.1				0=启动高电平有效；1=启动低电平有效
SM37.2	SM47.2	SM57.2		SM147.2		0=4×计数率；1=1×计数率
SM37.3	SM47.3	SM57.3	SM137.3	SM147.3	SM157.3	0=减计数；1=增计数
SM37.4	SM47.4	SM57.4	SM137.4	SM147.4	SM157.4	写入计数方向：0=不更新；1=更新
SM37.5	SM47.5	SM57.5	SM137.5	SM147.5	SM157.5	写入预置值：0=不更新；1=更新
SM37.6	SM47.6	SM57.6	SM137.6	SM147.6	SM157.6	写入初始值：0=不更新；1=更新
SM37.7	SM47.7	SM57.7	SM137.7	SM147.7	SM157.7	HSC 允许：0=禁止 HSC；1=允许 HSC

4．设置初始值和预置值

每个高速计数器都有一个 32 位的初始值和一个 32 位的预置值，均为带符号整数。初始值是高速计数器计数的起始值，预置值是高速计数器的目标值，当高速计数器的当前值等于预置值时会发生一个内部中断事件。为了向高速计数器装入新的初始值和预置值，必须先设置控制字节，并且把初始值和预置值存入特殊存储器中，然后执行 HSC 指令完成设定或更新高速计数器初始值和预置值。每个高速计数器还有一个以数据类型 HC 加上计数器标号构成的存储单元存储计数器的当前值（如 HC2）。高速计数器的当前值是只读值，只能以双字（32 位）分配地址。HSC0～HSC5 的初始值、预置值及当前值存储单元见表 4.47。

表 4.47   HSC0～HSC5 的初始值和预置值的存储单元

要装入的值	HSC0	HSC1	HSC2	HSC3	HSC4	HSC5
初始值	SMD38	SMD48	SMD58	SMD138	SMD148	SMD158
预置值	SMD42	SMD52	SMD62	SMD142	SMD152	SMD162
当前值	HC0	HC1	HC2	HC3	HC4	HC5

5．单相计数器应用举例

（1）单相计数器编程。单相计数器采用专用的输入端口作为计数器的计数方向控制，如图 4.62 （a）所示，使用 HSC0 时，使用 I0.1 为计数方向控制，置 1 时为增计数器。

编写的程序如图 4.62（b）所示，其工作原理如下。

① 在主程序中，SM0.1 接通调用子程序 SBR_0。

② 子程序 SBR_0 中，对 HSC0 进行初始化。首先将控制字节 16#D0（2#1101 0000）送 SMB37，

此字节的设置包括允许 HSC0、更新初始值、更新计数方向和减计数器。然后定义高速计数器 HSC0 为 4 模式，初始值清零，最后将设置写入 HSC0。

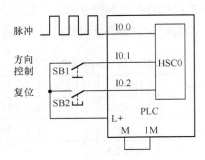

（a）接线图

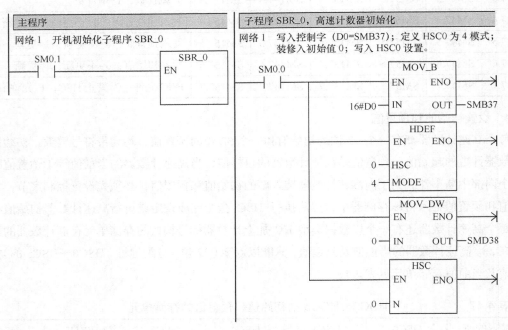

（b）程序梯形图

图 4.62　单相计数器应用

系统自动分配 I0.0 为 HSC0 的计数信号输入端；I0.1 接通是增计数器，断开是减计数器；I0.2 是复位端。

（2）模拟操作步骤。

① 按图 4.62（a）所示连接单相计数器控制线路。

② 接通电源，拨状态开关于"RUN"（运行）位置。

③ 启动编程软件，单击工具栏停止图标■使 PLC 处于"STOP"（停止）状态。

④ 将图 4.62（b）所示的控制程序下载到 PLC。

⑤ 单击工具栏运行图标▶使 PLC 处于"RUN"（运行）状态。

⑥ 单击工具栏状态表监控图标 使PLC处于状态表监控状态。然后在"地址"栏输入HC0、SMB37和I0.1。

⑦ 高速计数器默认为减计数器。反复接通I0.0，其状态监控表如图4.63（a）所示。

⑧ 接通I0.1，高速计数器改为增计数器，反复接通I0.0，其状态监控表如图4.63（b）所示。

⑨ 按复位按钮I0.2，高速计数器当前值清零。其状态监控表如图4.63（c）所示。

	地址	格式	当前值
1	HC0	有符号	-134
2		有符号	
3	SMB37	十六进制	16#D0
4		有符号	
5	I0.1	位	2#0

（a）

	地址	格式	当前值
1	HC0	有符号	+65
2		有符号	
3	SMB37	十六进制	16#D0
4		有符号	
5	I0.1	位	2#1

（b）

	地址	格式	当前值
1	HC0	有符号	+0
2		有符号	
3	SMB37	十六进制	16#D0
4		有符号	
5	I0.1	位	2#1

（c）

图4.63　单相计数器应用状态监控表

任务实施

一、应用高速计数器编写转速测量程序

根据控制线路编写电动机控制与测量程序如图4.64所示。

程序工作原理如下。

（1）在网络1中，开机（SM0.1=1）对高速计数器HSC0预置。首先将16#CC（2#1100 1100）送入控制字节SMB37，其含义包括允许HSC、更新初始值、不更新预置值、不更新计数方向、增计数器、1倍计数率，然后将HSC0定义为模式0，再把常数0送入初始值存储器SMD38，最后把以上设置写入并启动高速计数器HSC0。

（2）在网络2中，利用定时器T57进行采样时间的设定，每3s采样一次。

（3）在网络3中，采样时间到，在T57的上升沿，读取高速计数器的值HC0并将其送入VD3000，取VD3000的低两位（VW3002）与20相乘，可以得到每分钟的转速，再把它送入速度显示存储单元VW122便于显示转速；然后将初始值清0（0送入SMB38），16#C0（2#1100 0000）送入控制字节SMB37，其含义包括允许HSC、更新初始值、不更新计数方向；最后把以上设置写入并启动高速计数器HSC0。

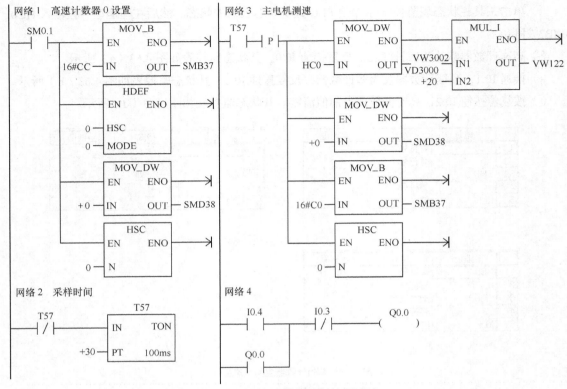

图 4.64　电动机的控制与转速测量程序

（4）网络 4 只是简单的自锁控制。

二、模拟操作步骤

（1）接通电源，拨状态开关于"RUN"（运行）位置。

（2）启动编程软件，单击工具栏停止图标■使 PLC 处于"STOP"（停止）状态。

（3）将图 4.64 所示的控制程序下载到 PLC。

（4）单击工具栏运行图标▷使 PLC 处于"RUN"（运行）状态。

（5）单击工具栏状态表监控图标▦使 PLC 处于状态表监控状态。然后在"地址"栏输入 HC0、SMB37 和 VW122。

（6）高速计数器为增计数器，反复接通 I0.0，其状态监控表如图 4.65 所示。

	地址	格式	当前值
1	HC0	有符号	+17
2		有符号	
3	SMB37	十六进制	16#C0
4		有符号	
5	VW122	有符号	+720

图 4.65　电动机转速状态监控表

★ 知识扩展

一、双相高速计数器

双相高速计数器为带有两相计数时钟输入的计数器。其中，一相时钟为增计数时钟，另一相为减计数时钟。增计数时钟输入口上有 1 个脉冲时，计数器当前值加 1；减计数时钟输入口上有 1 个脉冲时，计数器当前值减 1，如图 4.66 所示。如果增计数时钟输入的上升沿与减计数时钟输入的上升沿之间的时间间隔小于

0.3μs，高速计数器会把这些事件看作是同时发生的，当前值不变，计数方向指示不变。只要增计数时钟输入的上升沿与减计数时钟输入的上升沿之间的时间间隔大于0.3μs，高速计数器分别捕捉每个事件，正确计数。

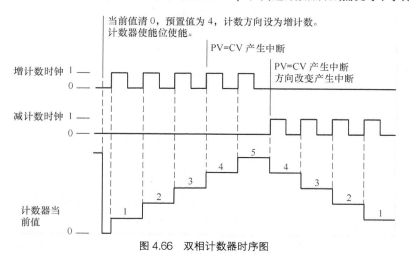

图4.66 双相计数器时序图

1. 双相高速计数器的应用接线

双相高速计数器应用了HSC1的工作模式8，系统自动分配I0.6为HSC1的增计数信号输入端，I0.7为HSC1的减计数信号输入端；I1.0是复位端，I1.1是启动端。其接线图如图4.67（a）所示。

2. 编写梯形图

编写的梯形图如图4.67（b）所示，其工作原理如下。

（1）在主程序中，SM0.1接通调用子程序SBR_0。

（2）子程序SBR_0对HSC1进行初始化。首先将控制字节16#C8（2#1100 1000）送SMB47，此字节的设置包括允许HSC1、更新初值和计数器为增计数器。然后定义高速计数器HSC1为模式8，初始值清零，最后将设置写入HSC1。

3. 模拟操作步骤

（1）按图4.67（a）所示连接双相计数器控制线路。

（2）接通电源，拨状态开关于"RUN"（运行）位置。

（3）启动编程软件，单击工具栏停止图标■使PLC处于"STOP"（停止）状态。

（4）将图4.67（b）所示的控制程序下载到PLC。

（5）单击工具栏运行图标▷使PLC处于"RUN"（运行）状态。

（6）单击工具栏状态表监控图标▦使PLC处于状态表监控状态。然后在"地址"栏输入HC1、SMB47和I1.1。

（7）接通I1.1，然后反复接通I0.6和I0.7，高速计数器的当前值发生变化。其状态监控表如图4.68（a）所示。

（8）按复位按钮I1.0，高速计数器当前值清零，其状态监控表如图4.68（b）所示。

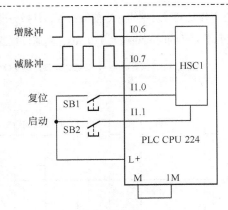

（a）接线图

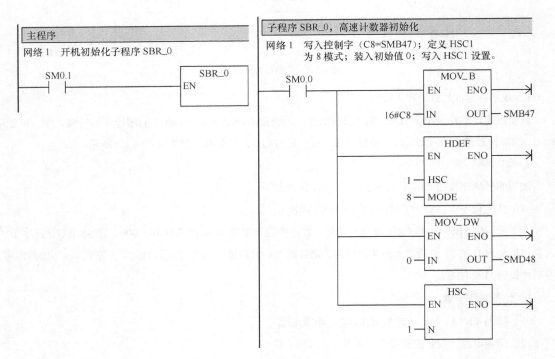

（b）程序梯形图

图 4.67　双相高速计数器应用

	地址	格式	当前值
1	HC1	有符号	+75
2		有符号	
3	SMB47	十六进制	16#C8
4		有符号	
5	I1.1	位	2#1

（a）

	地址	格式	当前值
1	HC1	有符号	+0
2		有符号	
3	SMB47	十六进制	16#C8
4		有符号	
5	I1.1	位	2#1

（b）

图 4.68　双相高速计数器应用状态监控表

二、A/B 相正交高速计数器

A/B 相正交高速计数器也具有两相时钟输入端，分别为 A 相时钟和 B 相时钟。利用两个输入脉冲相位的比较确定计数的方向，当时钟 A 的上升沿超前于时钟 B 的上升沿时为增计数，滞后时则为减计数。其操作时序如图 4.69 所示。

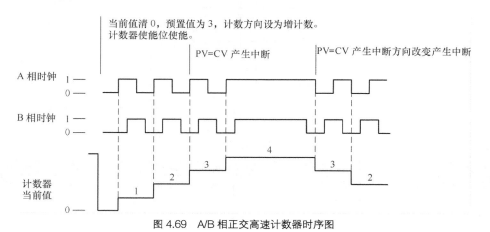

图 4.69　A/B 相正交高速计数器时序图

1. A/B 相正交高速计数器的应用接线

假设某单向旋转机械上连接了一个 A/B 两相正交脉冲增量旋转编码器，计数脉冲的个数就代表了旋转轴的位置。编码器旋转一圈产生 10 个 A/B 相脉冲和一个复位脉冲（C 相或 Z 相），需要在第 5 和第 8 个脉冲所代表的位置之间接通 Q0.0，其余位置 Q0.0 断开。利用 HSC0 的 CV=PV（当前值=预置值）的中断，可以比较容易地实现这一功能。把 A 相接入 I0.0，B 相接入 I0.1，复位脉冲（C 相或 Z 相）接入 I0.2。其接线如图 4.70（a）所示。

2. A/B 相正交高速计数器应用编程

编写的程序梯形图如图 4.70（b）所示，其工作原理如下。

（1）在主程序中，开机 SM0.1 接通，调用 HSC0 初始化子程序 SBR_0。

（2）在子程序 SBR_0 中将 16#A4（2#1010 1000）送入 HSC0 的控制字节 SMB37，此字节的设置包括使能 HSC0，装入预置值和 1×计数率；初始化 HSC0 为模式 10，设预置值为 5，连接中断事件 12（HSC0 的 CV=PV）到 INT_0，全局开中断 ENI，最后将以上设置写入 HSC0。

（3）在中断程序 INT_0 的网络 1 中，当计数器的当前值未达到 8 时，说明位置在 5 和 8 之间，置位 Q0.0。将预置值改设为 8，等待下一次中断发生。在网络 2 中，当计数器的当前值达到 8 以上时，将预置值改为 5，等待下一次中断发生。

3. 模拟操作步骤

（1）按图 4.70（a）所示连接 A/B 相正交高速计数器控制线路。

（2）接通电源，拨状态开关于"RUN"（运行）位置。

（3）启动编程软件，单击工具栏停止图标■使 PLC 处于"STOP"（停止）状态。

（4）将图 4.70（b）所示的控制程序下载到 PLC。

（5）单击工具栏运行图标▷使 PLC 处于"RUN"（运行）状态。

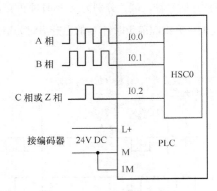

（a）接线图

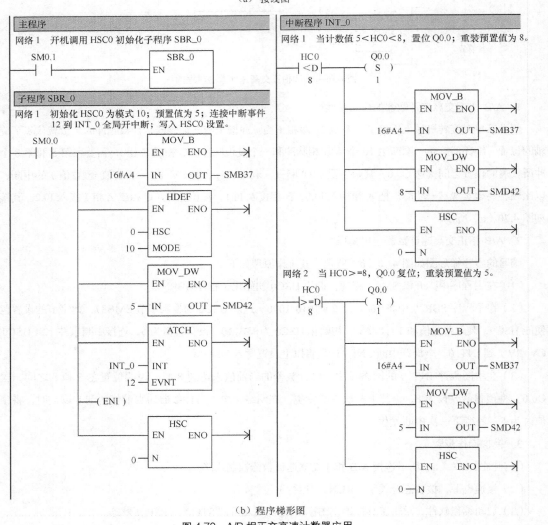

（b）程序梯形图

图 4.70　A/B 相正交高速计数器应用

（6）单击工具栏状态表监控图标🔲使 PLC 处于状态表监控状态。然后在"地址"栏输入 HC0、Q0.0、SMB37 和 SMD42。

（7）Q0.0 处于断开状态，SMD 为 5。反复接通 I0.0 和 I0.1，高速计数器的当前值发生变化。其状态监控表如图 4.71（a）所示。

（8）当 HC0 等于 5 时，Q0.0 接通（灯亮），SMD42 改为 8。其状态监控表如图 4.71（b）所示。

（9）当 HC0 大于或等于 8 时，Q0.0 断开，SMD42 又改为 5。其状态监控表如图 4.71（c）所示。

（10）接通 I0.2，高速计数器当前值清零。其状态监控表如图 4.71（d）所示。

	地址	格式	当前值
1	HC0	有符号	+3
2	Q0.0	位	2#0
3	SMB37	无符号	164
4	SMD42	有符号	+5
5		有符号	

（a）

	地址	格式	当前值
1	HC0	有符号	+5
2	Q0.0	位	2#1
3	SMB37	无符号	164
4	SMD42	有符号	+8
5		有符号	

（b）

	地址	格式	当前值
1	HC0	有符号	+8
2	Q0.0	位	2#0
3	SMB37	无符号	164
4	SMD42	有符号	+5
5		有符号	

（c）

	地址	格式	当前值
1	HC0	有符号	+0
2	Q0.0	位	2#0
3	SMB37	无符号	164
4	SMD42	有符号	+5
5		有符号	

（d）

图 4.71　A/B 相正交高速计数器状态监控表

练习题

1. 高速计数器与普通计数器在使用方面有哪些不同点？

2. 高速计数器分为哪几类？它们之间有什么区别？

3. 高速计数器和输入端口有什么关系？使用高速计数器的控制系统在安排输入端口时要注意什么？

4. 用高速计数器 HSC0（工作模式 1）和中断指令对 I0.0 输入脉冲信号计数，当计数值大于等于 100 时输出端 Q0.1 通电，当外部复位时 Q0.1 断电。试编写程序实现。

任务十三　应用单段 PTO 实现步进电机转速控制

任务引入

　　在生产实际中，常用到步进电机或伺服电机进行控制，而用于驱动的信号为脉冲信号，西门子 S7-200 系列 PLC 可以使用 PLS 指令通过 Q0.0 或 Q0.1 输出脉冲。本任务控制要求：当按下启动按钮时，步进电机以 60r/min 运行，按下停止按钮时，步进电机停止。应用 PLS 指令实现步进电机转速控制的线路如图 4.72 所示，图中 PLC 输出端 Q0.0 发出步数脉冲信号，通过 2kΩ 限流电阻送入步进驱动器的 PUL+端，脉冲的频率与步进电机的转速成比例。对于限流电阻，24V DC 常接 2kΩ，12V DC 接 1kΩ，5V DC 不接。其输入输出端口分配见表 4.48。

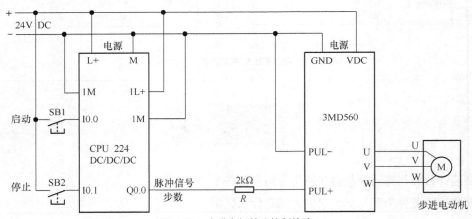

图 4.72　步进电机转速控制线路

表 4.48　　　　　　　　　　　　　　输入/输出端口分配表

输　　入			输　　出		
输 入 端 子	输 入 元 件	作　　用	输 出 端 子	输 出 元 件	作　　用
I0.0	SB1	启动	Q0.0	PUL+	控制步进电机
I0.1	SB2	停止			

相关知识

一、脉冲串输出指令及特殊寄存器

1. PLS 指令

脉冲串输出指令如图 4.73 所示，当 EN 输入端有效时，从 Q0.0 或 Q0.1 输出由程序设置的特殊寄存器定义的高速脉冲，输出脉冲的频率最多可达 20kHz。

图 4.73　脉冲串输出指令

2. 单段管道的脉冲串输出功能（PTO）

S7-200 晶体管输出型 CPU 内置两个 PTO 发生器，用以输出高速脉冲串，两个发生器分别指定输出端口为 Q0.0 和 Q0.1。脉冲串的频率和数量可由用户编程控制。当执行 PTO 操作时，生成一个占空比为 50% 的脉冲串用于步进电动机的脉冲控制。在单段管道模式，需要为下一个脉冲串更新特殊寄存器。一旦启动了起始 PTO 段，就必须按照第二个信号波形的要求改变特殊寄存器，并再次执行 PLS 指令。第二个脉冲串的属性在管道中一直保持到第一个脉冲串发送完成。在管道中一次只能存储一段脉冲串的属性。当第一个脉冲串发送完成时，接着输出第二个信号波形，此时管道可以用于下一个新的脉冲串。

3. 特殊寄存器

PTO 功能的配置需要使用特殊存储器（SM），PTO 控制寄存器的状态位参数选择见表 4.49，控制字节参数选择见表 4.50，其他 PTO 寄存器参数选择见表 4.51。

表 4.49　　　　　　　　　　　状态位参数选择

Q0.0	Q0.1	功　能　描　述
SM66.7	SMW76.7	PTO 空闲：0=在进程中；1=空闲

表 4.50　　　　　　　　　　　控制字节参数选择

Q0.0	Q0.1	功　能　描　述
SM67.0	SM77.0	PTO 更新周期值：0=不更新；1=更新周期
SM67.1	SM77.1	与 PTO 无关
SM67.2	SM77.2	PTO 更新脉冲计数值：0=不更新；1=更新脉冲计数
SM67.3	SM77.3	PTO 时间基准：0=1μs/刻度；1=1ms/刻度
SM67.4	SM77.4	与 PTO 无关
SM67.5	SM77.5	PTO 单个/多个段操作：0=单个；1=多个
SM67.6	SM77.6	PTO/PWM 模式选择：0=PTO；1=PWM（脉宽调制）
SM67.7	SM77.7	PTO 允许：0=禁止；1=允许

表 4.51		其他 PTO 寄存器参数选择
Q0.0	Q0.1	功 能 描 述
SMW68	SMW78	PTO 周期数值范围：2～65 535
SMD72	SMD82	PTO 脉冲计数数值范围：0～65 535
SMB166	SMB176	进行中的段数（仅用在多段 PTO 操作中）
SMW168	SMW178	包络表的起始位置，用从 V0 开始的字节偏移量表示（仅用在多段 PTO 操作中）

利用程序先将 PTO 参数存在 SM 中，然后 PLS 指令会从 SM 中读取数据，并按照存储值控制 PTO 发生器。例如，控制字节 16#85=2#1000 0101 表示允许 PTO、单段操作、1μs/刻度、更新脉冲数、更新周期值。

二、步进电动机驱动器

1. 步进驱动器的工作参数

型号 3MD560 的三相步进电动机驱动器，其主要工作参数如下。

（1）供电电压：直流 18～50V，典型值 36V。

（2）输出相电流：1.5～6.0A（可选择 16 挡输出）。

（3）控制信号输入电流：7～16mA，典型值 10mA。

（4）信号输入/输出方式：光电耦合器隔离。

（5）步进脉冲响应频率：0～200kHz。

（6）8 挡细分。

（7）静止时自动半流功能。

2. 步进驱动器的外部接线端

步进电动机驱动器 3MD560 的工作方式设置开关与外部接线端如图 4.74 所示，外部接线端的功能说明见表 4.52。

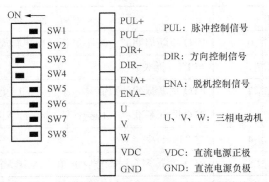

图 4.74 3MD560 的工作方式设置开关与外部接线端

表 4.52　　　　　　　　　　　步进驱动器外部接线端功能说明

接线端	功 能 说 明
PUL+	脉冲信号电流流入/流出端，脉冲的数量、频率与步进电动机的角位移、转速成比例
PUL−	
DIR+	方向电平信号电流流入/流出端，电平的高低决定电动机的旋转方向
DIR−	
ENA+	脱机信号电流流入/流出端。当这一信号为 ON 时，驱动器断开输入到步进电动机的三相电源，即步进电动机断电
ENA−	
U、V、W	步进电动机三相电源输出端
VDC	驱动器直流电源输入端正极
GND	驱动器直流电源输入端负极

3. 步进驱动器的细分设置

步进电动机驱动器 3MD560 的细分设置分为 8 挡，见表 4.53。设置 SW6、SW7、SW8 全为 OFF 状态，即选择细分步数为 10 000 步/圈。

表 4.53　　　　　　　　　　　细分设置表

序号	细分（步/圈）	SW6	SW7	SW8
1	200	ON	ON	ON
2	400	OFF	ON	ON
3	500	ON	OFF	ON
4	1 000	OFF	OFF	ON
5	2 000	ON	ON	OFF
6	4 000	OFF	ON	OFF
7	5 000	ON	OFF	OFF
8	10 000	OFF	OFF	OFF

4. 步进驱动器输出电流的设置

步进电动机驱动器 3MD560 输出相电流设置分为 16 挡，见表 4.54。设置 SW1、SW2、SW3、SW4 为 OFF、OFF、ON、ON 状态，即输出相电流为 4.9A。

表 4.54　　　　　　　　　　　输出相电流设置表

序　号	相电流/A	SW1	SW2	SW3	SW4
1	1.5	OFF	OFF	OFF	OFF
2	1.8	ON	OFF	OFF	OFF
3	2.1	OFF	ON	OFF	OFF
4	2.3	ON	ON	OFF	OFF
5	2.6	OFF	OFF	ON	OFF
6	2.9	ON	OFF	ON	OFF
7	3.2	OFF	ON	ON	OFF

续表

序　号	相电流（A）	SW1	SW2	SW3	SW4
8	3.5	ON	ON	ON	OFF
9	3.8	OFF	OFF	OFF	ON
10	4.1	ON	OFF	OFF	ON
11	4.4	OFF	ON	OFF	ON
12	4.6	ON	ON	OFF	ON
13	4.9	OFF	OFF	ON	ON
14	5.2	ON	OFF	ON	ON
15	5.5	OFF	ON	ON	ON
16	6.0	ON	ON	ON	ON

5. 步进驱动器静态电流的设置

设置 SW5 为 OFF 状态（静态电流半流），当步进电动机上电后，即使静止时也保持自动半流的锁紧状态，可锁定机械手的停止位置。

任务实施

一、应用脉冲串输出指令编写控制程序

根据控制线路编写步进电机控制程序如图 4.75 所示，程序工作原理如下。

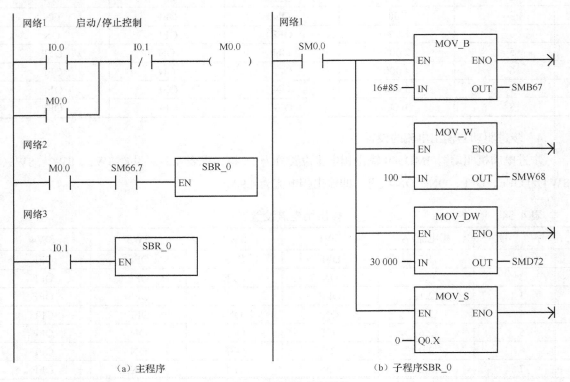

（a）主程序　　　（b）子程序SBR_0

图 4.75　步进电机控制程序

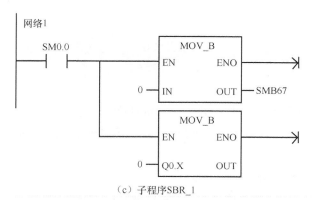

（c）子程序SBR_1

图 4.75　步进电机控制程序（续）

1. 主程序

主程序如图 4.75（a）所示。

（1）在网络 1 中，I0.0 为启动按钮 SB1 的输入，I0.1 为停止按钮 SB2 的输入，这是一个启动停止控制，M0.0 为启动停止标志位。

（2）在网络 2 中，启动时（M0.0 接通），如果脉冲输出空闲（SM66.7 接通），调用子程序 SBR_0。

（3）在网络 3 中，停止时（I0.1 接通），调用子程序 SBR_1。

2. 子程序 SBR_0

子程序 SBR_0 如图 4.75（b）所示，将 16#85（2#1000 0101）送入 SMB67、100 送入 SMW68、30 000 送入 SMD72，表示允许 PTO、单段操作、1μs/刻度、更新脉冲数为 30 000、更新周期值为 100μs。最后执行 PLS 指令，从 Q0.0 输出定义的脉冲。

3. 子程序 SBR_1

子程序 SBR_1 如图 4.75（c）所示，停止时，将 0 送入 SMB67，执行 PLS 指令，禁止 Q0.0 输出脉冲。

二、操作步骤

（1）按图 4.72 所示连接步进电机速度控制线路，将步进驱动器的 SW1～SW8 分别设置为 OFF、OFF、ON、ON、OFF、OFF、OFF、OFF。

（2）接通电源，拨状态开关于 "RUN"（运行）位置。

（3）启动编程软件，单击工具栏停止图标■使 PLC 处于 "STOP"（停止）状态。

（4）将图 4.75 所示的控制程序下载到 PLC。

（5）单击工具栏运行图标▶使 PLC 处于 "RUN"（运行）状态。

（6）按下启动按钮 SB1，步进电机以 60r/min 的速度逆时针转动。

（7）按下停止按钮 SB2，步进电机停止。

1. 如果使用 Q0.1 输出脉冲串，图 4.75 该如何修改？

2. 如果要使步进电机以 6r/min 的速度运行，如何进行控制？如果以 600r/min 速度运行，又该如何进行控制？

3. PTO 输出脉冲串的最高频率为多少？

4. 使用电源 24V DC，通常接多大的限流电阻？12V DC 或 5V DC，又接多大的限流电阻？

 **应用多段 PTO 实现定位控制**

任务引入

在实际生产中，有时需要用到定位控制，如机械手的定位、圆形工作台的转动等。使用步进电机驱动机械手作定位运动的控制要求如下。

（1）当按下启动按钮时，机械手从原点位置前进 500mm 后自动停止。

（2）当按下停止按钮时，机械手立即停止。

（3）当按下复位按钮时，机械手可从任意位置退回原点位置处停止。

步进电动机控制系统接线如图 4.76 所示。图中 PLC 输出端 Q0.0 发出步数脉冲信号，通过 2kΩ

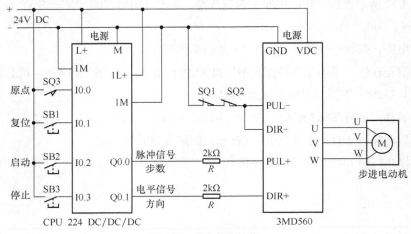

图 4.76　定位控制线路

限流电阻送入步进驱动器的 PUL+ 端，脉冲的数量、频率与步进电机的转动角度和转速成比例。PLC 输出端 Q0.1 发出方向控制信号，通过 2kΩ 限流电阻送入驱动器的 DIR+ 端，它的高低电平决定步进电动机的旋转方向。SQ1、SQ2 为终端限位行程开关，当机械手沿导轨前进或后退运行终端触碰行程开关时，断开步进电动机驱动器的输入信号公共端，使步进电动机停止运行。原点行程开关决定了机械手的起始（原点）位置。其输入输出端口分配见表 4.55。

表 4.55　　　　　　　　　　　　　　输入/输出端口分配表

输　入			输　出	
输入端子	输入元件	作　用	输出端子	作　用
I0.0	SQ3 常开触点	原点位置	Q0.0	输出脉冲到 PUL+，控制步进电机旋转圈数
I0.1	SB1 常开触点	复位	Q0.1	输出信号到 DIR+，控制步进电机转向
I0.2	SB2 常开触点	启动		
I0.3	SB3 常开触点	停止		

相关知识

一、多段管道 PTO

多段管道 PTO 是指在变量 V 存储区建立一个包络表，包络表中存储各个脉冲参数，如段数、初始周期、周期增量、输出脉冲数等，将包络表的首地址放在 SMW168（Q0.0）或 SMW178（Q0.1）中，当 PLS 指令执行时，CPU 自动从包络表中按顺序读出每个脉冲串的参数进行输出。多段 PTO 包络表的格式见表 4.56。

表 4.56　　　　　　　　　　　　多段 PTO 的包络表格式

字节偏移地址	名　称	功　能　描　述
VBn	段数	分段数目：1～255
VWn+1		初始周期：2～65 535
VWn+3	段 1	每个脉冲的周期增量（有符号）：−32 768～+32 767
VDn+5		脉冲数：1～4 294 967 295
VWn+9		初始周期：2～65 535
VWn+11	段 2	每个脉冲的周期增量（有符号）：−32 768～+32 767
VDn+13		脉冲数：1～4 294 967 295
VWn+17		初始周期：2～65 535
VWn+19	段 3	每个脉冲的周期增量（有符号）：−32 768～+32 767
VDn+21		脉冲数：1～4 294 967 295
（连续）	段 4	（连续）

二、步进电动机运动包络

1. 计算脉冲个数

设使用的同步轮齿距为 3mm，共 24 个齿，步进电动机每转一圈，机械手移动 72mm，驱动器细分设置为 10 000 步/圈，即每步机械手位移 0.007 2mm。要让机械手移动 500mm，需要的脉冲个数为 500/0.0072=69 444。

2. 机械手前进包络

机械手前进包络如图 4.77 所示，其中加速段 700 个脉冲，匀速段 68 464 个脉冲，减速段 280 个脉冲。启动/停止段脉冲周期为 1 500μs（频率 667Hz），匀速段脉冲周期为 100μs（频率 10kHz）。加速段周期增量为−2μs，减速段周期增量为+5μs。前进时方向信号 DIR 为 OFF 状态。

3. 机械手后退包络

当机械手后退返回原点位置时，其运动包络如图 4.78 所示。为了保证机械手触碰到原点位置行程开关，所需的脉冲个数要大于 69 444。后退时方向信号 DIR 为 ON 状态。

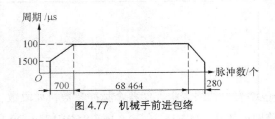

图 4.77　机械手前进包络

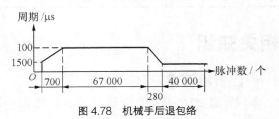

图 4.78　机械手后退包络

任务实施

一、编写定位控制 PLC 程序

根据机械手运动包络编写步进电动机控制程序。控制程序由主程序和 3 个子程序构成，其中前进包络对应子程序 SBR_0；后退包络对应子程序 SBR_2；停止对应子程序 SBR_1。

1. PLC 主程序

PLC 主程序如图 4.79 所示。

（1）在网络 1 中，SM0.1 为初始化脉冲，开机对 Q0.0 和 Q0.1 复位。

（2）在网络 2 中，机械手在原点位置时（I0.0 常开接通），按下启动按钮 SB2（I0.2），调用子程序 SBR_0，机械手前进 500mm 后停止。

（3）在网络 3 中，按下复位按钮 SB1（I0.1），M0.2 自锁，Q0.1 得电，步进电机反向。

（4）在网络 4 中，M0.2 调用子程序 SBR_2，机械手后退。

（5）在网络 5 中，M0.2 已经接通，当机械手后退到原点（压住原点行程开关，I0.0 接通）或按下停止按钮（I0.3 接通）时，调用子程序 SBR_1，机械手停止；同时 T38 延时 0.1s 断开网络 3 中 M0.2 的自锁，为下次启动做准备。

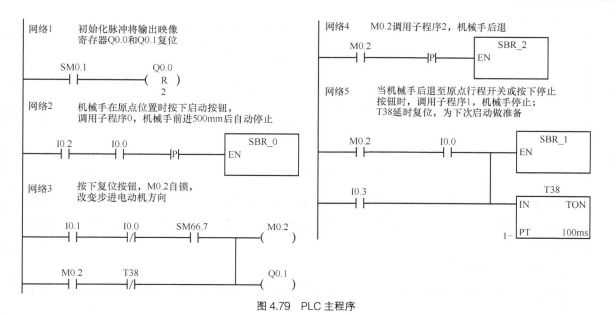

图 4.79　PLC 主程序

2. PLC 子程序 SBR_0

PLC 子程序 SBR_0 如图 4.80 所示，逻辑功能为控制机械手前进。

（1）在网络 1 中，预装 PTO 包络表，该包络表由加速、匀速和减速三段构成。在加速段，起始周期为 1 500μs，每个脉冲的周期增量为−2μs，脉冲个数为 700；在匀速段，起始周期为 100μs，周期增量为 0，脉冲个数为 68 464；在减速段，起始周期为 100μs，每个脉冲的周期增量为+5μs，脉冲个数为 280。

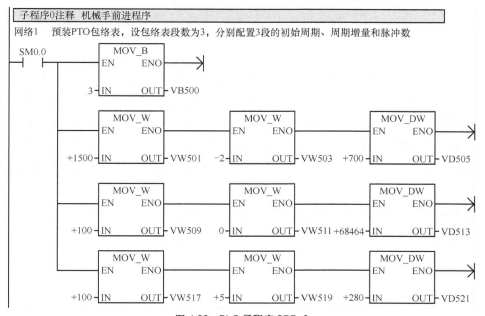

图 4.80　PLC 子程序 SBR_0

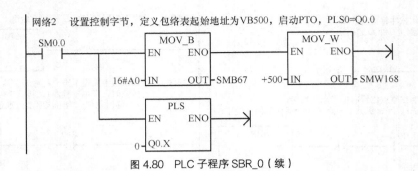

图 4.80　PLC 子程序 SBR_0（续）

（2）在网络 2 中，设置 PTO 控制字节 SMB67=16#A0，即允许 PTO 多段操作，以 1μs 为时基。定义包络表参数存储的起始地址为变量寄存器 VB500 字节。PLS 是 PTO 脉冲串输出指令，输出脉冲端为 Q0.0。

3. PLC 子程序 SBR_1

PLC 子程序 SBR_1 如图 4.81 所示，设置 PTO 控制字节 SMB67=0，即禁止 PTO 输出，控制机械手停止。

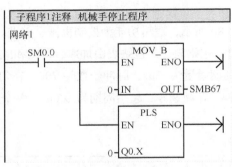

图 4.81　PLC 子程序 SBR_1

4. PLC 子程序 SBR_2

PLC 子程序 SBR_2 如图 4.82 所示，逻辑功能为控制机械手后退。

（1）在网络 1 中，预装 PTO 包络表，该包络表由加速、匀速 1、减速和匀速 2 四段构成。在加速段，起始周期为 1 500μs，每个脉冲的周期增量为−2μs，脉冲个数为 700；在匀速 1 段，起始周期为 100μs，周期增量为 0，脉冲个数为 67 000；在减速段，起始周期为 100μs，每个脉冲的周期增量为+5μs，脉冲个数为 280；在匀速 2 段，起始周期为 1 500μs，周期增量为 0，脉冲个数为 40 000。

（2）在网络 2 中，设置 SMB67 控制字节为 16#A0，即允许 PTO 多段操作，以 1μs 为时基。定义包络表参数存储起始地址为变量寄存器 VB500 字节，输出脉冲串到 Q0.0。

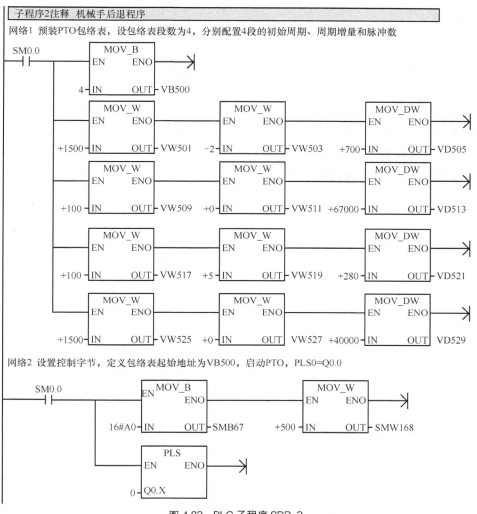

图 4.82　PLC 子程序 SBR_2

二、操作步骤

（1）按图 4.76 所示连接定位控制线路，将步进驱动器的 SW1～SW8 分别设置为 OFF、OFF、ON、ON、OFF、OFF、OFF、OFF。

（2）接通电源，拨状态开关于"RUN"（运行）位置。

（3）启动编程软件，单击工具栏停止图标■使 PLC 处于"STOP"（停止）状态。

（4）将图 4.79～图 4.82 所示的控制程序下载到 PLC。

（5）单击工具栏运行图标▶使 PLC 处于"RUN"（运行）状态。

（6）在原点（SQ3 按下），按下启动按钮 SB2，步进电机逆时针转动大概 6.9 圈。

（7）按下复位按钮 SB1，步进电机顺时针转动；按下 SQ3，步进电机停止。

（8）在步进电机转动过程中，按下停止按钮 SB3，步进电机停止。

（9）当步进电机逆时针转动时，按下 SQ1，转动停止；当步进电机顺时针转动时，按下 SQ2，步进电机也会停止。

1. 机械手的前进包络分成几段？后退包络又分成几段？
2. 机械手前进包络的首地址是什么？
3. 说明 PTO 脉冲串输出控制字节 16#A0 表示的意思。

Chapter 5

课题五

| PLC 扩展模块的应用 |

S7-200 系列 PLC 基本单元上已经集成了一定数目的数字量 I/O 点，但如果用户需要的 I/O 点数多于 PLC 基本单元 I/O 点数时，就必须对 PLC 做数字量 I/O 点数扩展。

大多数 CPU 单元只配置了数字量 I/O 口，如果处理模拟量（例如，对温度、电压、电流、流量、转速、压力等的检测或对电动调节阀和变频器等的控制），就必须对 PLC 基本单元进行模拟量的功能扩展。例如，在图 5.1 所示的恒温控制系统中，温度变送器将温度转换为标准量程的电流或电压后送给模拟量输入模块，经 A/D 转换后得到与温度成正比的数字量，CPU 单元将它与温度设定值比较，并按程序要求对差值进行运算，将运算结果（数字量）送给模拟量输出模块，经 D/A 转换后变为电流信号或电压信号，去控制加热器的电压幅度高低，以达到恒温控制的目的。

图 5.1　恒温控制系统框图

应用数字量扩展模块实现 Ｙ—△降压启动控制

| 任务引入 |

要求应用数字量扩展模块实现三相交流电动机Ｙ—△降压启动控制，并具有启动/报警指示，指示灯在启动过程中亮，启动结束时灭。如果发生电动机过载，停机并且灯光报警。应用数字量扩展模块实现三相交流异步电动机丫—△降压启动控制线路如图5.2所示，其输入/输出端口分配见表5.1。

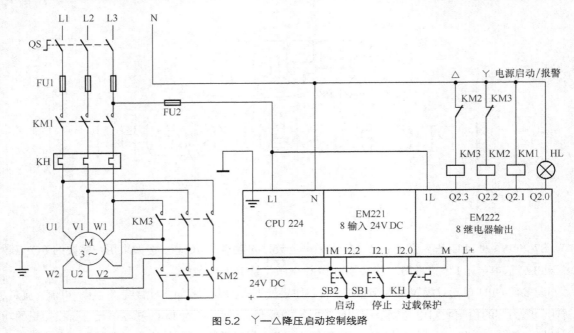

图 5.2　丫—△降压启动控制线路

表 5.1　　　　　　　　　　　　　　　　输入/输出端口分配表

输　　入			输　　出		
输 入 端 子	输 入 元 件	作　　用	输 出 端 子	输 出 元 件	作　　用
I2.0	KH	过载保护	Q2.0	HL	启动/报警
I2.1	SB1	停止	Q2.1	接触器 KM1	接通电源
I2.2	SB2	启动	Q2.2	接触器 KM2	丫形连接
			Q2.3	接触器 KM3	△形连接

相关知识

一、数字量扩展模块规格

S7-200 系列 PLC 主要有 3 种基本型号的数字量扩展模块，有数字量输入扩展模块 EM221、数字量输出扩展模块 EM222 和数字量输入输出混合模块 EM223。根据不同的控制要求可以选用 4 点、8 点、16 点或 32 点的数字量 I/O 扩展模块，其规格见表 5.2。

表 5.2 数字量 I/O 扩展模块

型　号	输入/输出点数	各组输入点数	各组输出点数	耗电（5V）/mA
EM221	8 输入 24V DC	4，4		30
	8 输入 120/230V AC	8 点相互独立		30
	16 输入 24V DC	4，4，4，4		70
EM222	4 输出 24V DC		4	40
	4 继电器输出		4	30
	8 输出 24V DC		4，4	50
	8 继电器输出		4，4	40
	8 输出 120/230V AC		8 点相互独立	110
EM223	4 输入/4 输出 24V DC	4	4	40
	4 输入 24V DC/4 继电器输出	4	4	40
	8 输入 24V DC/8 继电器输出	4，4	4，4	80
	8 输入/8 输出 24V DC	4，4	4，4	80
	16 输入/16 输出 24V DC	8，8	4，4，8	160
	16 输入 24V DC/16 继电器输出	8，8	4，4，4，4	150
	32 输入/32 输出 24V DC	16，16	16，16	240
	32 输入 24V DC/32 继电器输出	16，16	11，11，10	205

8 输入/8 输出 24V DC 数字量输入输出混合扩展模块的外形端子如图 5.3 所示。

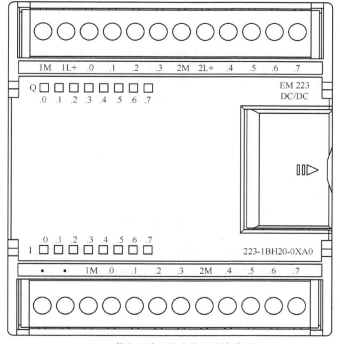

图 5.3　数字量输入输出扩展模块端子图

二、扩展模块的连接与编址

1. 扩展模块与 PLC 基本单元的连接

S7-200 系列 PLC 基本单元的扩展端口位于机身中部右侧前盖下（见图 2.3）。基本单元与扩展模块由导轨固定，并用总线连接电缆连接。连接时 PLC 基本单元放在最左侧，扩展模块依次放在右侧。需要连接的扩展模块较多时，模块连接起来可能会过长，两组模块之间可以使用扩展转接电缆，将扩展模块安装成两排，如图 5.4 所示。

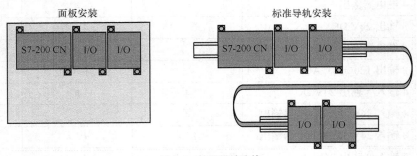

图 5.4　扩展模块连接

2. 扩展模块编址

S7-200 系列的 PLC 分配给数字量 I/O 的地址以字节为单位，一个字节由 8 个数字量 I/O 点组成。即使某些 I/O 点未被使用，这些字节中的位也被保留，在 I/O 链中不能分配给后来的模块。

每种 PLC 基本单元所提供的本机 I/O 地址是固定的。进行扩展时，在基本单元右边连接的扩展模块的地址由 I/O 端口的类型以及它在同类 I/O 链中的位置来决定。扩展模块的地址编码按照由左至右的顺序依次排序。

例如，某一控制系统选用 PLC 基本单元为 CPU 224，系统所需的输入输出点数：数字量输入 24点、数字量输出 20 点，而基本单元只有 14 个输入点和 10 个输出点，故不能满足控制系统的要求，可以采用图 5.5 所示的组合方式进行扩展数字量，系统的地址分配见表 5.3。

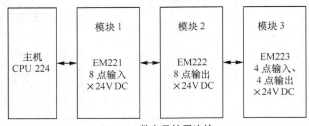

图 5.5　数字量扩展连接

在表 5.3 中，基本单元 CPU 224 的数字量输入占用了字节 IB0（I0.0~I0.7）和 IB1 的低 6 位（I1.0~I1.5），而字节 IB1 的 I1.6 和 I1.7 虽然没有被占用，但仍然被保留，最靠近的数字量输入扩展模块（EM221）的地址只能从下一个字节开始（即 IB2）。数字量输出扩展模块地址的分配也是一样。

表 5.3　　　　　　　　　　　　系统 I/O 地址分配

CPU 224		EM221（模块 1）	EM222（模块 2）	EM223（模块 3）	
本地 I/O		扩展 I/O			
I0.0	Q0.0	I2.0	Q2.0	I3.0	Q3.0
I0.1	Q0.1	I2.1	Q2.1	I3.1	Q3.1
I0.2	Q0.2	I2.2	Q2.2	I3.2	Q3.2
I0.3	Q0.3	I2.3	Q2.3	I3.3	Q3.3
I0.4	Q0.4	I2.4	Q2.4		
I0.5	Q0.5	I2.5	Q2.5		
I0.6	Q0.6	I2.6	Q2.6		
I0.7	Q0.7	I2.7	Q2.7		
I1.0	Q1.0				
I1.1	Q1.1				
I1.2					
I1.3					
I1.4					
I1.5					

任务实施

一、编写丫—△降压启动控制程序

1. 丫—△降压启动过程和控制数据

在图 5.2 中，主机采用 CPU 224，扩展模块使用 EM221 8 输入 24V DC 和 EM222 8 继电器输出。丫—△降压启动过程和控制数据见表 5.4。

表 5.4　　　　　　　　　　丫—△启动控制数据

状　　态	输入继电器	输出继电器/负载				控制数据
		Q2.3/KM3	Q2.2/KM2	Q2.1/KM1	Q2.0/HL	
丫形启动 T40 延时 10s	I2.2	0	1	1	1	7
T40 延时到 T41 延时 1s		0	0	1	1	3
T41 延时到 △形运转		1	0	1	0	10
停止	I2.1	0	0	0	0	0
过载保护	I2.0	0	0	0	1	1

2. 编写程序梯形图控制程序

编写的丫—△降压启动控制程序如图 5.6 所示。

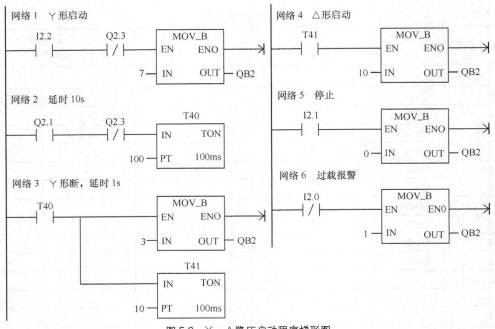

图 5.6 Ｙ—△降压启动程序梯形图

程序工作原理如下。

（1）Ｙ形连接启动，延时 10s。按下启动按钮，I2.2 接通，执行数据传送指令后，Q2.2、Q2.1 和 Q2.0 接通。Ｙ形接触器 KM2 和电源接触器 KM1 通电，电动机Ｙ形启动。指示灯 HL 通电亮。Q2.1 接通使定时器 T40 通电延时 10s。

（2）Ｙ形连接分断，等待 1s。T40 延时到，T40 接通，执行数据传送指令后，Q2.1 和 Q2.0 保持接通，电源接触器 KM1 保持通电，指示灯 HL 通电亮。Q2.2 断电，Ｙ形接触器 KM2 断电。同时使定时器 T41 通电延时 1s。

（3）△形连接运转。T41 延时到，T41 接通，执行数据传送指令后，Q2.1 和 Q2.3 接通，电源接触器 KM1 保持通电，△形接触器 KM3 通电，电动机△形联接运转。

（4）停机。按下停止按钮，I2.1 接通，执行数据传送指令后，Q2.0～Q2.3 全部断开，电动机断电停机。

（5）过载保护。在正常情况下，热继电器常闭触点接通输入继电器 I2.0，使 I2.0 常闭触点断开，不执行数据传送指令；当发生过载时，热继电器常闭触点断开，I2.0 断电，I2.0 常闭触点闭合，执行数据传送指令，Q2.3、Q2.2 和 Q2.1 断开，电动机断电停机。Q2.0 通电，指示灯 HL 亮报警。

二、操作步骤

（1）按图 5.2 所示连接三相交流电动机Ｙ—△降压启动控制线路。

（2）接通电源，拨状态开关于"RUN"（运行）位置。

（3）启动编程软件，单击工具栏停止图标■使 PLC 处于"STOP"（停止）状态。

（4）将图 5.6 所示的控制程序下载到 PLC。

（5）单击工具栏运行图标▶使 PLC 处于 "RUN"（运行）状态。

（6）PLC 上输入指示灯 I2.0 应点亮，表示热继电器工作正常。

（7）按下启动按钮 SB2，交流电动机丫形降压启动。10s 后，丫形接触器断电。延时 1s 后，△形接触器通电运行。在启动过程中，指示灯 HL 亮。

（8）按下停止按钮 SB1，电动机 M 断电停机。

（9）过载保护。在电动机运转中断开热继电器常闭触点与 I2.0 的连线，模拟过载现象，则电动机断电停机，指示灯亮报警。

1. 数字量扩展模块的型号有＿＿＿＿＿＿、＿＿＿＿＿＿和＿＿＿＿＿＿＿＿＿。

2. 一个数字量 I/O 字节包含几个 I/O 点？如果一个字节的 I/O 点没有用完能否分配给下一个模块？

 应用 EM231 实现模拟电压值的显示

任务引入

在生产实际中，温度、压力、噪声、光敏等各类传感器产生与外部物理量成线性正比关系的模拟电压（或电流）信号，PLC 要接收这些模拟信号，必须采用模拟量输入扩展模块。图 5.7 所示的模拟电压数码显示与报警电路由 PLC 基本单元 CPU 224 和模拟量输入模块 EM231 组成，输入模拟电压范围为 0～10V，用一位数码管显示（最大显示 9V），当输入模拟电压小于 1V 或大于 9V 时，下限或上限指示灯闪烁报警。其输入输出端口分配见表 5.5。

表 5.5　　　　　　　　　　　　　　　　输入/输出端口分配表

输　　入		输　　出	
输入端子	作　　用	输出端子	控制对象
A+（EM231）	模拟电压输入端	Q0.6～Q0.0	电压显示
A−（EM231）	模拟电压输入参考端	Q1.0	输入电压下限报警
		Q1.1	输入电压上限报警

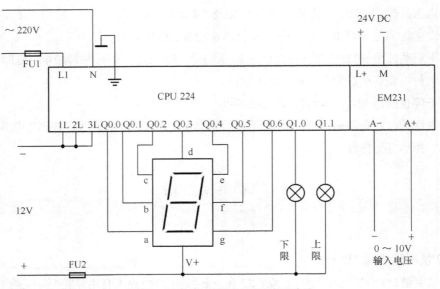

图 5.7　模拟电压值数码显示与报警电路

相关知识

一、模拟量输入存储器区

模拟量输入存储器区是 S7-200 系列 PLC 为模拟量输入端信号开辟的一个存储区，S7-200 将测得的模拟量（如温度、压力）转换成 1 个字长（16 位）的数字量存储。模拟量输入用区域标识符（AI）、数据长度（W）及字节的起始地址表示，该区的数据为字（16 位），如 AIW0、AIW2 等。模拟量输入值为只读数据。

二、模拟量输入扩展模块 EM231

模拟量输入模块的分辨率为 12 位，这 12 位数据的最大值应为 $2^{15}-8=32760$。单极性数据格式的全量程范围输出为 0～32 000。差值 32 760−32 000=760 则用来调整偏置/增益，由系统完成。双极性全量程范围输出的数字量±32 000。

模拟量转换为 12 位的数字量是左对齐的，如图 5.8 所示，MSB 和 LSB 分别为最高有效位和最低有效位。最高有效位是符号位，0 表示正数，1 表示负数。在单极性格式中，最低位是 3 个连续的 0，使得模数转换器（ADC）计数数值每变化 1 个单位则数据字的变化是以 8 为单位变化的，相当于转换值被乘以 8。在双极性格式中，最低位是 4 个连续的 0，使得模数转换器（ADC）计数数值每变化 1 个单位，则数据字的变化是以 16 为单位变化的，相当于转换值被乘以 16。

图 5.8　模拟量输入数据字的格式

1. 模拟量输入值的转换

转换时应考虑变送器的输入/输出量和模拟量输入模块的量程，找出被测物理量与 A/D 转换后的数字值之间的比例关系。单极性比例换算只有正的或负的范围，双极性比例换算有正的和负的范围。图 5.9 所示为单极性模拟量输入的比例换算关系，图 5.10 所示为双极性模拟量输入的比例换算关系。

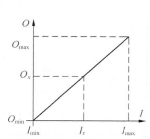

图 5.9 单极性模拟量输入比例换算关系

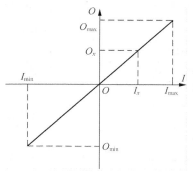

图 5.10 双极性模拟量输入比例换算关系

在图 5-9 和图 5-10 中：

O_x——换算结果；　　　　　　I_x——模拟量值；

O_{max}——换算值的上限；　　　O_{min}——换算值的下限；

I_{max}——模拟量输入值的上限；　I_{min}——模拟量输入值的下限。

由图中得出计算换算值公式：

$$O_x = \frac{O_{max} - O_{min}}{I_{max} - I_{min}} \times (I_x - I_{min}) + O_{min}$$

2. EM231 的主要技术参数

模拟量输入模块 EM231 的主要技术参数见表 5.6。

表 5.6　　　　　　　　　　EM231 主要技术参数

功率损耗	
+5V DC（从 I/O 总线）	20mA
L+	60mA
L+电压范围（第 2 级或 DC 传感器供电）	20.4～28.8
模拟量输入特性	
模拟量输入点数	4
隔离（现场与逻辑电路间）	无
输入类型	差分输入
输入范围	
电压（单极性）	0～10V，0～5V
电压（双极性）	±5V，±2.5V
电流	0～20mA

续表

输入分辨率	
电压（单极性）	2.5mV（0～10V 量程）
电压（双极性）	2.5mV（±5V 量程）
电流	5μA（0～20mA 量程）
模数转换时间	＜250μs
模拟量输入响应	1.5ms
共模抑制	40dB，DC to 60Hz
共模电压	信号电压+共模电压（必须小于等于12V）
数据字格式	
双极性，全量程范围	±32 000
单极性，全量程范围	0～32 000
输入阻抗	大于等于10MΩ
输入滤波器衰减	−3dB，3.1kHz

3. 外部接线

EM231 外部接线如图 5.11 所示，上部有 12 个端子，每 3 个点为一组，共 4 组，每组可作为一路模拟量的输入通道（电压信号或电流信号）。输入信号为电压信号时，用两个端子（如 A+、A−）；输入信号为电流信号时，用 3 个端子（如 RC、C+、C−），其中 RC 与 C＋端子短接；未用的输入通道应短接（如 B+、B−）。如果一个 PLC 基本单元只连接一个模拟量输入模块，则这个模块的 4 路

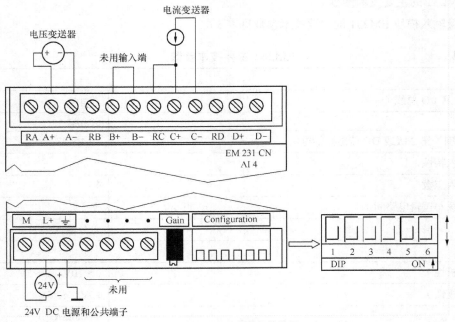

图 5.11　EM231 的外部接线图

（A、B、C、D）模拟量输入信号转换为数字量后分别存储在 AIW0、AIW2、AIW4、AIW6 中。下部的端子中，最左边是模块所需要的直流 24V（M、L+）电源，它既可由 CPU 单元提供（注意容量的匹配），也可由外部电源提供；右边分别是校准电位器和配置 DIP 设定开关。

4. DIP 开关设置

模拟量输入模块有多种量程，可以通过模块上的 DIP 开关来设置所使用的量程，CPU 只在电源接通时读取开关设置。EM231 输入量程与 DIP 开关设置的关系见表 5.7。开关 1、2 和开关 3 可选择模拟量输入范围，ON 为接通，OFF 为断开。

表 5.7　　　　　　　　　EM 231 选择模拟量输入范围的开关设置表

单 极 性			满量程输入	分辨率
SW1	SW2	SW3		
ON	OFF	ON	0～10V	2.5mV
	ON	OFF	0～5V	1.25mV
			0～20mA	5uA
双 极 性			满量程输入	分辨率
SW1	SW2	SW3		
OFF	OFF	ON	±5V	2.5mV
	ON	OFF	±2.5V	1.25mV

任务实施

一、编写模拟量输入显示程序

根据图 5.7 所示的接线图可知，模拟量电压输入使用的是 A 路通道，转换后所存储的区域为 AIW0，那么显示的电压值为 $\dfrac{\text{AIW0}}{32\,000-0}\times(10-0)$。在编程的时候，如果先用整数除运算将 AIW0 除以 32 000，取整后结果都是 0，所以要先乘后除。由于用 32 000 乘以 10 已超过了 16 位整数的最大值，所以用 32 位乘法。模拟输入电压值数码显示与报警程序如图 5.12 所示。

程序工作原理如下。

（1）在网络 1 中，将模拟量输入电压转换后的数据 AIW0 传送到 VW10，然后乘以 10，除以 32 000，结果存放在 VD30。取 VD30 的最低位字节 VB33 传送到显示存储单元 VB40，如果 VB33>9，将 9 传送到 VB40。

（2）在网络 2 中，通过 SEG 指令将 VB40 的低 4 位转换为七段码送到 QB0 进行显示。当 VB33 小于 1，即输入电压小于 1V 时，Q1.0 指示灯闪烁进行下限报警；当 VB33 大于 9，即输入电压大于 9V 时，Q1.1 指示灯闪烁进行上限报警。

二、操作步骤

（1）按图 5.7 所示连接模拟量输入显示与报警控制线路。

（2）按表 5.7 所示的 0～10V 满量程输入进行设置 DIP 开关。

（3）接通电源，拨状态开关于"RUN"（运行）位置。

（4）启动编程软件，单击工具栏停止图标■使 PLC 处于"STOP"（停止）状态。

（5）将图 5.12 所示的控制程序下载到 PLC。

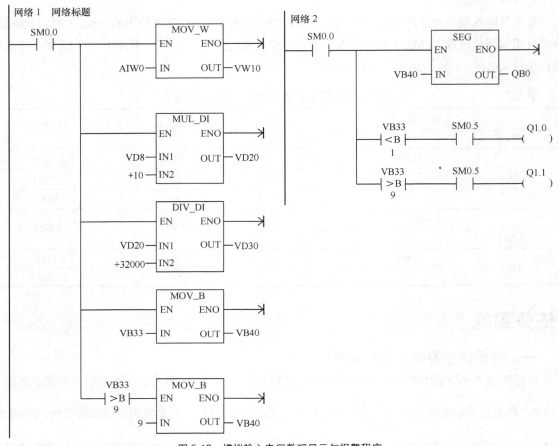

图 5.12　模拟输入电压数码显示与报警程序

（6）单击工具栏运行图标▶使 PLC 处于"RUN"（运行）状态。

（7）调节模拟量输入电压值，当输入电压小于 1V 时，Q1.0 指示灯闪烁并显示"0"；当输入电压为 1～9V 时，显示相应的电压值，指示灯不闪烁；当输入电压大于 9V 时，Q1.1 指示灯闪烁并显示"9"。

1. 模拟量输入模块的功能是_____转换。

2. 如果一个 PLC 基本单元只连接一个模拟量输入模块，则该模拟量输入模块 4 路输入 A、B、

C、D 转换后的数据存储的地址是什么?

3. 量程为 0~10MPa 的压力变送器的输出信号为 4~20mA DC,模拟量输入模块将 0~20mA 转换为 0~32 000 的数字量。假设某时刻的模拟量输入为 10mA,试计算转换后的数字值。

 **应用 EM232 实现可调模拟电压输出**

任务引入

在生产过程中,常常将控制数据转换为模拟电压或模拟电流去控制现场设备。例如,通过调节电压高低来控制温度,或通过变频器的模拟信号控制端口来调节电动机的转速等。图 5.13 所示电路的功能:输出模拟电压 0~10V,由电压表监测,按下增大按钮 SB2,输出模拟电压逐级增加,最大可达到 10V;按下减小按钮 SB3,输出模拟电压逐级减小,最小为 0V;按下停止按钮 SB1,停止输出模拟电压。修改程序参数,可调节级差电压值。其输入/输出端口分配见表 5.8。

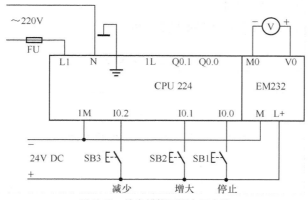

图 5.13 输出模拟可调电压电路

表 5.8   输入/输出端口分配表

输入			输出	
输入端子	输入元件	作用	输出端子	作用
I0.0	SB1	停止	V0(EM232)	模拟量电压输出端
I0.1	SB2	增大	M0(EM232)	模拟量电压输出参考端
I0.2	SB3	减少		

| 相关知识 |

一、模拟量输出存储器区

模拟量输出存储器区是 S7-200 系列 PLC 为模拟量输出端信号开辟的一个存储区。S7-200 把 1 个字长（16 位）的数字量按比例转换成模拟电压或电流输出。模拟量输出用区域标识符（AQ）、数据长度（W）及字节的起始地址表示，该区的数据为字（16 位），如 AQW0、AQW2 等。

二、模拟量输出扩展模块 EM232

模拟量输出模块把数字量转换为模拟电压或电流，再去控制执行机构。其中数字量的数据字格式为 12 位，左端对齐，如图 5.14 所示。最高有效位是符号位，0 表示正数，最低位是 4 个连续的 0。在将数据字装载到 DAC 寄存器之前，低位的 4 个 0 被截断，不会影响输出信号值。

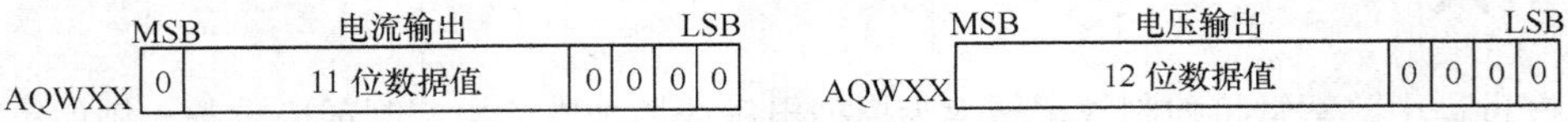

图 5.14   模拟量输出数据字格式

1. EM232 的主要技术参数

模拟量输出模块用于将 PLC 内部的数字量转换成外部控制所需要的模拟量信号。模拟量输出范围包括 0～10V，±10V，0～20mA。输出类型有电压输出和电流输出，一般的模拟量模块都具有这两种输出类型，只是在与负载连接时接线方式不同。

模拟量输出模块 EM232 的主要技术参数见表 5.9。

表 5.9   EM232 主要技术参数

模拟量输出特性	
模拟量输出点数	2
隔离（现场侧到逻辑线路）	无
信号范围	
电压输出	±10V
电流输出	0～20mA
数据字格式	
电压	±32 000
电流	0～+32 000
分辨率全量程	
电压	12 位
电流	11 位
精度	
最差情况（0～55℃）	
电压输出	满量程的±2%

续表

模拟量输出特性	
电流输出	满量程的±2%
典型情况（25℃）	
电压输出	满量程的±0.5%
电流输出	满量程的±0.5%
稳定时间	
电压输出	±10V
电流输出	2ms
最大驱动@24V 用户电源	
电压输出	最小 5 000Ω
电流输出	最大 500Ω

2. 外部接线

模拟量输出模块 EM232 的上部从左端起的每 3 个点为一组，共两组（第 0 组和第 1 组），每组可作为一路模拟量输出（电压或电流信号），使用时外部配线如图 5.15 所示。V0 端接电压负载，I0 端接电流负载，M0 端为公共端。两组接法类同。如果一个 PLC 基本单元只连接一个模拟量输出模块，则这个模块存储要转化为模拟量的数据地址：第 0 组为 AQW0、第 1 组为 AQW2。

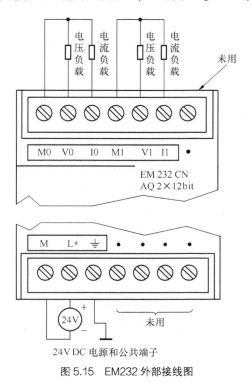

图 5.15　EM232 外部接线图

任务实施

一、编写模拟电压可调输出程序

模拟电压可调输出程序如图 5.16 所示，变量存储器存储进行 D/A 转换的数字量，因为输出模拟量电压为 0～10V，对应的数字量为 0～32 000，级差电压为 0.1V，所以增减量为 $\dfrac{32000-0}{10-0}\times 0.1=320$。

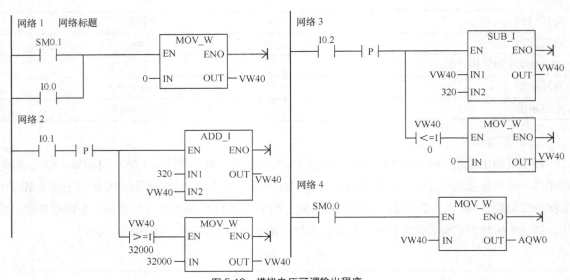

图 5.16   模拟电压可调输出程序

程序工作原理如下。

（1）在网络 1 中，程序初次运行或按下停止按钮 I0.0 时，变量存储器 VW40 清零，无模拟电压输出。

（2）在网络 2 中，每次按下增大按钮 I0.1 时，在 I0.1 的上升沿，VW40 数据加 320，相当于输出电压增大 0.1V。当 VW40 数据大于等于 32 000 时，VW40 数据限制为 32 000。

（3）在网络 3 中，每次按下减小按钮 I0.2 时，在 I0.2 的上升沿，VW40 数据减 320，相当于输出电压减小 0.1V。当 VW40 数据小于 0 时，VW40 数据限制为 0。

（4）在网络 4 中，变量存储器 VW40 的数据送入 AQW0 进行 D/A 转换，输出模拟量。

二、操作步骤

（1）按图 5.13 所示连接输出模拟可调电压控制线路。

（2）接通电源，拨状态开关于"RUN"（运行）位置。

（3）启动编程软件，单击工具栏停止图标 ■ 使 PLC 处于"STOP"（停止）状态。

（4）将图 5.16 所示的控制程序下载到 PLC。

（5）单击工具栏运行图标 ▶ 使 PLC 处于"RUN"（运行）状态。

（6）每按下 1 次增加按钮 SB2，输出电压增加 0.1V，增加到 10V 时不再增加；每按下 1 次减少按钮 SB3，输出电压减少 0.1V，减少到 0V 时不再减少；按下停止按钮 SB1，输出电压为 0V。

1. 模拟量输出模块 EM232 的输出电压和电流有哪几种规格？对应的数字量是多少？
2. 如果将图 5.16 所示程序的级差电压调整为 1V，问如何修改程序参数？

应用 EM235 实现压力的测量与输出

任务引入

在某些场合中，既有模拟量输入信号又需要输出模拟量信号以便于控制。图 5.17 所示控制电路的功能：接收量程为 0～10MPa 的压力变送器所输出的直流 4～20mA 信号，当压力大于 8MPa 时，指示灯亮，否则熄灭，同时将 4～20mA 转换为 0～10V 输出。其输入输出端口分配见表 5.10。

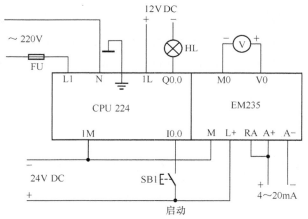

图 5.17　压力的测量与控制信号输出线路

表 5.10　　　　　　　　　　　　　输入/输出端口分配表

输　　入			输　　出	
输入端子	输入元件	作　　用	输出端子	作　　用
I0.0	SB1	启动	Q0.0	HL 指示灯
A+（EM235）		模拟输入+	V0（EM235）	模拟量电压输出端
A-（EM235）		模拟输入-	M0（EM235）	模拟量电压输出参考端

相关知识——模拟量输入输出模块 EM235

1. EM235 的主要技术参数

模拟量输入输出混合模块 EM235 的主要技术参数见表 5.11。EM235 的模拟量输入的技术参数与 EM231 相似，只不过输入范围有所扩展，其模拟量输出的技术参数与 EM232 一样。

表 5.11　　　　　　　　　　　　　EM235 主要技术参数

模拟量输入			模拟量输出		
模拟量输入点数		4	模拟量输出点数		1
输入范围	电压（单极性）	0～10V，0～5V，0～1V，0～500mV，0～100mV，0～50mV	输出范围	电压	±10V
	电压（双极性）	±10V，±5V，±2.5V，±1V，±500mV，±250mV，±100mV，±50mV，±25mV			
	电流	0～20mA		电流	0～20mA
数据字格式	单极性，全量程范围	0～32 000	数据字格式	电压	−32 000～+32 000
	双极性，全量程范围	−32 000～+32 000		电流	0～32 000
分辨率		12 位 A/D 转换器	分辨率	电压	12 位
				电流	11 位

2. 外部接线

模拟量输入/输出混合模块 EM235 的上部为模拟量输入端子，下部的端子中最左边是模块所需要的直流 24V（M、L+端）电源，然后是模拟量输出端子（M0、V0、I0），右边分别是校准电位器和配置 DIP 设定开关，使用时外部配线如图 5.18 所示。EM235 有 4 路模拟量输入，2 路模拟量输出

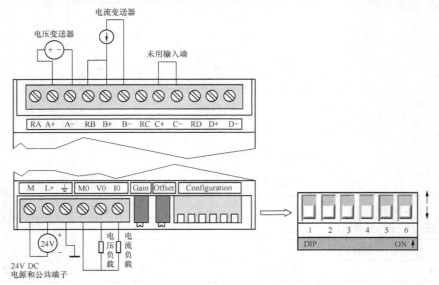

图 5.18　EM235 外部接线图

（其中 1 路没有对应的端子）。如果一个 PLC 基本单元只连接一个 EM235 模块，则这个模块的输入（A、B、C、D）存储地址分别为 AIW0、AIW2、AIW4 和 AIW6，输出（0 路和 1 路）存储地址分别为 AQW0 和 AQW2。其中，AQW2 没有对应端子。

3. DIP 开关设置

EM235 模拟量输入有多种量程，可以通过模块上的 DIP 开关来设置所使用的量程，CPU 只在电源接通时读取开关设置。EM235 输入量程与 DIP 开关设置的关系见表 5.12。

表 5.12　　　　　　EM 235 选择模拟量输入范围的开关设置表

单极性						满量程输入	分辨率
SW1	SW2	SW3	SW4	SW5	SW6		
ON	OFF	OFF	ON	OFF	ON	0～50mV	12.5μV
OFF	ON	OFF	ON	OFF	ON	0～100mV	25μV
ON	OFF	OFF	OFF	ON	ON	0～500mV	125μV
OFF	ON	OFF	OFF	ON	ON	0～1V	250μV
ON	OFF	OFF	OFF	OFF	ON	0～5V	1.25mV
ON	OFF	OFF	OFF	OFF	ON	0～20mA	5μA
OFF	ON	OFF	OFF	OFF	ON	0～10V	2.5mV
双极性						满量程输入	分辨率
SW1	SW2	SW3	SW4	SW5	SW6		
ON	OFF	OFF	ON	OFF	OFF	±25mV	12.5μV
OFF	ON	OFF	ON	OFF	OFF	±50mV	25μV
OFF	OFF	ON	ON	OFF	OFF	±100mV	50μV
ON	OFF	OFF	OFF	ON	OFF	±250mV	12μV
OFF	ON	OFF	OFF	ON	OFF	±500mV	250μV
OFF	OFF	ON	OFF	ON	OFF	±1V	500μV
ON	OFF	OFF	OFF	OFF	OFF	±2.5V	1.25mV
OFF	ON	OFF	OFF	OFF	OFF	±5V	2.5mV
OFF	OFF	ON	OFF	OFF	OFF	±10V	5mV

任务实施

一、编写控制程序

编写的程序如图 5.19 所示，选择 0～20mA 作为模拟量输入信号，转换后的数字量为 0～32 000。当系统压力为 8MPa 时，则压力变送器的输出信号为 $4 + \dfrac{20-4}{10} \times 8 = 16.8\text{(mA)}$，经 A/D 转换后的数字

量为 $\dfrac{32\,000-0}{20-0}\times16.8=26\,880$ 。

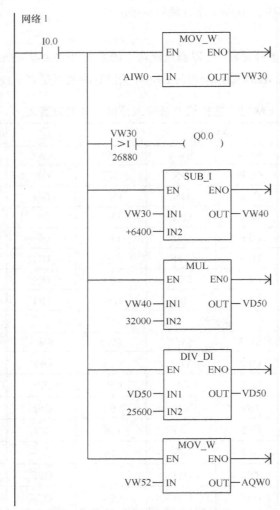

图 5.19　压力测量与控制信号输出程序

程序原理如下：

当 I0.0 接通时，将 AIW0 传送到 VW30，如果 VW30 大于 26 880（压力大于 8MPa），Q0.0 有输出，指示灯 HL 亮，然后进行运算 $\dfrac{32\,000-0}{32\,000-6\,400}\times(\text{VW30}-6\,400)$，其中 6 400 为 4mA 对应的数字量，将运算结果存储在 VD50 内，取低位字 VW52 送入 AQW0 进行输出。

二、操作步骤

（1）按图 5.17 所示连接压力测量与控制信号输出控制线路。

（2）按表 5.12 所示的 0～20mA 满量程输入进行设置 DIP 开关。

（3）接通电源，拨状态开关于"RUN"（运行）位置。

（4）启动编程软件，单击工具栏停止图标■使 PLC 处于"STOP"（停止）状态。

（5）将图 5.19 所示的控制程序下载到 PLC。

（6）单击工具栏运行图标▶使 PLC 处于"RUN"（运行）状态。

（7）调节模拟量输入电流值，当输入电流为 4mA 时，HL 指示灯熄灭，输出电压为 0V；当输入电流小于 16.8mA 时，HL 指示灯同样熄灭，同时有电压输出；当输入电流大于 16.8mA 时，HL 指示灯亮，同时有电压输出；当输入电流为 20mA 时，输出电压为 10V。

1. EM235 输入电压和电流的量程范围有哪几种？对应的数字量是多少？输出电压和电流有哪几种规格？对应的数字量是多少？

2. 如果输入信号为±10V，DIP 开关如何选择？如果要求输出 0～20mA 的电流信号，该如何接线？

Chapter

6

课题六

| 变频器的应用 |

　　三相交流异步电动机具有结构简单、使用方便、工作可靠、价格低廉的优点，不足之处是调速比较困难。近年来，大功率电力器件和计算机控制技术的发展，极大地促进了交流变频调速技术的进步，目前在各行业生产设备中已广泛使用的变频器具有无级变频调速功能，各类变频器种类齐全，使用方便，自动化程度高，充分满足了生产工艺的调速要求，其应用前景十分广阔。

认识变频器

| 任务引入 |

　　通过本任务的学习，了解通用变频器的用途和构造，熟悉变频器端子连接方法以及各端子的功能。

| 相关知识 |

一、MM420 变频器的技术参数

1. 变频器的技术数据

　　MM420 是西门子通用型变频器系列代号。该系列有多种型号，范围从单相 220V/0.12kW 到三相 380V/11kW，其主要技术数据如下。

（1）交流电源电压：单相200～240V 或三相380～480V。

（2）输入频率：47～63Hz。

（3）输出频率：0～650Hz。

（4）额定输出功率：单相0.12～3kW 或三相0.37～11kW。

（5）7 个可编程的固定频率。

（6）3 个可编程的数字量输入。

（7）1 个模拟量输入（0～10V）或用作第4 个数字量输入。

（8）1 个可编程的模拟输出（0～20mA）。

（9）1 个可编程的继电器输出（30V、直流5A、电阻性负载或250V、交流2A、感性负载）。

（10）1 个RS-485 通信接口。

（11）保护功能有欠电压、过电压、过负载、接地故障、短路、防止电动机失速、闭锁电动机、电动机过温、变频器过温、参数PIN 编号保护。

2．变频器的结构

MM420 变频器由主电路和控制电路构成，其结构框图与外部接线端如图6.1 所示。

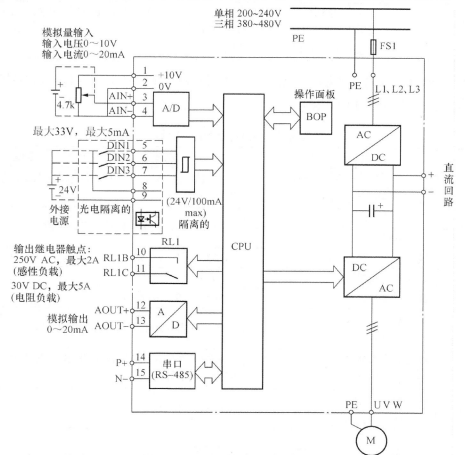

图6.1　MM420 结构框图与外部接线端

变频器的主电路包括整流电路、储能电路和逆变电路，是变频器的大功率电路。

（1）整流电路。由二极管构成三相桥式整流电路，将交流电全波整流为直流电。

（2）储能电路。由耐高压的滤波电容构成，具有储能和平稳直流电压的作用。

（3）逆变电路。采用绝缘栅双极型晶体管（IGBT）作为功率输出器件，将直流电逆变成频率和电压可调的三相交流电，驱动交流电动机运转。

变频器的控制电路主要以单片微处理器 CPU 为核心构成，控制电路具有设定和显示运行参数、信号检测、系统保护、计算与控制、驱动逆变电路等功能。

3．变频器的端子功能

MM420 变频器主电路端子功能见表 6.1。

表 6.1　　　　　　　　　　　变频器 MM420 主电路端子功能

端　子　号	端　子　功　能
L1、L2、L3	三相电源接入端，连接 380V、50Hz 交流电源
U、V、W	三相交流电压输出端，连接三相交流电动机首端。此端如误接三相电源端，则变频器通电时将烧毁
DC+、DC−	直流回路电压端，供维修测试用。即使电源切断，电容器上仍然带有危险电压，在切断电源 5min 后才允许打开本设备
PE	通过接地导体的保护性接地

MM420 变频器控制端子功能见表 6.2。控制端子使用了快速插接器，用小螺丝刀轻轻撬压快速插接器的簧片，即可将导线插入夹紧。

表 6.2　　　　　　　　　　　变频器 MM420 控制端子功能

端子号	端　子　功　能	电源/相关参数代号/出厂设置值
1	模拟量频率设定电源（+10V）	模拟量传感器也可使用外部高精度电源，直流电压范围 0～10V
2	模拟量频率设定电源（0V）	
3	模拟量输入端 AIN+	P1000＝2，频率选择模拟量设定值
4	模拟量输入端 AIN−	
5	数字量输入端 DIN1	P0701＝1，正转/停止
6	数字量输入端 DIN2	P0702＝12，反转
7	数字量输入端 DIN3	P0703＝9，故障复位
8	数字量电源（+24V）	也可使用外部电源，最大为直流 33V
9	数字量电源（0V）	
10	继电器输出 RL1B	P0731 ＝ 52.3，变频器故障时继电器动作，常开触点闭合，用于故障识别
11	继电器输出 RL1C	
12	模拟量输出 AOUT+	P0771～P0781
13	模拟量输出 AOUT−	
14	RS-485 串行链路 P+	P2000～P2051
15	RS-485 串行链路 N−	

二、变频器恒转矩输出

由三相异步电动机转速公式 $n = (1-s)60f_1/p$ 可知，只要连续改变交流电源的频率 f_1，就可以实现连续调速。通常当电源频率为 50Hz 时，电动机可达到额定转速，当变频器输出频率低于 50Hz 时，电动机的转速低于额定转速。但在调节电源频率的同时，必须调节变频器的输出电压 U_1，且始终保持 U_1/f_1 =常数。这是因为三相异步电动机定子绕组相电压 $U_1 \approx E_1$ = $4.44 f_1 N_1 K_1 \Phi_m$，当 f_1 下降时，若 U_1 不变，则磁通增加，使磁路饱和，电动机空载电流剧增，严重时将烧坏电动

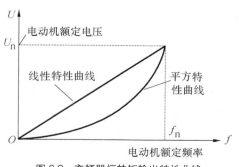

图 6.2 变频器恒转矩输出特性曲线

机。为此，变频器调速是以恒电压频率比（U_1/f_1）保持磁通不变的恒磁通调速。由于磁通 Φ_m 不变，调速过程中电磁转矩 $T = C_t \Phi_m I_{2s} \cos \varphi_2$ 不变，属于恒转矩调速，输出特性曲线如图 6.2 所示。线性特性曲线适用于恒转矩负载，如带式运输机，而平方特性曲线适用于可变转矩负载，如风机和水泵。

三、变频器输出频率的含义

1. 最大频率 f_{max}、基准频率 f_N 和基准电压 U_N

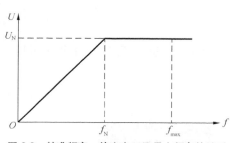

图 6.3 基准频率、输出电压及最大频率的关系

最大频率 f_{max} 指变频器工作时允许输出的最高频率，通用变频器的最大频率可达几百赫兹。基准频率 f_N 指满足电动机需要的额定频率，基准电压 U_N 指满足电动机需要的额定电压。通常基准频率出厂设定值为 50Hz，基准电压出厂设定值为 380V。对于 u/f 控制方式，基准频率、输出电压及最大频率的关系如图 6.3 所示。

2. 上限频率 f_H 和下限频率 f_L

变频器的输出频率可以限定在上下限频率之间，以防止操作时发生失误。

3. 点动频率

点动操作时的频率，出厂设定值为 5Hz。

4. 多段速频率

在调速过程中，有时需要多个不同速度的阶段，通常可设置为 3～7 段不同的输出频率。多段速控制方式有两种：一种由外部端子控制，执行时由外部端子对段速和时间进行控制；另一种是程序控制，事先设置好各段速的频率、执行时间、上升与下降时间及运转方向。

5. 输入最大模拟量时的频率

它指输入模拟电压 5V（或 10V）或模拟电流 20mA 时的频率值，通常出厂设定值为 50Hz。

1. 变频器由几部分组成？各部分的功能是什么？
2. 三相交流电源连接变频器的什么端子？三相异步电动机连接变频器的什么端子？
3. 变频器的控制线与动力线在布线方面有什么要求？
4. 变频器维护和检查时的注意事项有哪些？

变频器面板操作与控制

任务引入

通过本任务的学习了解 MM420 通用变频器面板的按键的功能，熟悉变频器参数的设置过程。

相关知识

一、MM420 基本操作面板

MM420 变频器有状态显示板 SDP、基本操作面板 BOP 和高级操作面板 AOP。基本操作面板 BOP 如图 6.4 所示，BOP 具有七段显示的 5 位数字，可以显示参数的序号和数值，报警和故障信息，以及设定值和实际值。BOP 操作说明见表 6.3。

图 6.4　MM420 基本操作面板 BOP

表 6.3　　　　　　　　　　　　　　　　BOP 操作说明

显示/按键	功　能	功　能　说　明
r0000	状态显示	LCD（液晶）显示变频器当前的参数值。r××××表示只读参数，P××××表示可以设置的参数，P----表示变频器忙碌，正在处理优先级更高的任务
	启动变频器	按此键启动变频器。默认运行时此键是被封锁的。为了使此键起作用应设定 P0700 = 1

续表

显示/按键	功　能	功　能　说　明
ⓞ	停止变频器	OFF1：按此键，变频器将按选定的斜坡下降速率减速停车。默认运行时此键被封锁；为了允许此键操作，应设定 P0700 = 1 OFF2：按此键两次（或一次，但时间较长）电动机将在惯性作用下自由停车。此功能总是"使能"的
⟲	改变电动机的转动方向	按此键可以改变电动机的转动方向。电动机的反向用负号（−）表示。默认运行时此键是被封锁的，为了使此键的操作有效，应设定 P0700 = 1
jog	电动机点动	在变频器无输出的情况下按此键，将使电动机点动，并按预设定的点动频率（出厂值为 5Hz）运行。释放此键时，变频器停车。如果变频器/电动机正在运行，按此键将不起作用
Fn	功能	此键用于浏览辅助信息 变频器运行过程中，在显示任何一个参数时按下此键并保持不动 2 s，将显示以下参数值（在变频器运行中从任何一个参数开始）： 1——直流回路电压（用 d 表示，单位 V） 2——输出电流（A） 3——输出频率（Hz） 4——输出电压（用□表示，单位 V） 5——由 P0005 选定的数值〔如果 P0005 选择显示上述参数中的任何一个（3，4 或 5），这里将不再显示〕 连续多次按下此键，将轮流显示以上参数 跳转功能：在显示任何一个参数（r×××× 或 P××××）时短时间按下此键，将立即跳转到 r0000。如果需要的话，可以接着修改其他的参数。跳转到r0000 后，按此键将返回原来的显示点
Ⓟ	访问参数	按此键即可访问参数
▲	增加数值	按此键即可增加面板上显示的参数数值，长时间按则快速增加
▼	减少数值	按此键即可减少面板上显示的参数数值，长时间按则快速减少

二、MM420 参数设置方法

MM420 变频器的每一个参数对应一个编号，用 0000～9999 四位数字表示。在编号的前面冠以一个小写字母"r"时，表示该参数是"只读"参数。其他编号的前面都冠以一个大写字母"P"，P参数的设置值可以在最小值和最大值的范围内进行修改。

为了快速修改参数的数值，最好单独修改参数数值的每一位，操作步骤如下。

（1）长按⒡（功能键），显示 r0000；或显示闪烁，按Ⓟ，然后显示 r0000。

（2）按▼/▲，找到需要修改的参数。

（3）再按Ⓟ，进入该参数值的修改。

（4）再按⒡，最右边的一个数字闪烁。

（5）按▼/▲，修改这位数字的数值。

（6）再按 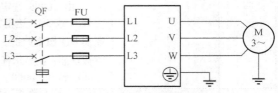，相邻的下一位数字闪烁。

（7）执行（4）至（6）步，直到显示出所要求的数值。

（8）按 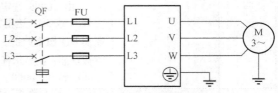，退出参数数值的访问级。

三、MM420 恢复出厂设定值方法

出厂设定值一般可以满足大多数常规控制要求，利用出厂设定值，可以快速设置变频器运行参数。为了把变频器的全部参数复位为出厂设定值，应按下面的参数值进行设置。

（1）P0010 = 30。

（2）P0970 = 1。

复位时，LCD 显示 "P----"，完成复位过程大约需要 10s。

任务实施

一、操作内容

操作内容：使用基本操作面板 BOP 设定变频器的输出频率为 50Hz，并控制电动机点动、正转、反转和停止。设选用输出功率 0.75kW 的西门子 MM420 变频器，以下操作设备同。

二、连接电路

将电动机绕组作Y形连接，并按图 6.5 所示在控制板上连接变频器调速控制电路，连接无误后接通电源。变频器加上电源时，也可以把基本操作面板 BOP 装到变频器上，或从变频器上将 BOP 拆卸下来。

图 6.5　变频器面板操作接线图

三、设置参数

变频器已按额定功率为 0.75kW 的西门子 4 极标准电动机设定好变频器出厂值参数。设操作所用电动机的型号规格为：YS5024，0.06kW，380V，Y/△，0.39A/0.66A，1 400r/min，Y形连接（以下操作设备同）。由于现场电动机与出厂值不符，所以需要修改电动机的参数。读者应按实际现场电动机的铭牌来设置参数。

与面板控制相关的参数设置见表 6.4，操作变频器面板 BOP 设置新的参数值。

表 6.4　　　　　　　　　　　变频器参数设置表

序号	参数代号	出厂值	设置值	说　　明
1	P0010	0	30	调出厂设置参数，准备复位 0 为准备、1 为启动快速调试、30 为出厂设置参数 　如果 P0010 被访问后没有设定为 0，变频器将不运行；如果 P3900>0，这一功能自动完成
2	P0970	0	1	0 为禁止复位、1 为恢复出厂设置值（变频器先停车）

续表

序号	参数代号	出厂值	设置值	说　明
3	P0003	1	3	参数访问专家级 1 为标准级、2 为扩展级、3 为专家级、4 为维修级
4	P0010	0	1	启动快速调试
5	P0304	400	380	电动机的额定电压（V），根据铭牌键入
6	P0305	1.90	0.39	电动机的额定电流（A），根据铭牌键入
7	P0307	0.75	0.06	电动机的额定功率（kW），根据铭牌键入
8	P0311	1395	1400	电动机的额定速度（r/min），根据铭牌键入
9	P0700	2	1	BOP 面板控制 0 为工厂设置、1 为 BOP 面板控制、2 为外部数字端控制
10	P1000	2	1	使用 BOP 面板设定的频率值 1 为用 BOP 设定的频率值、2 为模拟设定频率值、3 为固定频率
11	P3900	0	1	结束快速调试，进行电动机计算和复位出厂值，在完成计算后，P3900 和 P0010 自动复位为 0 0 为结束快速调试，不进行电动机计算和复位出厂值、 1 为结束快速调试，保留快速调试参数，复位出厂值、 2 为结束快速调试，进行电动机计算和 I/O 复位、 3 为结束快速调试，进行电动机计算
12	P0003	1	3	参数访问专家级
13	P0004	0	10	快速访问设定值通道 0 为全部参数、2 为变频器参数、3 为电动机参数、 7 为命令、8 为 AD 或 DA 转换、10 为设定值通道、 12 为驱动装置的特征、13 为电动机控制、20 为通信、 21 为报警、22 为工艺参量控制（例如 PID）
14	P1040	5.00	50.00	BOP 面板的频率设定值（Hz）

四、变频器运行操作

（1）正向点动。当按下黑色"点动"按键时，电动机正向低速启动，启动结束后显示频率值 5Hz。松开"点动"按键，电动机减速停止。

（2）反向点动。先按下黑色"反转"按键，再按下黑色"点动"按键时，电动机反向低速启动，启动结束后显示频率值 5Hz。松开"点动"按键，电动机减速停止。

（3）正转。当按下绿色"启动"键时，电动机正转启动，即时输出频率上升，启动结束后显示频率值 50Hz（在电动机正转时也可以直接按下"反转"键，电动机停止正转转为反转）。

（4）停止。当按下红色"停止"键时，电动机减速停止。

（5）反转。先按下黑色"反转"键，再按下绿色"启动"键时，电动机反转启动，即时输出频率上升，启动结束后显示频率值 50Hz（在电动机反转时也可以直接按下"正转"键，电动机停止反

转转为正转）

（6）停止。当按下红色"停止"键时，电动机减速停止。

（7）观察与记录。在电动机正反转启动过程时，观察 LCD 上显示参数值的变化并记录下来。

（8）切断电源。

1. 如何恢复变频器 MM420 的出厂设置值？

2. 操作变频器面板按键设定变频器的输出频率为 35Hz，并能控制电动机点动、正转、反转和停止。试根据现场电动机列出设置参数表。

基于数字量输入的自动往返控制

任务引入

使用 PLC 和变频器组成自动往返控制电路。当按下启动按钮后，要求变频器的输出频率按图 6.6 所示曲线自动运行一个周期。

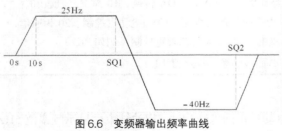

图 6.6　变频器输出频率曲线

由变频器的输出频率曲线可知，当按下启动按钮时，电动机启动，斜坡上升时间为 10s，正转运行频率为 25Hz，机械装置前进。当机械装置的撞块触碰行程开关 SQ1 时，电动机先减速停止，后开始反向启动，斜坡下降/上升时间均为 10s，反转运行频率为 40Hz，机械装置后退。当机械装置的撞块触碰原点行程开关 SQ2 时，电动机停止。

相关知识

一、数字量输入功能

MM420 有 3 个数字量输入端 DIN1～DIN3。每个输入端都有一个对应的参数，用来设定该端子的功能，见表 6.5。

表 6.5　　　　　　　　　　　MM420 的数字输入量功能

端子编号	数字编号	参数编号	出厂值	功　能　说　明
5	DIN1	P0701	1	0：禁止数字输入 1：接通正转/断开停车 2：接通反转/断开停车 3：断开按惯性自由停车 4：断开按斜坡曲线快速停车 9：故障复位
6	DIN2	P0702	12	10：正向点动 11：反向点动 12：反转（与正转命令配合使用） 13：MOP 升速（用端子接通时间控制升速） 14：MOP 降速（用端子接通时间控制降速） 15：固定频率直接选择 16：固定频率直接选择+ON 命令 17：固定频率二进制编码选择+ON 命令 21：机旁/远程控制
7	DIN3	P0703	9	25：直流制动 29：由外部信号触发跳闸 33：禁止附加频率设定值 99：使能 BICO 参数化

数字量有效输入电平方式分为高电平（PNP）和低电平（NPN）两种，由参数 P0725 决定。P0725 出厂值为 1，即默认输入高电平有效。

（1）高电平方式

当 P0725 = 1 时，选择高电平方式，数字端 5/6/7 必须通过端子 8（+24V）连接。此时，控制电流是流入变频器的数字端。

（2）低电平方式

当 P0725 = 0 时，选择低电平方式，数字端 5/6/7 必须通过端子 9（0V）连接。此时，控制电流是流出变频器的数字端。

二、固定频率选择

在频率源选择参数 P1000 = 3 的条件下，可以用 3 个数字量输入端子 5/6/7 选择固定频率，实现电动机多段速频率运行，最多可达 7 段速。固定频率设置参数 P1001～P1007 的数值范围为−650～+650Hz，电动机的转速方向由频率值的正负所决定。

（1）固定频率直接选择（P0701～P0703 = 15）。在这种操作方式下，一个数字量输入通过频率设置参数选择一个固定频率，见表 6.6。

（2）固定频率直接选择+ON 命令（P0701～P0703 = 16）。在这种操作方式下，数字量输入既选择固定频率，又具备接通运行变频器的命令。

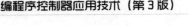
（3）固定频率二进制编码选择+ON 命令（P0701~P0703 = 17）。

表 6.6 固定频率直接选择操作方式

端子编号	数字编号	固定频率设置参数	功 能 说 明
5	DIN1	P1001	1. 如果有几个固定频率输入同时被激活，选定的频率是它们的总和，如 FF1+FF2+FF3
6	DIN2	P1002	
7	DIN3	P1003	2. 运行变频器还需要启动命令

任务实施

一、控制电路

PLC 与变频器的自动往返调速控制电路如图 6.7 所示，数字量有效输入电平方式为高电平。PLC 输入/输出端口的作用和变频器输入端子的功能见表 6.7。

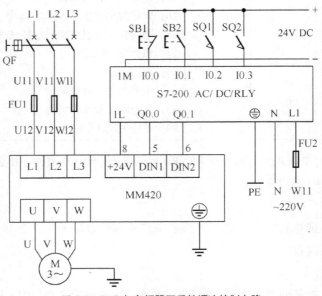

图 6.7 PLC 与变频器正反转调速控制电路

表 6.7 PLC 输入/输出端口的作用和变频器输入端子的功能

PLC 输入端口			PLC 输出端口/变频器输入端子		
输入端子	输入元件	作用	输出端子	变频器输入端子	功能
I0.0	SB1 常闭触点	停止按钮	Q0.0	DIN1	25Hz + ON 命令
I0.1	SB2 常开触点	启动按钮	Q0.1	DIN2	−40Hz + ON 命令
I0.2	SQ1 常开触点	换向位置			
I0.3	SQ2 常开触点	原点位置			

二、设置变频器参数

参数设置见表 6.8，相关参数主要包括 3 个方面。

表 6.8　　　　　　　　　　参数设置表

序号	参数代号	出厂值	设置值	说　　明
1	P0010	0	30	调出厂设置参数，准备复位
2	P0970	0	1	复位出厂值
3	P0003	1	3	参数访问专家级
4	P0010	0	1	启动快速调试
5	P0304	400	380	电动机的额定电压（V）
6	P0305	1.90	0.39	电动机的额定电流（A）
7	P0307	0.75	0.06	电动机的额定功率（kW）
8	P0311	1395	1400	电动机的额定速度（r/min）
9	P1000	2	3	选择固定频率
10	P3900	0	1	结束快速调试，保留快速调试参数，复位出厂值
11	P0003	1	3	参数访问专家级
12	P0004	0	7	快速访问命令通道 7
13	P0700	2	2	不修改，默认外部数字端子控制
14	P0701	1	16	固定频率直接选择+ON 命令
15	P0702	12	16	固定频率直接选择+ON 命令
16	P0004	当前值 7	10	快速访问设定值通道 10
17	P1001	0.00	25.00	固定频率 1 = 25Hz
18	P1002	5.00	−40.00	固定频率 2 = −40Hz

（1）恢复出厂设定值。

（2）修改电动机参数。设操作所用电动机的型号规格为：YS5024，0.06kW，380V，Y/△，0.39A/0.66A，1 400r/min，电动机绕组为Y形连接。

（3）选择数字端子功能。变频器数字输入端 DIN1 设置频率为 25Hz，并加上运转命令 ON；DIN2 设置频率为−40Hz，并加上运转命令 ON。

三、编写 PLC 控制程序

PLC 和变频器自动往返调速控制程序如图 6.8 所示。

程序工作原理如下。

1. 正转运行/前进

当按下启动按钮（I0.1）时，输出端 Q0.0 通电自锁，变频器数字端 DIN1 输入有效，变

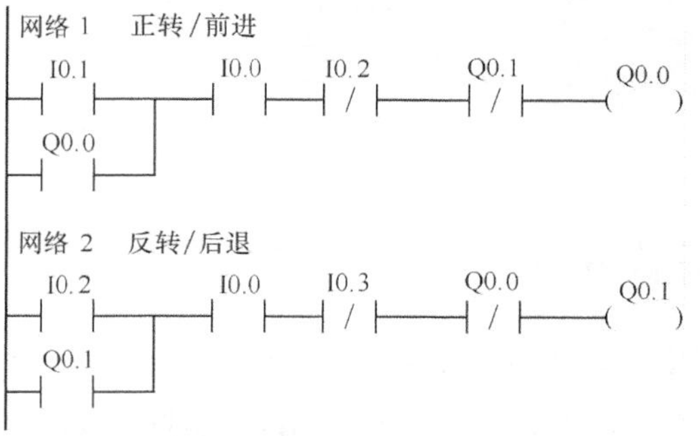

图 6.8　PLC 和变频器自动往返调速控制程序

频器输出 25Hz，电动机正转前进。

2. 反转运行/后退

当行程开关 SQ1 动作、I0.2 接通时，输出端 Q0.0 断开，Q0.1 通电自锁，变频器数字端 DIN2 输入有效，变频器输出-40Hz，电动机反转后退。

3. 变频器、电动机停止

当后退返回原点时，触动行程开关 SQ2 动作，I0.3 接通时，输出端 Q0.1 断开。

当按下停止按钮（I0.0）时，输出端 Q0.0～Q0.1 断开。

四、模拟操作步骤

1. 电动机正转

当按下启动按钮时，电动机正向启动，启动结束后显示频率值 25Hz。

2. 电动机反转

当用手触动行程开关 SQ1 触头时，电动机先减速停止，后反转启动，启动结束后显示频率值-40Hz。

3. 停止

当用手触动行程开关 SQ2 触头或按下停止按钮时，电动机减速停止。

练 习 题

1. 变频器数字端的功能"固定频率直接选择"和"固定频率直接选择+ON 命令"有什么异同？

2. 设数字端 DIN1 设置频率 20Hz，DIN2 设置频率 15Hz，DIN3 设置频率 10Hz，当 DIN1、DIN2 和 DIN3 同时输入有效时，变频器输出频率是多少？

3. 能否由 DIN1 接正转/反转控制按钮，DIN2 接启动/停止控制按钮？如何设置参数？

任务四 基于 PLC 的多段速控制

任务引入

某纺纱机电气控制系统由 PLC 和变频器构成，控制要求如下。

（1）定长停车。使用霍尔传感器将纱线输出轴的旋转圈数转换成高速脉冲信号，送入 PLC 进行计数，当纱线长度达到设定值（即纱线输出轴旋转圈数达到 70 000）后自动停车。

（2）在纺纱过程中，随着纱线在纱管上的卷绕，纱锭直径逐步增大，为了保证在整个纺纱过程中纱线的张力均匀，主轴应降速运行。生产工艺要求变频器输出频率曲线如图 6.9 所示，在纺纱过程中主轴转速分为 7 段速，启动频率为 50Hz，每当纱线输出轴旋转 10 000 转时，输出频率下降 1Hz，最后一段的输出频率为 44Hz。

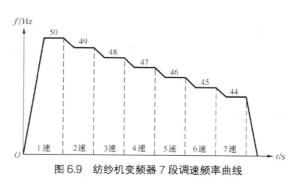

图 6.9　纺纱机变频器 7 段调速频率曲线

（3）中途因断纱停车后再次开车时，应保持为停车前的速度状态。

相关知识

当变频器 MM420 的数字量输入端 DIN1～DIN3 对应的参数（P0701～P0703）= 17 时，端子功能为固定频率二进制编码选择+ON 命令，3 个数字端的二进制编码状态最多可以选择 7 个固定频率，见表 6.9。端子编码状态 0 表示端子未激活，编码状态 1 表示端子激活。每个固定频率值的设定范围为−650～+650Hz。

表 6.9　　　　固定频率二进制编码选择＋ON 命令的 7 段频率设定

频率设定	出厂值（Hz）	端子 7（DIN3）	端子 6（DIN2）	端子 5（DIN1）
	OFF	0	0	0
P1001	FF1 = 0	0	0	1
P1002	FF2 = 5	0	1	0
P1003	FF3 = 10	0	1	1
P1004	FF4 = 15	1	0	0
P1005	FF5 = 20	1	0	1
P1006	FF6 = 25	1	1	0
P1007	FF7 = 30	1	1	1

任务实施

一、控制电路

纺纱机变频调速控制电路如图 6.10 所示。测速功能由霍尔传感器承担，霍尔传感器 BM 有 3 个端子，分别是正极（接 L+端）、负极（接 M 端）和输出信号端（接 I0.0 端）。当纱线输出轴旋转，固定在输出轴外周上的磁钢掠过霍尔传感器表面时，产生脉冲信号送入高速脉冲输入端 I0.0 计数。

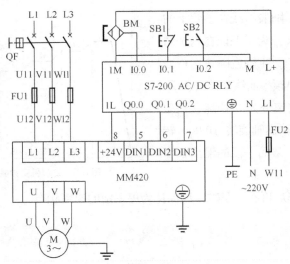

图 6.10　纺纱机变频调速控制电路

PLC 输入/输出端口的作用和变频器输入端子的功能见表 6.10。

表 6.10　　　　　　　　PLC 输入/输出端口的作用和变频器输入端子的功能

PLC 输入端口			PLC 输出端口/变频器输入端子		
输入端子	输入元件	作用	输出端子	变频器输入端子	功能
I0.0	霍尔传感器 BM	高速计数	Q0.0	DIN1	固定频率二进制编码+ON
I0.1	SB1 常闭触点	停止按钮	Q0.1	DIN2	固定频率二进制编码+ON
I0.2	SB2 常开触点	启动按钮	Q0.2	DIN3	固定频率二进制编码+ON

二、设置变频器参数

根据现场电动机设置参数，见表 6.11。

表 6.11　　　　　　　　　　　　参数设置表

序号	参数代号	出厂值	设置值	说　　　明
1	P0010	0	30	调出厂设置参数，准备复位
2	P0970	0	1	恢复出厂值
3	P0003	1	3	参数访问专家级
4	P0010	0	1	启动快速调试
5	P0304	400	380	电动机的额定电压（V）
6	P0305	1.90	0.39	电动机的额定电流（A）
7	P0307	0.75	0.06	电动机的额定功率（kW）
8	P0311	1395	1400	电动机的额定速度（r/min）

续表

序号	参数代号	出厂值	设置值	说　明
9	P1000	2	3	选择固定频率
10	P3900	0	1	结束快速调试，保留快速调试参数，复位出厂值
11	P0003	1	3	参数访问专家级
12	P0004	0	7	快速访问命令通道 7
13	P0700	2	2	不修改，默认外部数字端子控制
14	P0701	1	17	固定频率二进制编码选择+ON 命令
15	P0702	12	17	固定频率二进制编码选择+ON 命令
16	P0703	9	17	固定频率二进制编码选择+ON 命令
17	P0004	当前值 7	10	快速访问设定值通道 10
18	P1001	0.00	50.00	固定频率 1 = 50Hz
19	P1002	5.00	49.00	固定频率 2 = 49Hz
20	P1003	10.00	48.00	固定频率 3 = 48Hz
21	P1004	15.00	47.00	固定频率 4 = 47Hz
22	P1005	20.00	46.00	固定频率 5 = 46Hz
23	P1006	25.00	45.00	固定频率 6 = 45Hz
24	P1007	30.00	44.00	固定频率 7 = 44Hz

三、编写 PLC 控制程序

1. 主程序

纺纱机的 PLC 主程度如图 6.11 所示。

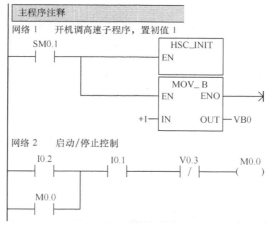

图 6.11　主程序

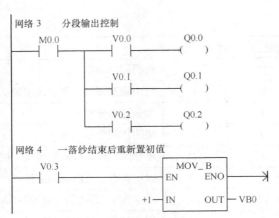

图 6.11　主程序（续）

　　在网络 1 中，初始化脉冲 SM0.1 调用高速计数器子程序，并使变量存储器字节 VB0 的初始值为 1，即开机时 V0.0 状态 ON。

　　在网络 2 中，当按下启动按钮时，M0.0 通电自锁；当按下停止按钮时，M0.0 断电解除自锁。

　　在网络 3 中，中途停车后，再次开车时为了保持停车前的速度状态，使用 VB0 保存状态数据，并用 VB0 的低 3 位（V0.0～V0.2）状态控制输出继电器的相应位（Q0.0～Q0.2）。

　　在网络 4 中，当完成一落纱加工后重新使 VB0 的初始值为 1，为下次开车做准备。

2. 高速计数器子程序

纺纱机的高速计数器子程序由高速计数器指令向导完成，如图 6.12 所示。预置值为 10 000。

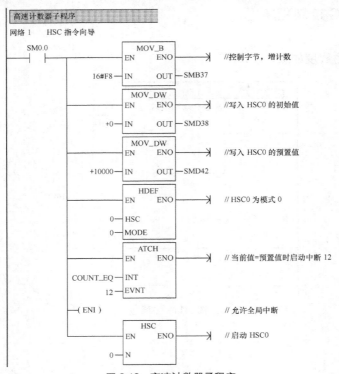

图 6.12　高速计数器子程序

3. 中断程序

纺纱机的中断程序由高速计数器指令向导完成，如图 6.13 所示。

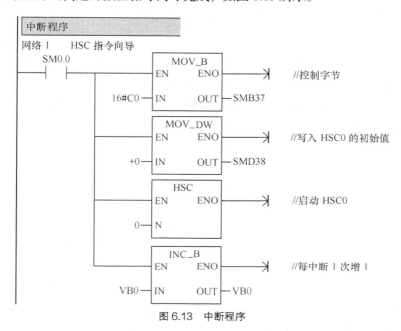

图 6.13 中断程序

高速计数器指令向导自动分配 I0.0 为计数信号输入端，纱线输出轴每旋转一圈，输入到 I0.0 一个脉冲信号，HC0 对高速脉冲信号计数。在当前值等于预置值时产生中断 12，在中断程序中，VB0 字节做加 1 运算，使 Q0.2、Q0.1、Q0.0 分别控制变频器数字端 DIN3、DIN2、DIN1 按二进制编码增 1，变频器按设定的 7 段固定频率控制电动机逐级降速运行。同时 HC0 重新从 0 开始计数。

当 VB0 = 8 时（总旋转圈数为 10 000 × 7 = 70 000），V0.3 通电，变频器（电动机）停止，VB0 重新设初值 1，为下次开车做好准备。

四、模拟操作步骤

用按钮 I0.0 代替霍尔传感器，模拟主轴旋转。

（1）为了尽快观察操作效果，将图 6.12 所示程序中高速计数器的预置值由 10 000 修改为 20。

（2）按下启动按钮 I0.2，使变频器运行，观察变频器输出频率的变化。

（3）反复按下按钮 I0.0，模拟纱线输出机轴产生的脉冲信号，观察图 6.14 所示状态表中 HC0 当前值的变化。每当 HC0 计数值为 20 时，VB0 和 QB0 的当前值加 1，变频器的输出频率数值减 1，电动机的速度逐步下降。当输出频率下降到 44Hz 时，再反复接通 I0.0 端子，变频器的输出频率下降为 0，电动机减速停止。

地址	格式	当前值
1 HC0	有符号	
2 VB0	无符号	
3 QB0	无符号	

图 6.14 状态表监控值

（4）当按下停止按钮 I0.1 时，QB0 = 0，电动机按减速时间停止，但 VB0 数值保持不变。

（5）中途停止后再次启动时，变频器输出频率保持停止前的频率值。

（6）切断电源。

1. 某电动机一个工作周期内调速运行曲线如图 6.15 所示（斜坡时间为 5s）。

（1）试绘出由 PLC 和变频器组成的电动机调速控制电路（有必要的控制和保护环节）。

（2）根据现场电动机列出变频器设置参数表（修改斜坡时间需要快速调试）。

（3）绘出 PLC 控制程序梯形图。

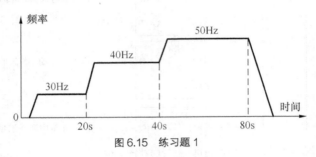

图 6.15　练习题 1

2. 有一台电动机受变频器控制，控制要求为低速缓慢启动，高速运行。按下启动按钮 SB1 后，延时 10s 上升到 10Hz 低速运行；按下运转按钮 SB2 后 10s 上升到 50Hz 高速运行；按下停止按钮 SB3，电动机 20s 后停止。试绘出控制电路图，并设置变频器参数。

变频器模拟量调速控制

任务引入

　　用基本操作面板 BOP 控制变频器启动/停止，通过调节 4.7kΩ 电位器，产生模拟电压信号 0～+10V，控制变频器输出 0～+50Hz，实现电动机无级变速。变频器模拟量调速控制电路如图 6.16 所示，注意 2 脚（0V 端）和 4 脚（AIN-端）连接。

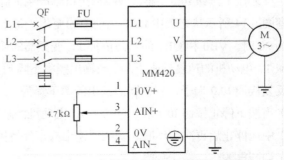

图 6.16　变频器模拟量调速控制接线图

|任务实施|

一、设置变频器参数

按操作现场电动机设置参数，参数设置见表 6.12。

表 6.12 　　　　　　　　　　　　　　参数设置表

序号	参数代号	出厂值	设置值	说　明
1	P0010	0	30	调出厂设置参数，准备复位
2	P0970	0	1	恢复出厂值
3	P0003	1	3	参数访问专家级
4	P0010	0	1	启动快速调试
5	P0304	400	380	电动机的额定电压（V）
6	P0305	1.90	0.39	电动机的额定电流（A）
7	P0307	0.75	0.06	电动机的额定功率（kW）
8	P0311	1395	1400	电动机的额定速度（r/min）
9	P0700	2	1	BOP 面板控制
10	P1000	2	2	不修改，默认模拟设定频率值
11	P3900	0	1	结束快速调试，保留快速调试参数，复位出厂值

二、操作步骤

（1）把电位器逆时针旋转到底，输出频率设定为 0。把电位器慢慢顺时针旋转到底，输出频率逐步增大，当 3 脚电压为 10V 时，输出频率达到 50Hz。

（2）启动。当按下绿色"启动"键时，电动机正转启动，输出频率随电位器转动而变化。

（3）停止。当按下红色"停止"键时，电动机减速停止。

（4）切断电源。

练习题

如果输入变频器的正比例单极性模拟电压信号为直流 0～+10V 时，则变频器的输出频率范围是多少？当模拟电压信号分别为直流 +1V、+5V 和 +8V 时，对应变频器的输出频率分别是多少？

基于 PLC 模拟量的变频调速

任务引入

电动机的调速可由 PLC 所输出的模拟量来实现，控制电路如图 6.17 所示。按下按钮 SB，I0.0 接通，使 Q0.0 有输出，变频器运行，调节输入电压直流 0～5V，使电动机的速度发生变化。再按下按钮 SB，断开 I0.0，电动机按减速时间停止。其输入/输出端口分配见表 6.13。

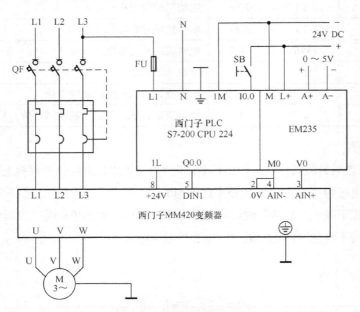

图 6.17　PLC 模拟量控制的变频调速

表 6.13　　　　　　　　　　　　输入/输出端口分配和控制变频器端子

输　　入			输出控制变频器	
输入端子	输入元件	作用	输出端子	变频器
I0.0	SB1	启动	Q0.0	DIN1、正转控制端
A+（EM235）		0～5V 输入端	M0（EM235）	AIN−、模拟电压参考端
A−（EM235）		0～5V 参考端	V0（EM235）	AIN+、模拟电压输入端

任务实施

一、设置变频器参数

变频器参数设置见表 6.14。

表 6.14　　　　　　　　　　参数设置表

序号	参数代号	出厂值	设置值	说　　明
1	P0010	0	30	调出厂设置参数，准备复位
2	P0970	0	1	恢复出厂值
3	P0003	1	3	参数访问专家级
4	P0010	0	1	启动快速调试
5	P0304	400	380	电动机的额定电压（V）
6	P0305	1.90	0.39	电动机的额定电流（A）
7	P0307	0.75	0.06	电动机的额定功率（kW）
8	P0311	1395	1 400	电动机的额定速度（r/min）
9	P0700	2	2	外部数字量端子控制
10	P1000	2	2	不修改，默认模拟设定频率值
11	P3900	0	1	结束快速调试，保留快速调试参数，复位出厂值

二、编写 PLC 控制程序

PLC 控制程序如图 6.18 所示。程序原理如下。

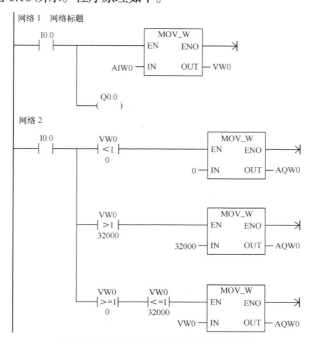

图 6.18　PLC 模拟量控制的变频调速程序

（1）网络1，当按钮SB按下，I0.0接通，将模拟量输入AIW0存储在VW0中，同时Q0.0通电，电动机运转。

（2）网络2，I0.0接通，当VW0小于0，将0送入AQW0进行输出；当VW0大于32 000，将32 000送入AQW0进行输出；当VW0大于等于0并且小于等于32 000，将VW0送入AQW0进行输出。

三、操作步骤

（1）按图6.17所示连接控制线路。

（2）按表5.12所示的0～5V满量程输入进行设置DIP开关。

（3）将图6.18所示程序写入PLC，并进入程序监控状态。

（4）接通变频器电源，按表6.14所示修改变频器参数。

（5）按下按钮SB，使变频器运行，调节输入电压，观察变频器输出频率的变化。

（6）再按下按钮SB，电动机按减速时间停止。

练　习　题

如果EM235模拟输入信号为4～20mA，如何设置DIP开关？

Chapter 7

课题七

| 触摸屏的应用 |

触摸屏是"人"与"机"相互交流信息的窗口，使用者只要用手指轻轻地触碰屏幕上的图形或文字符号，就能实现对机器的操作和显示控制信息，目前广泛应用于各类工业控制设备中。

任务一　认识触摸屏与组态软件

| 任务引入 |

通过本任务的学习，了解人机界面与触摸屏的原理和西门子人机界面的硬件，熟悉 WinCC flexible 的安装以及触摸屏的组态与运行过程。

| 相关知识 |

一、人机界面与触摸屏

1. 人机界面

人机界面（Human Machine Interface，HMI）。从广义上说，人机界面泛指计算机（包括 PLC）与操作人员交换信息的设备。在控制领域，人机界面一般特指用于操作人员与控制系统之间进行对话和相互作用的专用设备。人机界面可以在恶劣的工业环境中长时间连续运行，是 PLC 的最佳搭档。

人机界面可以用字符、图形和动画动态地显示现场数据和状态，操作人员可以通过人机界面控制现场的被控对象。此外，人机界面还有报警、用户管理、数据记录、趋势图、配方管理、显示、打印报表等功能。

2. 触摸屏

触摸屏是人机界面的发展方向，用户可以在触摸屏的屏幕上生成满足自己要求的触摸式按键。触摸屏使用直观方便，易于操作。画面上的按钮和指示灯可以取代相应的硬件元件，减少 PLC 需要的 I/O 点数，降低系统的成本，提高设备的性能和附加价值。

STN 液晶显示器支持的彩色数有限（如 8 色或 16 色），被称为"伪彩"显示器。STN 显示器的图像质量较差，可视角度较小，但是功耗小、价格低，用于要求较低的场合。

TFT 液晶显示器又称为"真彩"显示器，每一液晶像素点都用集成在其后的薄膜晶体管来驱动，其色彩逼真、亮度高、对比度和层次感强、反应时间短、可视角度大，但是耗电较多，成本较高，用于要求较高的场合。

3. 西门子的人机界面

西门子的人机界面已升级换代，过去的 170、270、370 系列已被 177、277、377 系列取代。SIMATIC HMI 的品种非常丰富，下面是各类 HMI 产品的主要特点：

（1）KTP 精简系列面板：具有基本的功能，经济实用，有很高的性价比。显示器尺寸有 3.8in（1in=2.54cm）、5.7in、10.4in 和 15.1in 这 4 种规格。

（2）微型面板：与 S7-200 配合使用，显示器均为单色。有文本显示器 TD 400C，3in 的 OP 73 micro、5.7in 的 TP 177 micro 和 K-TP 178 micro。

（3）77 系列面板：显示器均为单色，包括 3in 的 OP 73、4.5in 的 OP 77A 和 OP 77B。

（4）TP/OP 177/277 系列面板：TP 是触摸面板（触摸屏）的简称，OP 是操作员面板的简称，OP 有多个密封薄膜按键。

TP 177A 采用 5.7in 单色显示器，TP 177B 的显示器有 4.3in 和 5.7in 两种规格，OP 177B 的显示器为 5.7in。TP/OP 277 使用 5.7in 的彩色显示器。

（5）MP 177/277/377 系列多功能面板：该系列面板是功能最强的人机界面，显示器均为 64K 色，MP 177 的显示器为 5.7in。MP 277 有 7.5in、10.4in 显示器的 TP、OP。MP 377 有 10.4in 显示器的 TP、OP 和 15.1in、19in 显示器的 TP。

（6）移动面板：移动面板可以在不同的地点灵活应用。Mobile Panel 177 的显示器为 5.7in，Mobile Panel 277 的显示器有 7.5in 和 10.4in 两种规格。

二、西门子组态软件 WinCC flexible 的安装

西门子的组态软件已升级换代，过去的 ProTool 已被 WinCC flexible 取代。WinCC flexible 的中文版是免费的，可以组态所有的 SIMATIC 操作面板。

WinCC flexible 具有开放简易的扩展功能，带有 Visual Basic 脚本功能，集成了 ActiveX 控件，可以将人机界面集成到 TCP/IP 网络。

WinCC flexible 简单、高效，易于上手，功能强大。在创建工程时，通过单击鼠标便可以生成 HMI 项目的基本结构。基于表格的编辑器简化了对象（如变量、文本和信息）的生成和编辑。通过

图形化配置,简化了复杂的配置任务。

WinCC flexible 带有丰富的图库,提供大量的图形对象供用户使用。

WinCC flexible 可以方便地移植原有的 ProTool 项目,支持多语言组态和多语言运行。

1. 安装 WinCC flexible 的计算机的推荐配置

WinCC flexible 支持所有兼容 IBM/AT 的个人计算机。下面是安装 WinCC flexible 2008 要求的系统配置。

(1)操作系统:Windows XP Professional SP2 或 SP3,Windows Vista。

(2)图形/分辨率:1024×768dpi 或更高,16 位色。

(3)处理器:最低配置为 Pentium Ⅵ或主频不小于 1.6GHz 的处理器。

(4)主内存(RAM):最小 1GB(Windows XP)或 1.5GB(Windows Vista),推荐 2GB。

2. 安装 WinCC flexible

双击安装光盘的 Setup.exe,单击各对话框的"下一步"按钮,进入下一对话框。

在"许可证协议"对话框,选中"我接受上述许可证协议……"。

在"要安装的程序"对话框(见图 7.1)中确认要安装的软件(用打勾表示),可采用默认的设置。已安装的软件左边的复选框(小方框)为灰色。

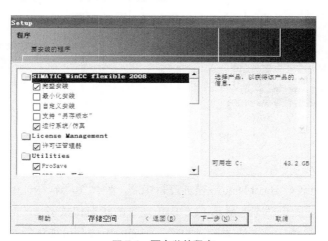

图 7.1　要安装的程序

如果要修改安装的路径,选中某个要安装的软件,出现默认的安装文件夹。单击"浏览"按钮,用打开的对话框修改安装的文件夹。建议将该软件安装在 C 盘默认的文件夹。

开始安装软件时出现图 7.2 所示对话框,该对话框不会显示已经安装的软件。

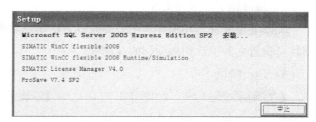

图 7.2　安装过程中显示的对话框

安装过程是自动完成的,不需要用户干预。安装完成后,出现的对话框显示"安装程序已在计算机上成功安装了软件",单击"完成"按钮,立即重新启动计算机；也可以用单选框选择以后重启计算机。

3. 安装软件时遇到的问题的处理

在安装 WinCC flexible 时，屏幕可能出现提示 "Please restart Windows before installing new programs"（安装新程序之前，请重新启动 Windows）或类似的信息，即使重新启动计算机后再安装软件，还是出现上述信息，说明因为杀毒软件的作用，Windows 操作系统已经注册了一个或多个写保护文件，以防止被删除或重命名，解决方法如下。

执行 Windows 的菜单命令 "开始" → "运行"，在程序的 "运行" 对话框中输入 "regedit"，打开注册表编辑器。选中注册表左边的 "HKEY_LOCAL_MACHINE\System\CurrentControlSet\Control\Session Manager"，如果右边窗口中有条目 "PendingFileRenameOperations"，将它删除，不用重新启动计算机就可以安装软件了。

三、触摸屏的组态与运行

触摸屏的基本功能是显示现场设备（通常是 PLC）中位变量的状态和寄存器中数字变量的值，用监控画面上的按钮向 PLC 发出各种命令，以及修改 PLC 存储区的参数。其组态与运行如图 7.3 所示。

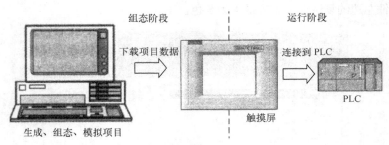

图 7.3　触摸屏的组态与运行

1. 对监控画面组态

首先用组态软件 WinCC flexible 对触摸屏进行组态。使用组态软件，可以很容易地生成满足用户要求的画面，用文字或图形动态地显示 PLC 中位变量的状态和数字量的数值。用各种输入方式将操作人员的位变量命令和数字设定值传送到 PLC。画面的生成是可视化的，一般不需要用户编程，组态软件的使用简单方便，很容易掌握。

2. 编译和下载项目文件

编译项目文件是指将建立的画面及设置的信息转换成触摸屏可以执行的文件。编译成功后，需要将可执行文件下载到触摸屏的存储器。

3. 运行阶段

在控制系统运行时，触摸屏和 PLC 之间通过通信来交换信息，从而实现触摸屏的各种功能。只需要对通信参数进行简单的组态，就可以实现触摸屏与 PLC 的通信。将画面中的图形对象与 PLC 的存储器地址联系起来，就可以实现控制系统运行时 PLC 与触摸屏之间的自动数据交换。

1. 在工业生产中，触摸屏的作用是什么？
2. 触摸屏是如何组态和运行的？

 应用触摸屏实现电动机启动/停止控制

任务引入

某设备要求使用触摸屏和按钮都可以实现对电动机的启动/停止控制，控制线路如图 7.4 所示，PLC 输入输出地址分配见表 7.1。除使用按钮对电动机进行启动/停止控制，还可以通过触摸屏对电动机实现启动/停止控制，并由指示灯监控电动机的运行状态，组态的画面如图 7.5 所示。

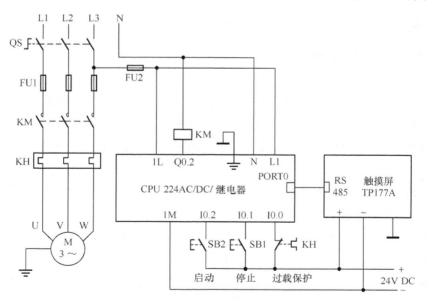

图 7.4　电动机启动/停止控制电路

表 7.1				PLC 输入/输出端口分配表		
输　入			输　出			
输 入 端 子	输 入 元 件	作　用	输 出 端 子	输 出 元 件	控 制 对 象	
I0.0	KH	过载保护	Q0.2	交流接触器 KM	电动机 M	
I0.1	SB1	停止				
I0.2	SB2	启动				

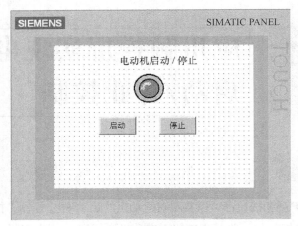

图 7.5　电动机启动/停止画面

任务实施

一、触摸屏画面的组态

1. 创建项目

双击桌面上"WinCC flexible 2008"图标，选择"创建一个新项目"，在出现的对话框中选择所使用的触摸屏的型号（这里使用的是 TP 177A 6"），如图 7.6 所示。单击"确定"，即可生成 HMI 项目窗口，其界面如图 7.7 所示。打开画面后，可以使用工具栏上的放大按钮和缩小按钮来放大或缩小画面。

在画面编辑器下面的属性对话框中，可以设置画面的名称和编号。单击"背景色"选择框的键，在出现的颜色列表中设置画面的背景色为白色。

在创建 WinCC flexible 的新项目时，如果出现错误提示"Could not find file 'C:\Documents and Settings\All Users\Application Data\Siemens AG\SIMATIC WinCC flexible 2008\Caches\1.3.0.0_83.1\Read\Template_zh-CN.tmp'"，可能是用优化大师或 360 卫士之类的系统工具清除垃圾文件时，自动删除了临时文件*.tmp 引起的。将文件夹"C:\Documents and Settings\All Uses\Application Data\Siemens AG\SIMATIC WinCC flexible 2008"删除，然后重新创建 WinCC flexible 的项目。上述文件夹会在 flexible 软件再次启动时重新创建，软件就能正常使用了。

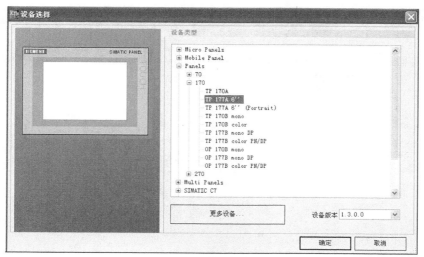

图 7.6　设置触摸屏型号

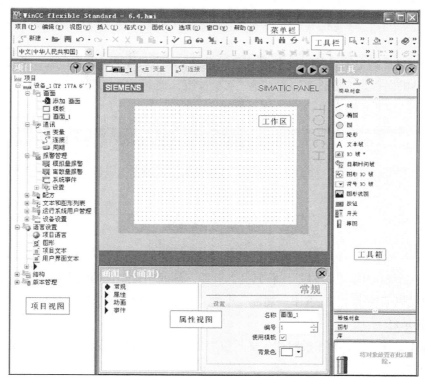

图 7.7　WinCC flexible 的用户界面

2. 创建连接

双击左侧项目视图中的"连接",打开连接编辑器,双击名称下面的空白处,表内自动生成了一个连接,其默认的名称为"连接_1",通信驱动程序选择"SIMATIC S7-200",在"在线"列选中"开",如图 7.8 所示。连接表下面的参数视图中给出了通信连接的参数,特别要注意选择最小的波特率 19 200bit/s,S7-200 PLC 中也要设置波特率为 19 200bit/s,以使两者以相同的波特率进行通信。

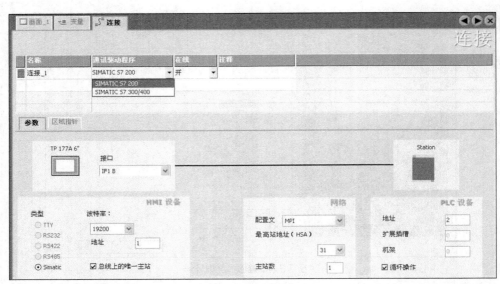

图 7.8　通信连接编辑器

3. 创建变量

双击左侧项目视图中的"变量"，打开变量编辑器，双击名称下面的空白处，表内自动生成了一个变量，其默认的名称为"变量_1"，更名为"启动按钮"，选择数据类型为"Bool"，地址为"M0.0"。其他变量按照图 7.9 所示建立。

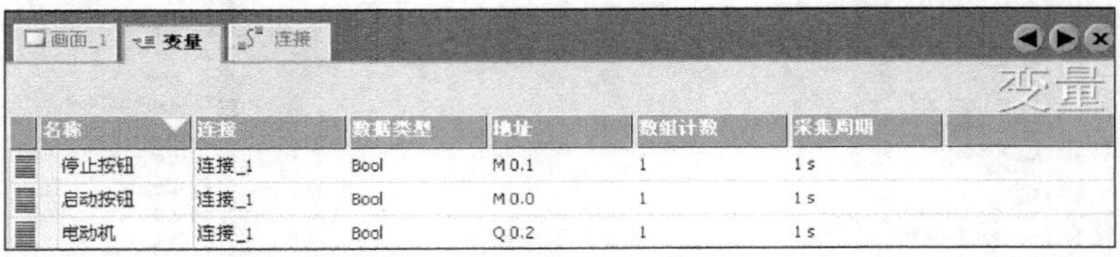

图 7.9　变量编辑器

4. 组态文本

选择右侧工具箱中的"文本域"，将其拖入到组态画面中，默认的文本为"Text"，在属性视图中更改为"电动机启动/停止"。选中"属性"下的"文本"可以更改文本的样式。

5. 组态指示灯

（1）打开库文件。工具箱中没有用于显示位变量 ON/OFF 状态的指示灯，下面介绍使用对象库中的指示灯的方法。

选中工具箱中的"库"，用右键单击下面的空白区，在弹出的快捷菜单中执行命令"库…"→"打开"。在出现的对话框中，单击左侧栏中的"系统库"，双击按钮与开关库文件"Button_and_switches.wlf"。

（2）生成指示灯。打开刚刚装入的"Button_and_switches"库，如图 7.10 所示，选中该库中的 Indicator_Switches（指示灯/开关）。

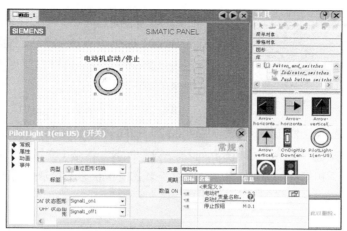

图 7.10 组态指示灯

用鼠标左键按住其中的指示灯不放，同时移动鼠标，未移到画面上时鼠标的光标为 ⊘（禁止放置），移动到画面上时，鼠标的光标变为 🔳（可以放置）。

在画面上的适当位置放开鼠标左键，指示灯被放置到画面上当时所在的位置。此时指示灯的四周有 8 个小矩形，表示处于被选中的状态。

（3）用鼠标改变对象的位置和大小。用鼠标左键单击图 7.11（a）所示指示灯，它的四周出现 8 个小正方形。将鼠标的光标放到指示灯上，光标变为图中的十字箭头图形。按住鼠标左键并移动鼠标，将选中的对象拖到希望的位置。松开左键，对象被放在该位置。

用鼠标左键选中某个角的小正方形，鼠标的光标变为 45° 的双向箭头，如图 7.11（b）所示，按住左键并移动鼠标，可以同时改变对象的长度和宽度。

用鼠标左键选中 4 条边中点的某个小正方形，鼠标

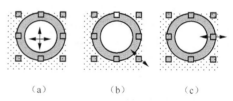

图 7.11 对象的移动与缩放

的光标变为水平或垂直的双向箭头，如图 7.11（c）所示，按住左键并移动鼠标，可将选中的对象沿水平方向或垂直方向放大或缩小。

（4）组态指示灯连接的变量。选中画面上的指示灯，画面下面是指示灯的属性视图（见图 7.10）。属性视图左侧有一个树形结构，可以用它来选择各种属性类别。双击画面编辑器中的对象，可以打开或关闭它的属性视图。

用属性视图左侧窗口向右的箭头表示被选中的属性组，如图 7.10 中的"常规"属性组。属性视图的右侧区域用于对当前所选属性组进行组态。其中的"常规"组用来设置最重要的属性。

选中属性视图中的"常规"组，单击右边的"变量"选择框右侧的▾按钮（见图 7.10），在出现的变量列表中，单击其中的变量"电动机"，该变量出现在显示框，就建立起了该变量与指示灯的连接关系，即用指示灯显示变量"电动机"的状态。

（5）指示灯图形的组态。指示灯分别用图形 Signal1_on1 和 Signal1-off1 来表示指示灯的点亮（对应的变量为 1 状态）和熄灭（对应的变量为 0 状态）状态（见图 7.10）。

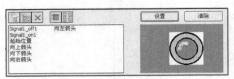

图7.12 图形列表

图形 Signal1_on1 的中间部分为深色，图形 Signal1_off1 的中间部分为浅色，如图 7.12 所示。一般用浅色表示指示灯点亮，所以需要用下面的操作来交换属性视图中两个状态的图形。

单击图 7.10 所示属性视图中"'ON'状态图形"选择框右侧的▼按钮，选中出现的图形列表（见图 7.12）中的"Signal1_off1"，窗口的右侧出现选中的指示灯图形。单击"设置"按钮，关闭图形列表。这样"ON"状态（变量为 1 状态）的指示灯图形的中间部分变为浅色。用同样的方法，设置"OFF"状态（0 状态）指示灯的图形为 Signal1_on1，中间部分为深色。

6．组态按钮

（1）按钮的生成。画面上的按钮与接在 PLC 输入端的物理按钮的功能相同，用来将操作命令发送给 PLC，通过 PLC 的用户程序来控制生产过程。

单击工具箱中的"简单对象"组，将其中的按钮图标 OK 拖放到画面上，放开鼠标左键，按钮被放置在画面上。可以用前面介绍的鼠标的使用方法来调整按钮的位置和大小。

（2）设置按钮的属性。选中生成的按钮，在属性视图的"常规"对话框中，如图 7.13 所示，用单选框设置"按钮模式"和"文本"均为"文本"。

图7.13 组态按钮的常规属性

如果选中复选框"ON 状态文本"，可以分别设置按下和释放按钮时，按钮上面的文本。未选中该复选框时，按钮按下和释放时显示的文本相同。

选中图 7.14 所示左边窗口的"外观"组，可以在右边窗口修改它的背景色和文本的颜色。还可以用复选框设置按钮是否有三维效果。

图7.14 组态按钮的外观

在属性视图的"布局"对话框中，可以设置对象的位置和大小。一般在画面上直接用鼠标设置画面元件的位置和大小，这样比在"布局"对话框中修改参数更为直观。选中左边窗口的"文本"组，如图 7.15 所示，可以定义按钮上文本的字体、大小和对齐方式。

图 7.15　组态按钮的文本格式

（3）设置按钮的功能。在属性视图的"事件"组的"按下"对话框中，如图 7.16 所示，单击视图右侧最上面一行，再单击它的右侧出现的▼键（在单击之前它是隐藏的），单击出现的系统函数列表的"编辑位"文件夹中的函数"SetBit"（置位）。

直接单击表中第 2 行右侧隐藏的▼按钮，打开出现的对话框，单击其中的变量"启动按钮"（M0.0），如图 7.17 所示。在运行时按下该按钮，将变量"启动按钮"置位为 1 状态。

图 7.16　组态按钮按下时执行的函数

图 7.17　组态按钮按下时操作的变量

用同样的方法，在属性视图的"事件"类的"释放"对话框中，设置释放按钮时调用系统函数"ResetBit"，将变量"启动按钮"复位为 0 状态。该按钮具有点动按钮的功能，按下按钮时变量"启动按钮"被置位，释放该按钮时它被复位。

单击画面上组态好的启动按钮，先后执行"编辑"菜单中的"复制"和"粘贴"命令，生成一个相同的按钮。用鼠标调节它的位置，选中属性视图的"常规"组，将按钮上的文本修改为"停止"。选中"事件"组，组态"按下"和"释放"停止按钮的置位和复位事件，将它们分别与变量"停止按钮"连接起来。

二、编写 PLC 控制程序

编写的电动机启动/停止 PLC 控制程序如图 7.18 所示。在程序中，启动按钮 I0.2 与触摸屏的"启动按钮"M0.0 并联实现两地都可以启动电动机，停止按钮 I0.1 与触摸屏的"停止按钮"M0.1 串联实现两地都可以停止电动机，I0.0 为过载保护输入端，Q0.2 为输出端，控制电动机。程序编写完后，单击左侧"系统块"，将"通信端口"中的波特率设为 19.2kbit/s。

三、操作步骤

（1）将组态画面下载到触摸屏。计算机与触摸屏可以通过 RS-232C 转 RS-485 的 PC/PPI 电缆线连接起来，如图 7.19 所示，同时要提供 24V 直流电源给触摸屏。

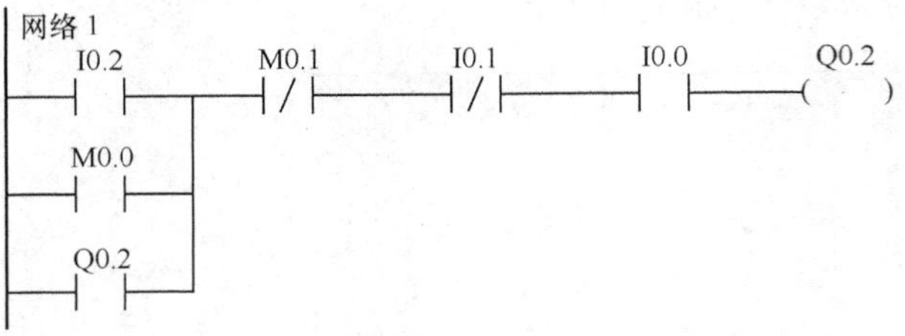

网络1

图 7.18　PLC 控制程序 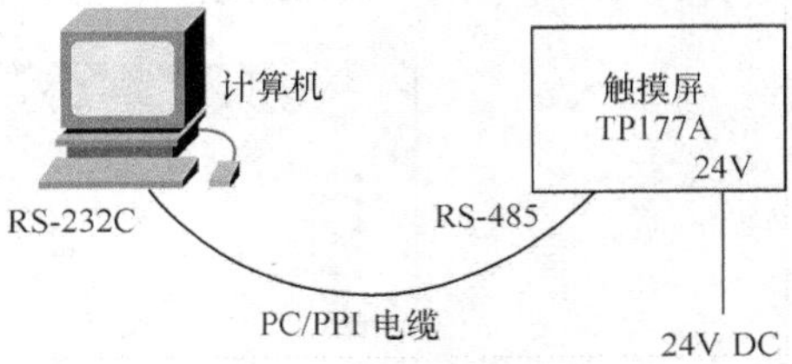　　　　　图 7.19　计算机与触摸屏的连接

如果第一次为触摸屏上电，必须设置触摸屏的通信参数。触摸屏开机后进入的画面如图 7.20 所示（这个画面大约持续 3s）；单击"Control Panel"，进入控制面板页面；单击"Transfer"，进入传送设置页面，如图 7.21 所示，选中通道 1（Channel1）中串行（Serial）后的复选框，单击"OK"退出。重新启动触摸屏，选择传送"Transfer"，进入传送等待页面，等待计算机的传送。

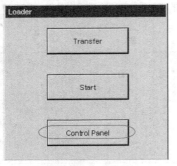

图 7.20　装载选项

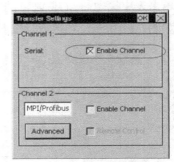

图 7.21　传送设置页面

已经编辑好图 7.5 所示的画面，单击工具栏中的传送 ，进入选择设备传送页面，如图 7.22 所示。选中触摸屏设备为"TP 177A 6"，模式"RS232/PPI 多主站电缆"，端口选择参考课题一，一般为 COM1，单击传送，即可将组态好的画面下载到触摸屏中。下载完以后关闭触摸屏。

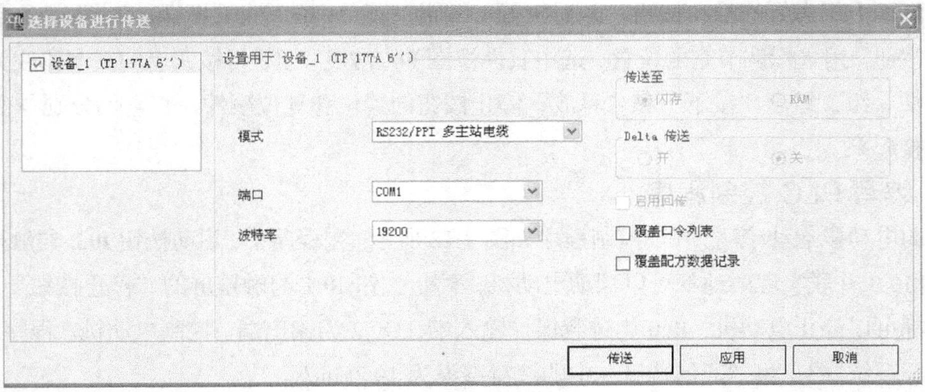

图 7.22　选择设备进行传送

（2）将控制程序下载到 PLC。将 PC/PPI 电缆连接到 PLC，打开 PLC 电源，把图 7.18 所示的程

序下载到 PLC 中，关闭 PLC 电源。

（3）按图 7.4 所示连接控制电路，其中 PLC 与触摸屏的连接使用 RS485 的通信电缆。

（4）PLC 和触摸屏通电，PLC 上输入指示灯 I0.0 应点亮，表示输入继电器 I0.0 被热继电器 KH 常闭触点接通。如果指示灯 I0.0 不亮，说明热继电器 KH 常闭触点断开，热继电器已过载保护。

（5）按启动按钮 SB2 或单击触摸屏的"启动"按钮，I0.2 或 M0.0 常开触点闭合，使输出继电器 Q0.2 自锁，交流接触器 KM 通电，电动机 M 通电运行。

（6）按停止按钮 SB1 或单击触摸屏的"停止"按钮，I0.1 或 M0.1 常闭触点断开，使输出继电器 Q0.2 解除自锁，交流接触器 KM 失电，电动机 M 断电停止。

练习题

1. 怎样在画面中组态指示灯？
2. 怎样在画面中组态按钮？
3. 如何将已组态的画面下载到触摸屏中？
4. 触摸屏使用什么样的电源？

应用触摸屏实现参数的设置与故障报警

任务引入

在工业生产中，用户可以通过触摸屏设置工艺参数并监控设备的运行状态。用户画面有 2 个，其中画面 1 为监控画面，用来监控电动机的运行状况，如图 7.23 所示。画面标题为"电动机运行监控"，指示灯监控电动机的运行，"启动"和"停止"按钮控制电动机，并动态显示电动机当前转速与当前日期和时间，通过"设置画面"按钮切换到设置画面。画面 2 为设置画面，如图 7.24 所示。画面标题为"电动机转速设定画面"，设定电动机的转速为 0～1 500r/min，单击"监控画面"按钮返回监控画面。

在设备运行过程中，当出现故障时，弹出报警窗口，报警指示器闪烁，如图 7.25 所示。设备的故障有电动机过载、变频器故障、车门打开故障和电动机转速低于设定转速的轧车故障。

当热继电器过载保护动作后，电动机停止，报警窗口弹出电动机过载到达信息，单击报警确认按钮□进行确认，单击报警文本信息▨，出现图 7.26（a）所示的画面，通过这个画面可以了解故障的排除措施。排除故障之后，报警窗口和报警指示器自动消失。其他的报警信息如图 7.26（b）、（c）、 （d）所示。

图 7.23　监控画面

图 7.24　设置画面

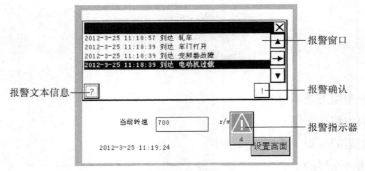

图 7.25　故障报警

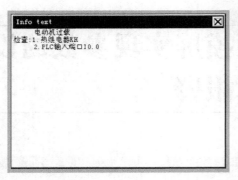

（a）

（b）

（c）

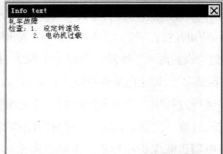

（d）

图 7.26　报警文本信息

任务实施

一、触摸屏画面组态

1. 创建监控画面和设置画面

项目的创建、通信连接及启动/停止按钮和指示灯的组态在任务二已经详细阐述，这里主要进行动态显示速度与时间以及画面的切换。

项目默认的画面是"画面_1"，它也是触摸屏的起始画面，在左侧项目视图"画面_1"上单击右键选"重命名"，命名为"监控画面"；或在属性视图里将名称改为"监控画面"。在左侧项目视图里单击"添加画面"，添加一个"画面_2"，重新命名为"设置画面"。在监控画面里，将左侧项目视图下的"设置画面"拖动到工作区，生成一个带有画面切换的按钮，该按钮与"设置画面"相连，如图 7.27 所示。用同样的方法在设置画面里生成一个向监控画面切换的按钮。

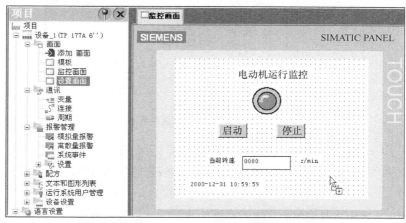

图 7.27　用拖动功能创建画面切换按钮

2. 添加变量

在变量表中创建整型（Int）变量"测量转速"和"轧车转速"，存储地址分别为"VW12"和"VW14"，如图 7.28 所示。

名称	连接	数据类型	地址	数组计数	采集周期
启动按钮	连接_1	Bool	M 0.0	1	100 ms
停止按钮	连接_1	Bool	M 0.1	1	100 ms
电动机	连接_1	Bool	Q 0.2	1	100 ms
测量转速	连接_1	Int	VW 12	1	100 ms
轧车转速	连接_1	Int	VW 14	1	100 ms

图 7.28　添加变量

3. 创建 I/O 域

I/O 域是输入/输出域的简称，它分为 3 种模式。

（1）输入域：用于操作员输入要传送到 PLC 的数字、字母或符号，将输入的数值保存到指定的

变量中。

（2）输出域：只显示变量的数值。

（3）输入/输出域：同时具有输入和输出功能，操作员可以用它来修改变量的数值，并将修改后的数值显示出来。

在监控画面中，选中工具箱中的"简单对象"，将"文本域"对象图标拖动到画面的合适位置并更改文本为"当前转速"，将"IO 域"对象图标拖放到"当前转速"的右边，然后再拖放一个"文本域"，更改为"r/min"，如图 7.27 所示。

单击"IO 域"，在 I/O 域属性视图的"常规"对话框中，设置 I/O 域的模式为"输出"，单击"变量"选择框右边的 ▾ 按钮，在出现的变量列表中选中"测量转速"，如图 7.29 所示。输出域显示 4 位整数，为此组态"移动小数点"（小数部分的位数）为 0，"格式样式"为 9999（4 位）。

图 7.29　输出域的常规属性组态

在"属性"下的"外观"选项中，选择边框样式为"实心的"。

将工具箱中的"简单对象"下的"日期时间域"拖放到监控画面的合适位置即可动态显示当前的日期与时间。

在设置画面中，选中工具箱中的"简单对象"，将"文本域"对象图标拖动到画面的合适位置并更改文本为"电动机当前转速设定画面"，用同样的方法建立文本域"轧车转速："，然后将"IO 域"对象图标拖放到"轧车转速"的右边，然后再拖放 2 个"文本域"，一个更改为"r/min"，另一个更改为"转速范围：0~1 500r/min"，如图 7.24 所示。

4. 报警的组态

在项目视图中双击"\报警管理\设置"文件夹中的"报警类别"图标，3 种报警类别显示在工作区的表格中，可以在表格单元或属性视图中编辑各类报警的属性，如图 7.30 所示。系统默认的"错误"和"系统"类的"显示的名称"为字符"！"和"$"，不太直观，图 7.30 中将它们改为"事故"和"系统"。"警告"类没有"显示的名称"，设置"警告"类的显示名称为"警告"。在"错误"的属性视图中，将已激活的下的"C"改为"到达"，已取消下的"D"改为"已排除"，已确认下的"A"改为"确认"。

（1）离散量报警的组态。在变量表中创建字型（Word）变量"事故信息"，存储地址为 MW10。一个字有 16 位，可以组态 16 个离散量报警。电动机过载、变频器故障和车门打开这 3 个事故分别占用"事故信息"的第 0~2 位。

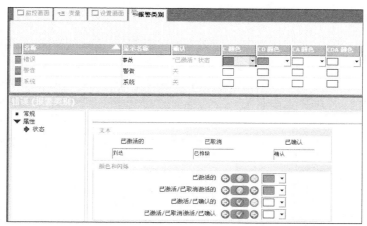

图 7.30　报警类别编辑器

在左侧的项目视图中单击"离散量报警"图标，在离散量报警编辑器中单击表格的第 1 行，输入报警文本（对报警的描述）"电动机过载"，如图 7.31 所示。报警的编号用于识别报警，是自动生成的。

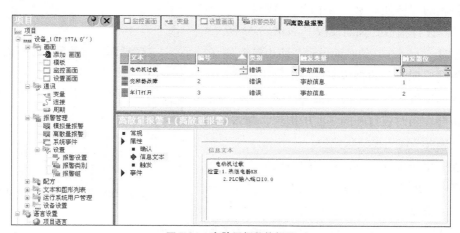

图 7.31　离散量报警编辑器

离散量报警用指定的字变量内的某一位来触发，单击"触发变量"右侧的▾，在程序的变量列表中选择已定义的变量"事故信息"。选择"触发器位"为 0，那么当"事故信息"的第 0 位为 1 时就触发了电动机过载报警。在"电动机过载"的属性视图中，选中"属性"下的"信息文本"，输入电动机过载的相应信息。用相同的方法组态"变频器故障"和"车门打开"报警。

（2）模拟量报警的组态。在左侧的项目视图中双击"模拟量报警"图标，出现模拟量报警编辑页面，在页面中单击表格的第 1 行，输入报警文本 "轧车故障"，如图 7.32 所示。单击"触发变量"右侧的▾，在程序的变量列表中选择已定义的变量"测量转速"，单击"限制"下边的表格，出现"常量"和"变量"选择，选择"变量"，再单击"限制"右侧的▾，在程序的变量列表中选择已定义的变量"轧车转速"，单击"触发模式"的▾，选择"下降沿时"，在"轧车故障"的属性视图中，选中"属性"下的"信息文本"，输入轧车故障的相应信息。那么当"测量转速"小于"轧车转速"时就会触发模拟量报警。

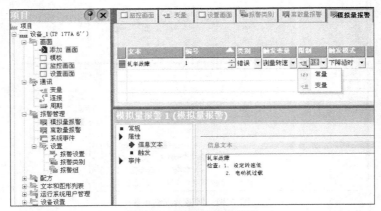

图 7.32　模拟量报警编辑器

（3）报警窗口和报警指示器的组态。报警窗口和指示器只能在画面模板中进行组态。双击项目视图"画面"文件夹中的"模板"图标，打开模板画面。将工具箱的"增强对象"组中的"报警窗口"与"报警指示器"图标拖放到画面模板中，如图 7.33 所示。

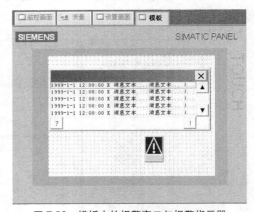

图 7.33　模板中的报警窗口与报警指示器

在组态时，如果在其他画面设置"使用模板"，在该画面中将会出现浅色的报警窗口与报警指示器。在运行时如果出现报警窗口组态的报警，报警窗口与报警指示器将会在当时被打开的画面中出现，与该画面是否选择复选框"使用模板"无关。

在模板中组态报警窗口，在它的属性视图的"常规"对话框中，用单选框组态显示"报警"，选中"未决消息"和"未确认的报警"复选框。

在"属性"类的"布局"对话框中，设置"可见报警"为5。

在"属性"类的"显示"对话框中，选中垂直滚动条、垂直滚动、"信息文本"按钮、"确认"按钮前的复选框。

在"属性"类的"列"对话框中，其组态如图 7.34 所示。

图 7.34　报警窗口的列组态

二、模拟运行步骤

单击工具栏中的 ![按钮] 按钮，启动模拟运行系统，进入离线模拟状态。

（1）单击"设置画面"按钮，进入设置画面，设定轧车转速为700r/min。

（2）单击WinCC flexible运行模拟器的"变量"下的表格，出现▼，选中"事故信息"，在"设置数值"栏设置为7（2#0000 0000 0000 0111），使"事故信息"的第0～2位都为1，即离散量故障都发生。同样选中"测量转速"的"设置数值"为600r/min，小于轧车转速700r/min，模拟量报警"轧车故障"也发生，如图7.35所示。

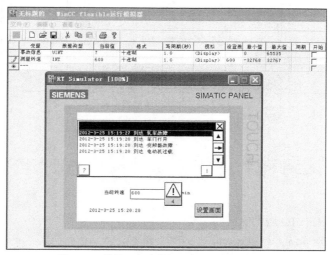

图7.35　模拟运行中的报警窗口与报警指示器

（3）显示故障信息文本。选中报警窗口中发生的故障，单击左侧的[?]即可显示当前故障的信息文本，显示的文本信息如图7.26所示。

（4）故障的确认。选中报警窗口中发生的故障，单击左侧的[!]进行确认，确认后的画面如图7.36所示。

图7.36　确认后的画面

（5）排除故障。将"事故信息"的"设置数值"设为0，离散量故障全部排除。将"测量转速"的"设置数值"设为800r/min，高于设定转速（700r/min），模拟量故障也排除，这时报警窗口和报警指示器一同消失，排除故障后的画面如图7.37所示。

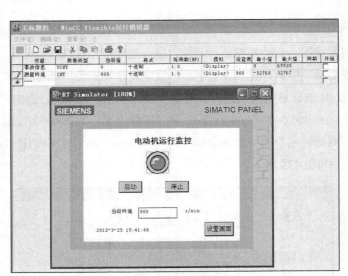

图 7.37   排除故障后的画面

1. 如何在画面中组态 IO 域？

2. 怎样在画面中组态画面切换按钮？

3. 如何组态离散量报警？

4. 如何组态模拟量报警？

5. 一个字类型的变量可以组态多少个离散量报警？一个双字类型的变量呢？

Chapter 8

课题八

PLC、变频器与触摸屏的综合应用

PLC、变频器与触摸屏组成的电气控制系统，具有操作直观、信息量大、控制功能强、调速方便等优点，已成为自动控制系统中的重要组成部分，在工业生产中得到了广泛的应用。

 电动机调速与故障报警

任务引入

本任务控制要求如下。

（1）电动机调速控制系统由 PLC、模拟量扩展模块、触摸屏和变频器构成，要求控制功能强，操作方便。

（2）可以在屏幕上通过修改和设定电动机的转速来实现电动机调速控制。

（3）既可以通过触摸屏操作画面上的"启动""停止"按钮对电动机进行控制，也可以由启动/停止按钮进行控制。外接硬件"紧急停止"按钮用于生产现场出现紧急情况或触摸屏无法显示时停机。

（4）出现故障时自动停车并显示故障画面。

相关知识——PLC 转换指令

PLC 运算经常用到数据类型的转换，其转换指令的梯形图（指令盒）和指令表见表 8.1。

表 8.1　　　　　　　　　　　　　　　　　　PLC 转换指令

项目	整数转双整数	双整数转整数	双整数转实数	四舍五入取整	取整
LAD	I_DI EN　ENO IN　OUT	DI_I EN　ENO IN　OUT	DI_R EN　ENO IN　OUT	ROUND EN　ENO IN　OUT	TRUNC EN　ENO IN　OUT
STL	ITD IN，OUT	DTI IN，OUT	DTR IN，OUT	ROUND IN，OUT	TRUNC IN，OUT

转换指令说明如下。

（1）整数转双整数指令（ITD）将整数值 IN 转换成双整数值，并将结果存入 OUT 指定的变量中。符号位扩展到高字节中。

（2）双整数转整数指令（DTI）将一个双整数值 IN 转换成一个整数值，并将结果存入 OUT 指定的变量中。如果所转换的数值太大以至于无法在输出中表示则溢出标志位 SM1.1 置位并且输出不会改变。

（3）双整数转实数指令（DTR）将一个 32 位，有符号整数值 IN 转换成一个 32 位实数，并将结果存入 OUT 指定的变量中。

（4）四舍五入取整指令（ROUND）将实数值 IN 转换成双整数值，并将结果存入 OUT 指定的变量中。如果小数部分大于等于 0.5，则数字向上取整。

（5）取整指令（TRUNC）将一个实数值 IN 转换成一个双整数，并将结果存入 OUT 指定的变量中。只有实数的整数部分被转换，小数部分舍去。

任务实施

一、主电路

某电气控制系统的主电路如图 8.1 所示。电动机受变频器控制，由空气开关 QF1 提供过载和短路保护。变频器的模拟量输入端连接模拟量扩展模块的电压输出端，随 D/A 转换电压对电动机进行调速。变频器正转控制端 DIN1 受接触器 KM 控制，AIN+、AIN-端为模拟量输入端，模拟电压为 0～10V，对应转速为 0～1 500r/min。电源 380V AC 经变压器 T 降压为 220V AC，供 PLC 和 PLC 输出端负载使用，220V AC 经整流后输出 24V DC 供触摸屏、旋转编码器、EM235 和 PLC 的输入端使用。

二、PLC 控制电路

PLC 控制电路如图 8.2 所示，控制线路由西门子 S7-200 系列的 PLC（CPU 224 AC/DC/RLY）、触摸屏 TP 177A 6"和模拟量输入/输出混合扩展模块 EM 235 组成，使用旋转编码器对电动机转速进行测量。触摸屏使用 24V 直流电源，与 PLC 通过通信电缆进行通信；旋转编码器的 A 相脉冲输出接 I0.0，B 相脉冲输出接 I0.1。EM 235 有两个模拟量输出端口，在本系统中只用到一个（V0、M0），对应的输出地址为 AQW0。其中，V0 是电压输出端（0～10V），M0 是公共端。这个模拟量连接到变频器的 7 端和 8 端，用于对电动机进行调速。PLC 的输入/输出端口分配见表 8.2。

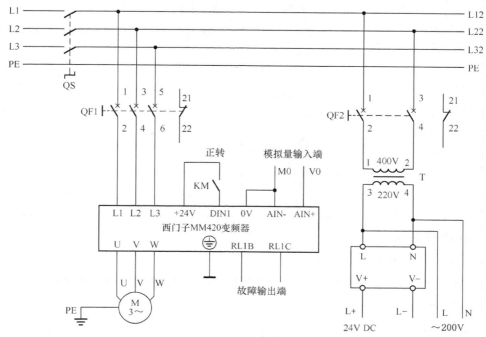

图 8.1 主电路

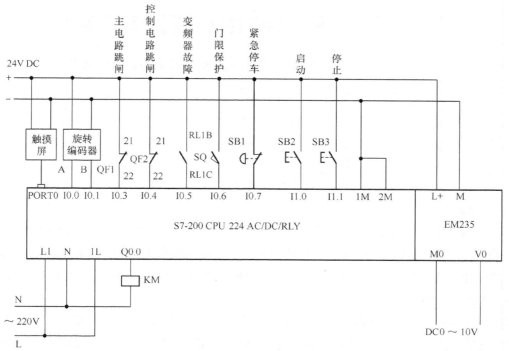

图 8.2 控制电路

表 8.2 输入/输出端口分配表

输 入			输 出		
输入端子	输入元件	作用	输出端子	输出元件	作用
I0.0		A 相脉冲输入	Q0.0	接触器 KM	控制电动机
I0.1		B 相脉冲输入			
I0.3	QF1	主电路跳闸			
I0.4	QF2	控制电路跳闸			
I0.5	变频器故障输出	变频器故障			
I0.6	SQ	门限保护			
I0.7	SB1	紧急停车			
I1.0	SB2	启动			
I1.1	SB3	停止			

三、触摸屏的组态

1. 建立触摸屏与 PLC 的通信连接

打开触摸屏组态软件，选择设备为 TP 177A 6"，双击项目视图中通信文件夹下的连接，选择"SIMATIC S7-200"，通信的波特率为 19 200kbit/s。

2. 创建变量

按图 8.3 所示创建变量，将"采集周期"由默认的 1s 改为 100ms，以提高故障的反应速度。

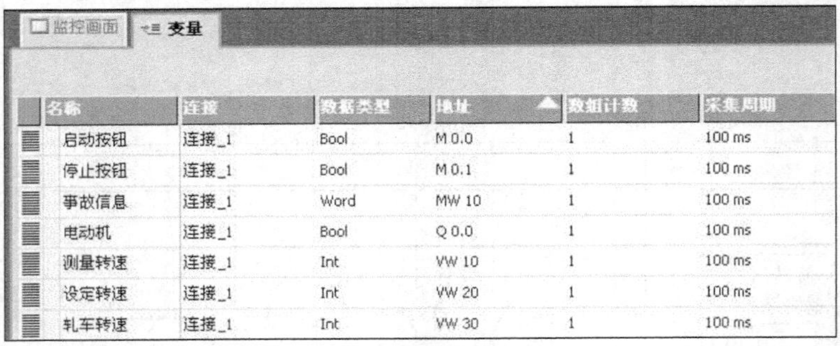

名称	连接	数据类型	地址	数组计数	采集周期
启动按钮	连接_1	Bool	M 0.0	1	100 ms
停止按钮	连接_1	Bool	M 0.1	1	100 ms
事故信息	连接_1	Word	MW 10	1	100 ms
电动机	连接_1	Bool	Q 0.0	1	100 ms
测量转速	连接_1	Int	VW 10	1	100 ms
设定转速	连接_1	Int	VW 20	1	100 ms
轧车转速	连接_1	Int	VW 30	1	100 ms

图 8.3 创建的变量

3. 组态监控画面

将项目视图中的"画面_1"命名为"监控画面"，将"启动""停止"指示灯分别与变量"启动按钮（M0.0）""停止按钮（M0.1）""电动机（Q0.0）"关联，将当前转速的 I/O 域置为输出域，连接的变量为"测量转速（VW10）"，4 位显示，将日期时间域拖放到合适位置，监控画面如图 8.4 所示。

4. 组态设置画面

双击项目视图中的"添加画面"，添加 1 个"画面_2"，重命名为"设置画面"。将设定转速后的 I/O 域与变量"设定转速（VW20）"关联，将轧车转速设定后的 I/O 域与变量"轧车转速（VW30）"关联，如图 8.5 所示。

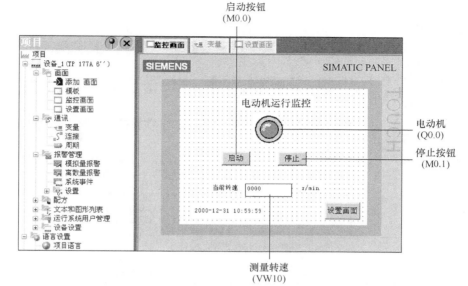

图 8.4 监控画面

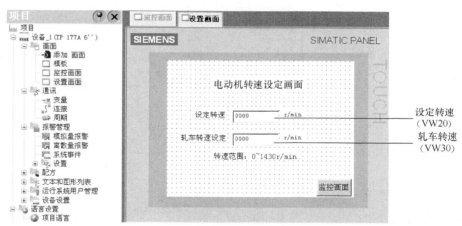

图 8.5 设置画面

将项目视图中的"监控画面"拖放到工作区，创建 1 个画面切换按钮"监控画面"；打开监控画面，将项目视图中的"设置画面"拖放到工作区，创建 1 个画面切换按钮"设置画面"。

5. 报警的组态

（1）报警类别的设置。双击项目视图中"报警管理"文件夹下的"报警类别"，按图 8.6 所示进行设置。

（2）离散量报警的组态。双击项目视图中"报警管理"文件夹下的"离散量报警"，按图 8.7 所示进行设置。

在"主电路跳闸"属性视图的"属性"文件夹的"信息文本"内输入下面内容。

主电路跳闸故障
检查：1. PLC 输入端口 I0.3

2. 空气开关QF1

3. 电动机

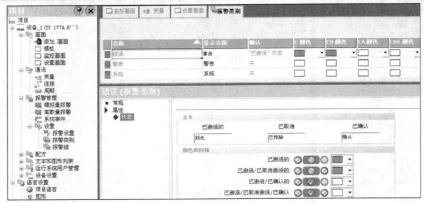

图 8.6　报警类别的设置

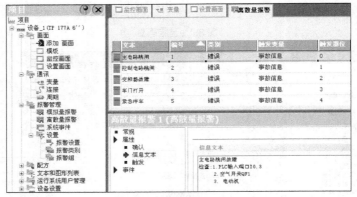

图 8.7　离散量报警的组态

在"控制电路跳闸"的"信息文本"内输入下面内容。

控制电路跳闸故障

检查：1. PLC 输入端口 I0.4

　　　2. 空气开关 QF2

在"变频器故障"的"信息文本"内输入下面内容。

变频器故障

检查：1. PLC 输入端口 I0.5

　　　2. 变频器

在"车门打开"的"信息文本"内输入下面内容。

设备车门打开故障

检查：1. 车门是否打开

　　　2. PLC 输入端口 I0.6

　　　3. 行程开关 SQ

在"紧急停车"的"信息文本"内输入下面内容。

出现紧急情况

检查：1. PLC 输入端口 I0.7

　　　2. 紧急情况发生

（3）模拟量报警的组态。双击项目视图中"报警管理"文件夹下的"模拟量报警"，按图 8.8 所示进行设置。将轧车故障的触发变量选"测量转速"，将限制选变量"轧车转速"，触发模式选"下降沿时"，信息文本输入下面内容。

轧车故障

检查：1. 设定转速低

　　　2. 电动机过载

（4）报警窗口和报警指示器的组态。双击项目视图"画面"文件夹中的"模板"图标，打开模板画面。将工具箱的"增强对象"组中的"报警窗口"与"报警指示器"图标拖放到画面模板中，如图 8.9 所示。

图 8.8　模拟量报警的组态

在模板中组态报警窗口，在它的属性视图的"常规"对话框中，用单选框组态显示"报警"，选中"未决报警"和"未确认的报警"复选框。

在"属性"类的"布局"对话框中，设置"可见报警"为 5。

在"属性"类的"显示"对话框中，选中垂直滚动条、垂直滚动、"信息文本"按钮和"确认"按钮前的复选框。

在"属性"类的"列"对话框中，选中"可见列"的"时间、状态、报警文本、日期"前的复选框。

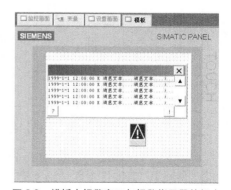

图 8.9　模板中报警窗口与报警指示器的组态

四、编写 PLC 控制程序

1. 电动机转速的测量与显示

电动机的转速可由旋转编码器测量，旋转编码器与电动机同轴安装，其电缆接线如图 8.10 所示，绿色线为输出脉冲信号 A 相，白色线为输出脉冲信号 B 相，黄色线为零脉冲信号 Z 相，红色线为电源（接 24V 的 L+），黑色线为 0V（接 24V 的 L−）。当电动机主轴旋转时，每旋转一圈，编码器输

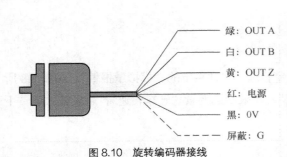

图 8.10 旋转编码器接线

出 500 个 A/B 相正交脉冲信号（A 与 B 的相位相差 90°）。由于电动机的主轴转速高达每分钟上千转，所以使用高速计数器 HSC0 对 A/B 相正交信号进行计数。根据前面第 4 章中表 4.45 可知，应用高速计数器 HSC0 的模式 9，对应的 A 相脉冲接 PLC 的 I0.0，B 相接 PLC 的 I0.1，由于只对转速进行测量，所以清零脉冲 Z 相不接。

程序梯形图如图 8.11 所示，在网络 1 中，开机（SM0.1＝1）调用子程序 SBR_0 对高速计数器 HSC0 初始化。在子程序 SBR_0 中，首先将 16#CC（2＃11001100）送入控制字节 SMB37，其含义

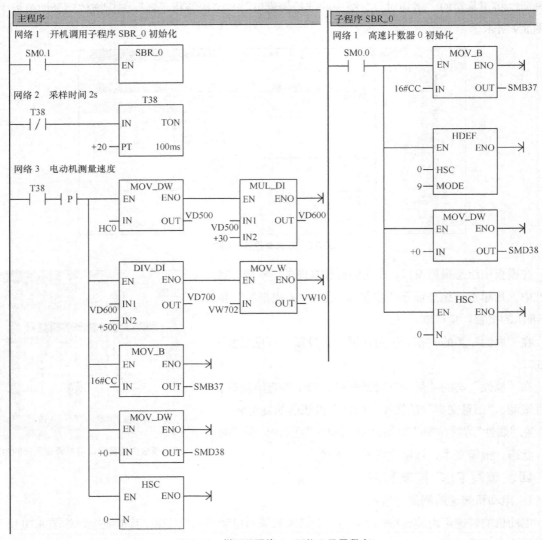

图 8.11 梯形图网络 1～网络 3 及子程序

包括允许 HSC、更新初始值、预置值不更新、不更新计数方向、增计数器、1 倍计数率，然后将 HSC0 定义为模式 9，初始值存储器 SMD38 预置为 0，最后把以上设置写入并启动高速计数器 HSC0。

在网络 2 中，利用定时器 T38 进行采样时间的设定，每 2s 采样一次。

在网络 3 中，采样时间到时，在 T38 的上升沿读取高速计数器的值 HC0 并将其送入 VD500，将 VD500 与 30 相乘送入 VD600，得到每分钟的计数值，再将 VD600 除以 500（旋转编码器转一圈输出 500 个脉冲）送入 VD700，得到每分钟的转速，取 VD700 的低位字（VW702）送入触摸屏的当前转速显示单元 VW10；然后将 16#CC（2#11001100）送入控制字节 SMB37，初始值清 0（0 送入 SMD38）；最后把以上设置写入并启动高速计数器 HSC0。

2. 电动机的启动/停止与调速

电动机启动/停止与调速所用到的地址见表 8.3。

表 8.3 电动机启动/停止与调速所用地址分配表

符 号	地 址	注 释
触摸屏"启动按钮"	M0.0	启动按钮
触摸屏"停止按钮"	M0.1	停止按钮
SB1 按钮	I0.7	紧急停车
SB2 按钮	I1.0	启动
SB3 按钮	I1.1	停止
KM	Q0.0	控制电动机
存储器	VW20	触摸屏设定转速
存储器	AQW0	模拟量输出存储器

三相异步电动机启动/停止与调速程序如图 8.12 所示，在网络 4 中，由于紧急停车按钮为常闭按钮，所以 I0.7 预先接通，当按下启动按钮 I1.0 或触摸屏"启动"按钮，电动机 Q0.0 启动并自锁。当按下停止按钮 I1.1 或触摸屏"停止"按钮，电动机 Q0.0 停止并解除自锁。

在网络 5 中，4 极三相异步电动机的额定转速为 1 430r/min，对应的频率为 50Hz，则所设定转速的频率为 $\frac{设定转速}{1430} \times 50Hz$，而设定转速每分钟高达 1 000 多转，乘以 50，超过了整数数字量的最大值 32 000，故用整数相乘双整数输出 MUL，所以在图 8.12 所示的程序梯形图网络 5 中，将设定转速 VW20 先乘以 50 送入 VD100。将 VD100 除以 1430 为小数时，要先把 VD100 转换为实数，所以用双整数转换为实数 DI_R 将 VD100 转换为实数送入 VD110，然后用实数相除指令 DIV_R 除以 1430.0，再由四舍五入取整 ROUND 送入 VD200，得到设定转速所对应的频率值。0～50Hz 在 PLC 中对应的数字量为 0～32 000，输出模拟量为 0～10V，则设定转速所对应的数字量为 $\frac{32\,000}{50} \times$ 设定转速所对应的频率值，将其存储于 AQW0。所以在网络 5 中，将 32 000 除以 50，然后与 VD200 中的低位字节（VW202）数据相乘，最后把计算结果传送到 AQW0 输出。通过扩展模块 EM 235 的

V0、M0 就可以输出与 AQW0 数值相对应的模拟量（0～10V 之间的值）。

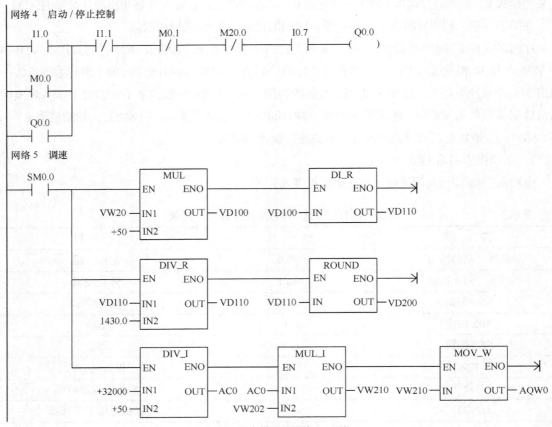

图 8.12　程序梯形图网络 4～网络 5

3. 故障控制

故障位与触摸屏的"事故信息"对应关系见表 8.4。

表 8.4　　　　　　　　　　故障位与"事故信息"对应关系表

字	事故信息 MW10							
字节	MB10	MB11						
位		M11.7	M11.6	M11.5	M11.4	M11.3	M11.2	M11.1	M11.0
故障信息					紧急停车	车门打开故障	变频器故障	控制电路跳闸	主电路跳闸
输入					I0.7	I0.6	I0.5	I0.4	I0.3

故障控制的梯形图程序如图 8.13 所示。在正常工作时，主电路空气开关 QF1 合闸，其常闭触点断开，I0.3 没有输入，一旦跳闸，QF1 常闭触点接通，在网络 6 中，I0.3 接通，使 M11.0 为 1。

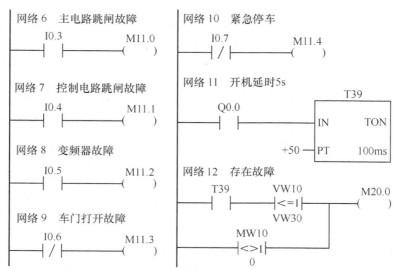

图 8.13　程序梯形图网络 6～网络 12

网络 7 中的控制电路跳闸与主电路跳闸相同。

在网络 8 中，当变频器发生故障，变频器的 K12 与 K14 接通，I0.5 有输入，使 M11.2 为 1。

在网络 9 中，正常工作时，车门关闭，行程开关 SQ 常开触点闭合，I0.6 有输入，所以 I0.6 常闭触点断开，M11.3 为 0 表示没有故障发生。一旦车门打开，I0.6 没有输入，I0.6 的常闭触点接通，M11.3 为 1。

在网络 10 中，正常工作时，紧急停车按钮 SB1 是接通的，I0.7 有输入，常闭触点断开，M11.4 为 0。当按下紧急停车按钮 SB1，I0.7 没有输入，I0.7 常闭触点接通，M11.4 为 1。同时在网络 4 中，I0.7 常开触点断开，Q0.0 断电并解除自锁，电动机停机。

在网络 11 中，电动机运行时延时 5s。

在网络 12 中，当延时 5s 时间到（T39 常开闭合），如果测量转速（VW10）小于等于轧车转速（VW30）或者发生离散量报警故障（MW10≠0）时，M20.0 有输出，网络 4 中的 M20.0 常闭触点断开，Q0.0 断电，电动机停机。

五、操作步骤

（1）按图 8.1 和图 8.2 所示电路连接三相异步电动机控制线路。

（2）接通 QS、QF2，拨状态开关于"RUN"（运行）位置。

（3）将 PC/PPI 电缆连接到 PLC，打开 PLC 电源，启动编程软件，单击工具栏停止图标■使 PLC 处于"STOP"（停止）状态。把图 8.11～图 8.13 所示的程序下载到 PLC 中，断开 QF2。

（4）将 PC/PPI 电缆连接到触摸屏，接通 QF2，把已组态的触摸屏画面下载到触摸屏，然后关闭 QF2。

（5）用 RS485 电缆将 PLC 和触摸屏连接起来。

（6）接通 QF1，设置变频器参数。变频器参数设置见表 8.5。

表 8.5　　　　　　　　　　　　　变频器参数的设置

序号	参数代号	出厂值	设置值	说　明
1	P0010	0	30	调出厂设置参数，准备复位
2	P0970	0	1	恢复出厂值
3	P0003	1	3	参数访问专家级
4	P0010	0	1	启动快速调试
5	P0304	400	380	电动机的额定电压（V）
6	P0305	1.90	0.39	电动机的额定电流（A）
7	P0307	0.75	0.06	电动机的额定功率（kW）
8	P0311	1 395	1 400	电动机的额定速度（r/min）
9	P0700	2	2	外部数字量端子控制
10	P1000	2	2	不修改，默认模拟设定频率值
11	P3900	0	1	结束快速调试，保留快速调试参数，复位出厂值

（7）接通 QF1，进入触摸屏的设置画面，设置设定转速为 700r/min、轧车转速为 100r/min，单击"监控画面"按钮，返回监控画面，单击"启动"按钮或启动按钮 SB2，观察当前转速显示。设置不同的转速，观察当前转速是否改变。

（8）接通 I0.3，电动机停机，触摸屏显示主电路跳闸故障；接通 I0.4，电动机停机，触摸屏显示控制电路跳闸故障；接通 I0.5，电动机停机，触摸屏显示变频器跳闸故障。断开 I0.6，电动机停机，触摸屏显示车门打开故障；按下紧急停车按钮，电动机停止，同时触摸屏显示紧急停车故障。对于每一种故障显示，单击报警窗口的故障确认，故障排除后，报警窗口和报警指示器自动消失。

（9）按下停止按钮 SB3 或触摸屏的"停止"按钮，电动机停止。

1. 在图 8.1 所示电气控制系统中，什么器件为电动机提供过载和短路保护？
2. 设定电动机转速和轧车速度的存储器是什么？显示电动机转速的存储器又是什么？
3. 触摸屏应用变量"事故信息"的存储器是什么？其位地址与哪些故障对应？
4. 调速的过程是如何计算的？
5. 旋转编码器输出的 A 相与 B 相脉冲有何特点？

PID 算法与水箱水位控制

任务引入

在工业生产中，有许多地方需要对温度、压力等连续变化的模拟量进行恒温、恒压控制。其中，应用 PID 控制（实际中也有 PI 和 PD 控制）最为广泛。一个最典型的例子就是水箱的恒压控制。如图 8.14 所示，有一个水箱需要维持一定的水位（如 75%水位高度），该水箱的水以变化的速度流出，这就需要一个用变频器控制的电动机拖动水泵供水。当出水量增大时，变频器输出频率提高，使电动机升速，增加供水量；反之电动机降速，减少供水量，始终维持水位不变化。该系统也称为恒压供水系统。

PID 控制的水箱水位控制

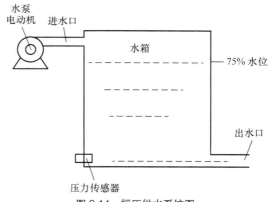

图 8.14　恒压供水系统图

恒压供水系统的主电路如图 8.1 所示，控制电路如图 8.15 所示，压力传感器将水位的变化转换为电压信号（0～100%水位对应着模拟电压 0～10V），该信号即为系统的反馈信号，送入模拟量扩展模块 EM235 的 A+、A−端，经 A/D 转换后存储于 AIW0。PID 控制系统根据水位的变化，将运算结果 AQW0 经 D/A 转换后从 EM235 的 M0、V0 端输出 0～10V 模拟电压，送到变频器的模拟量控制端，从而控制变频器的输出频率，对电动机进行调速。该系统的 PLC 输入输出端口分配见表 8.6。

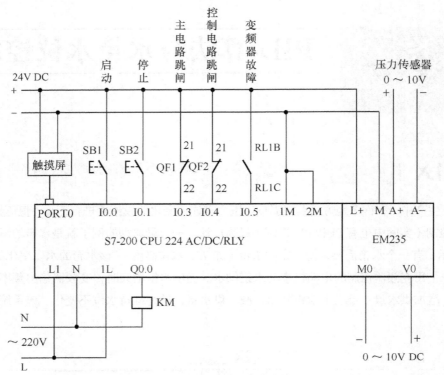

图 8.15　恒压供水系统控制电路图

表 8.6　　　　　　　　　　　　　　　　　输入/输出端口分配表

输　　入			输　　出		
输入端子	输入元件	作　　用	输出端子	输出元件	作　　用
I0.0	SB1	启动	Q0.0	接触器 KM	控制水泵电动机
I0.1	SB2	停止	AQW0		信号输出，控制变频器输出频率
I0.3	QF1	主电路跳闸			
I0.4	QF2	控制电路跳闸			
I0.5	变频器故障输出	变频器故障			
AIW0		0～10V 反馈信号输入			

相关知识——PID 指令

1. PID 算法

典型的 PID 算法包括 3 项：比例项（P）、积分项（I）和微分项（D）。即：输出=比例项+积分项+微分项。计算机在周期性地采样并离散化后进行 PID 运算，算法如下：

$$M_n=K_C \cdot (SP_n-PV_n)+K_C \cdot T_S/T_I \cdot (SP_n-PV_n)+M_x+K_C \cdot T_D/T_S \cdot (PV_{n-1}-PV_n)$$

其中，各参数的含义见表 8.7。

表 8.7　　　　　　　　　　　　　　PID 控制回路参数表

地址偏移量	参　　　数	数据格式	参数类型	说　　　明
0	过程变量当前值 PV_n	双字，实数	输入	必须在 0.0～1.0 范围内
4	给定值 SP_n	双字，实数	输入	必须在 0.0～1.0 范围内
8	输出值 M_n	双字，实数	输入/输出	在 0.0～1.0 范围内
12	增益 K_C	双字，实数	输入	比例常量，可为正数或负数
16	采样时间 T_S	双字，实数	输入	以秒为单位，必须为正数
20	积分时间 T_I	双字，实数	输入	以分钟为单位，必须为正数
24	微分时间 T_D	双字，实数	输入	以分钟为单位，必须为正数
28	上一次的积分值 M_x	双字，实数	输入/输出	0.0～1.0 范围内（根据 PID 运算结果更新）
32	上一次过程变量 PV_{n-1}	双字，实数	输入/输出	最近一次 PID 运算值

比例项 $K_C \cdot (SP_n-PV_n)$：能及时地产生与偏差 (SP_n-PV_n) 成正比的调节作用，比例系数 K_C 越大，比例调节作用越强，系统的稳态精度越高，但 K_C 过大会使系统的输出量振荡加剧，稳定性降低。

积分项 $K_C \cdot T_S/T_I \cdot (SP_n-PV_n)+M_x$：与偏差有关，只要偏差不为 0，PID 控制的输出就会因积分作用而不断变化，直到偏差消失，系统处于稳定状态，所以积分的作用是消除稳态误差，提高控制精度，但积分的动作缓慢，给系统的动态稳定带来不良影响，很少单独使用。同时还可以看出，积分时间常数增大，积分作用减弱，消除稳态误差的速度减慢。

微分项 $K_C \cdot T_D/T_S \cdot (PV_{n-1}-PV_n)$：根据误差变化的速度（既误差的微分）进行调节具有超前和预测的特点。微分时间常数 T_D 增大时，超调量减少，动态性能得到改善，如 T_D 过大，系统输出量在接近稳态时可能上升缓慢。

2. PID 控制回路类型的选择

很多控制系统有时只采用一种或两种控制回路。例如，可能只要求比例控制回路或比例和积分控制回路。通过设置常量参数值选择所需的控制回路。

（1）如果不需要积分回路（即在 PID 计算中无"I"），则应将积分时间 T_I 设为无限大。由于积分项 M_x 的初始值，虽然没有积分运算，积分项的数值也可能不为零。

（2）如果不需要微分运算（即在 PID 计算中无"D"），则应将微分时间设定为 0.0。

（3）如果不需要比例运算（即在 PID 计算中无"P"），但需要 I 或 D 控制，则应将增益值 K_C 指定为 0.0。因为 K_C 是计算积分和微分项公式中的系数，将循环增益设为 0.0 会导致在积分和微分项计算中使用的循环增益值为 1.0。

3. PID 指令

PID 指令的格式见表 8.8。

表 8.8　　　　　　　　　　　　　　PID 指令格式

LAD	STL	说　明
PID — EN　ENO — — TBL — LOOP	PID TBL，LOOP	TBL：参数表起始地址 VB 数据类型：字节 LOOP：回路号，常量（0～7） 数据类型：字节

PID 指令说明如下。

（1）程序中可使用 8 条 PID 指令，分别编号 0～7，不能重复使用。

（2）PID 指令不对参数表输入值进行范围检查，故必须保证过程变量和给定值积分项前值和过程变量前值为 0.0～1.0。

任务实施

一、编写 PLC 控制程序

1. PID 回路参数表

PID 回路参数见表 8.9。

表 8.9　　　　　　　　　供水控制系统 PID 回路参数表

地　址	参　数	输 入 数 值
VD100	过程变量当前值 PV_n	压力传感器提供的模拟量经 A/D 转换后的标准值
VD104	给定值 SP_n	0.75
VD108	输出值 M_n	PID 回路的输出值
VD112	增益 K_C	1.0
VD116	采样时间 T_S	0.1
VD120	积分时间 T_I	30.0
VD124	微分时间 T_D	0.0

2. PLC 控制程序

（1）水位控制主程序。水位控制 PLC 主程序如图 8.16 所示，在网络 1 中，开机调用子程序 SBR_0 对 PID 参数进行初始化。在网络 2 中，当按下启动按钮 I0.0 或触摸屏"启动"按钮，电动机 Q0.0 启动并自锁。当按下停止按钮 I0.1 或触摸屏"停止"按钮，电动机 Q0.0 停止并解除自锁。

网络 3 是将过程变量 VD100 乘以 100.0，取整，然后转换为整数送 VW510 进行显示。

网络 4～网络 6 是离散量故障位，与触摸屏的"事故信息"对应关系见表 8.10。在网络 4 中，正常工作时，主电路空气开关 QF1 合闸，其常闭触点断开，I0.3 没有输入，一旦跳闸，QF1 常闭触点接通，I0.3 有输入，使 M11.0 为 1。

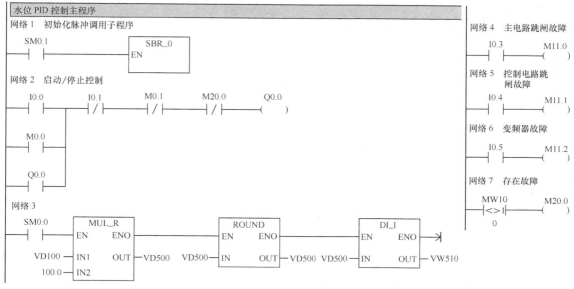

图 8.16 水位控制主程序

表 8.10 故障位与"事故信息"对应关系表

字	事故信息 MW10							
字节	MB10	MB11						
位		M11.7	M11.6	M11.5	M11.4	M11.3	M11.2	M11.1	M11.0
故障信息							变频器故障	控制电路跳闸	主电路跳闸
输入							I0.5	I0.4	I0.3

网络 5 中的控制电路跳闸与主电路跳闸相同。

在网络 6 中，当变频器发生故障，变频器的 K12 与 K14 接通，I0.5 有输入，使 M11.2 为 1。

在网络 7 中，当发生离散量报警故障（MW10≠0），M20.0 有输出，网络 2 中的 M20.0 常闭触点断开，Q0.0 断电，电动机停机。

（2）水位控制子程序。水位控制子程序如图 8.17 所示，先进行 PID 回路的初始化，按照表 8.9 所示将参数（给定值 SP_n、增益 K_C、采样时间 T_S、积分时间 T_I、微分时间 T_D）填入回路表，然后再设置定时中断，以便周期地执行 PID 指令。

（3）中断服务程序。中断服务程序如图 8.18 所示，首先将模拟量输入模块提供的过程变量 PV_n 转换为标准化的实数（0.0～1.0 范围内的实数），标准化可由下式实现：

$$R_{Norm} = ((R_{Raw} / Span) + Offset)$$

式中，R_{Norm}——标准化的实数值；

R_{Raw}——没有标准化的实数值或原值；

$Offset$——单极性为 0.0，双极性为 0.5；

$Span$——值域大小，可能的最大值减去可能的最小值（单极性为 32 000，双极性为 64 000）。

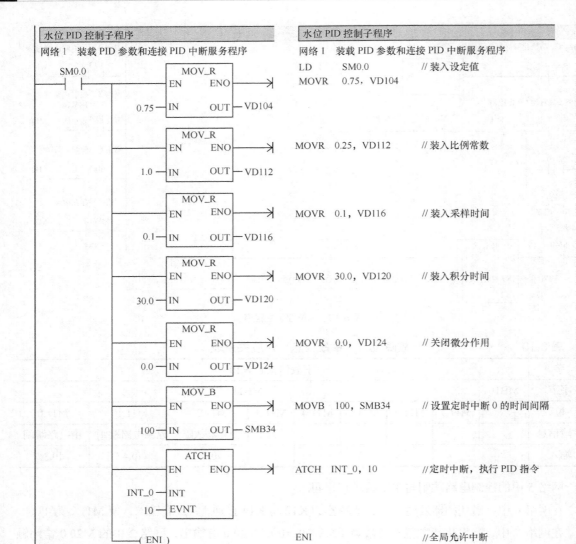

图 8.17　水位控制子程序

　　在网络 1 中，模拟量输入 AIW0 先转换为双整数，然后再转换为实数，由于是单极性的，其值域为 32 000，偏移量 *Offset* 为 0.0，所以除以 32 000.0 并填入回路表的 VD100 中。在网络 2 中，进行 PID 运算。

　　PID 运算的输出是标准化实数值 M_n，要进行控制，就必须先将其刻度化。刻度化可以使用下面的公式：

$$R_{Scal}=(M_n-Offset) \cdot Span$$

式中，R_{Scal}——回路输出的刻度实数值；

　　　　M_n——回路输出的标准化实数值；

　　Offset——单极性为 0.0，双极性为 0.5；

　　　Span——值域大小，可能的最大值减去可能的最小值（单极性为 32 000，双极性为 64 000）。

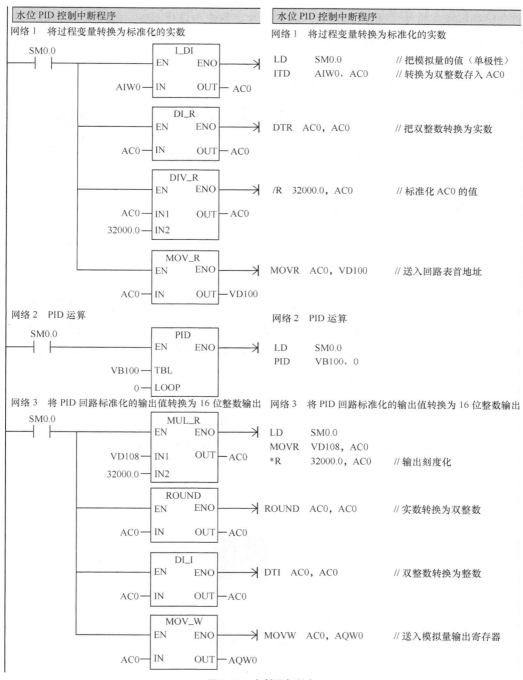

图 8.18 中断服务程序

由于输出是单极性的，其值域为 32 000，偏移量 *Offset* 为 0.0。在网络 3 中，将 PID 回路的输出 VD108 先乘以 32 000.0，然后取整再将双整数转换为整数，送入模拟量输出存储器对外部进行控制。

二、触摸屏的组态

1. 建立触摸屏与 PLC 的通信连接

打开触摸屏组态软件，选择设备为 TP 177A 6"，双击项目视图中通信文件夹下的连接，选择"SIMATIC S7-200"，通信的波特率为 19 200bit/s。

2. 创建变量

按图 8.19 所示创建变量，将"采集周期"由默认的 1s 改为 100ms，以提高故障的反应速度。

名称	连接	数据类型	地址	数组计数	采集周期
启动按钮	连接_1	Bool	M 0.0	1	100 ms
停止按钮	连接_1	Bool	M 0.1	1	100 ms
事故信息	连接_1	Word	MW 10	1	100 ms
电动机	连接_1	Bool	Q 0.0	1	100 ms
测量值	连接_1	Int	VW 510	1	100 ms

图 8.19　创建的变量

3. 组态监控画面

将项目视图中的"画面_1"命名为"监控画面"，将"启动""停止"、指示灯分别与变量"启动按钮（M0.0）""停止按钮（M0.1）""电动机（Q0.0）"关联，将棒图和一个 IO 域拖放到工作区，连接的变量为"测量值（VW510）"，3 位显示，将日期时间域拖放到合适位置，监控画面如图 8.20 所示。

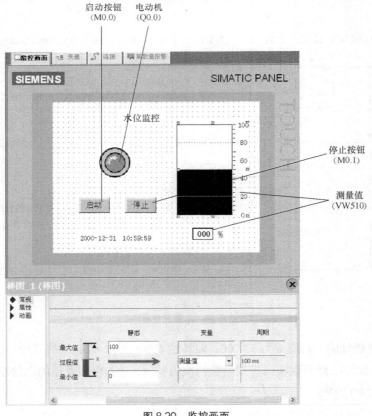

图 8.20　监控画面

4. 报警的组态

（1）报警类别的设置。双击项目视图中"报警管理"文件夹下的"报警类别"，按图 8.6 所示进行设置。

（2）离散量报警的组态。双击项目视图中"报警管理"文件夹下的"离散量报警"，按图 8.21 所示进行设置。

在"主电路跳闸"属性视图的"属性"文件夹的"信息文本"内输入下面内容。

主电路跳闸故障

检查：1. PLC 输入端口 I0.3
　　　2. 空气开关 QF1
　　　3. 电动机

在"控制电路跳闸"的"信息文本"内输入下面内容。

控制电路跳闸故障

检查：1. PLC 输入端口 I0.4
　　　2. 空气开关 QF2

在"变频器故障"的"信息文本"内输入下面内容。

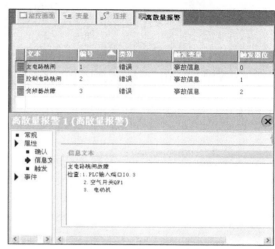

图 8.21　离散量报警的组态

变频器故障

检查：1. PLC 输入端口 I0.5
　　　2. 变频器

（3）报警窗口和报警指示器的组态。双击项目视图"画面"文件夹中的"模板"图标，打开模板画面。将工具箱的"增强对象"组中的"报警窗口"与"报警指示器"图标拖放到画面模板中，如图 8.9 所示。

三、操作步骤

（1）按图 8.1 所示主电路和图 8.15 所示控制电路连接线路。

（2）接通 QS、QF2，拨状态开关于"RUN"（运行）位置。

（3）将 PC/PPI 电缆连接到 PLC，打开 PLC 电源，启动编程软件，单击工具栏停止图标■使 PLC 处于"STOP"（停止）状态。把图 8.16～图 8.18 所示的程序下载到 PLC 中，断开 QF2。

（4）将 PC/PPI 电缆连接到触摸屏，接通 QF2，把已组态的触摸屏画面下载到触摸屏，然后关闭 QF2。

（5）用 RS485 电缆将 PLC 和触摸屏连接起来。

（6）接通 QF1，设置变频器参数。按照表 8.7 所示修改变频器参数。

（7）按下启动按钮 SB1 或触摸屏的"启动"按钮，调节模拟量输入信号，当低于 7.5V（75% 水位）时，电动机运行。当大于 7.5V 时，电动机停止运行。

（8）接通 I0.3，电动机停机，触摸屏显示主电路跳闸故障；接通 I0.4，电动机停机，触摸屏显示控制电路跳闸故障；接通 I0.5，电动机停机，触摸屏显示变频器跳闸故障。对于每一种故障显示，单击报警窗口的故障确认，故障排除后，报警窗口和报警指示器自动消失。

（9）按下停止按钮 SB2 或触摸屏的"停止"按钮，电动机停止。

1. PID 算法包含哪 3 项？
2. 在图 8.17 中，PID 算法用了哪两项？如果不需要积分回路，应如何设置？

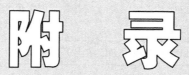

附　录

 **S7-200 系列 PLC CPU 规范**

	CPU 221	CPU 222	CPU 224	CPU 226
电源				
输入电压	20.4～28.8 V DC / 85～264 V AC(47～63 Hz)			
24 V DC 传感器电源容量	180 mA		280 mA	400 mA
存储器				
用户程序空间	2048 字		4096 字	8192 字
用户数据（EEPROM）	1024 字（永久存储）		2560 字（永久存储）	5120 字（永久存储）
装备（超级电容）（可选电池）	50 小时/典型值（40℃最少 8 小时）200 天/典型值		190 小时/典型值（40℃最少 120 小时）200 天/典型值	
I/O				
本机数字输入/输出	6 输入/4 输出	8 输入/6 输出	14 输入/10 输出	24 输入/16 输出
数字 I/O 映像区	256（128 入/128 出）			
模拟 I/O 映像区	无	32（16 入/16 出）	64（32 入/32 出）	
允许最大的扩展模块	无	2 模块	7 模块	
允许最大的智能模块	无	2 模块	7 模块	
脉冲捕捉输入	6	8	14	24

续表

	CPU 221	CPU 222	CPU 224	CPU 226
高速计数 单相 两相	4 个计数器 4 个 30 kHz 2 个 20 kHz		6 个计数器 6 个 30 kHz 4 个 20 kHz	
脉冲输出	2 个 20 kHz（仅限于 DC 输出）			
常规				
定时器	256 个定时器：4 个定时器（1ms）；16 个定时器（10ms）；236 定时器（100ms）			
计数器	256（由超级电容器或电池备份）			
内部存储器位 掉电保护	256（由超级电容器或电池备份） 112（存储在 EEPROM）			
时间中断	2 个 1ms 的分辨率			
边沿中断	4 个上升沿和/或 4 个下降沿			
模拟电位器	1 个 8 位分辨率		2 个 8 位分辨率	
布尔量运算执行速度	0.22μs 每条指令			
时钟	可选卡件		内置	
卡件选项	存储卡，电池卡和时钟卡		存储卡和电池卡	
集成的通信功能				
端口（受限电源）	1 个 RS - 485 接口			2 个 RS - 485 接口
PPI,DP/T 波特率	9.6、19.2、187.5kbit/s			
自由口波特率	1.2～115.2kbit/s			
每段最大电缆长度	使用隔离的中继器：187.5kbit/s 可达 1 000m，38.4kbit/s 可达 1 200m 未使用中继器：50m			
最大站点数	每段 32 个站，每个网络 126 个站			
最大主站数	32			
点到点（PPI 主站模式）	是（NETR/NETW）			
MPI 连接	共 4 个，2 个保留（1 个给 PG，1 个给 OP）			

S7-200 系列 CPU 存储范围和特性总汇

描述		范围				存取格式			
		CPU 221	CPU 222	CPU 224	CPU 226	位	字节	字	双字
用户程序区		4 096 字节	4 096 字节	8 192 字节	16 384 字节				
用户数据区		2 048 字节	2 048 字节	8 192 字节	10 240 字节				
输入映像寄存器		I0.0～I15.7	I0.0～I15.7	I0.0～I15.7	I0.0～I 15.7	Ix.y	IBx	IWx	IDx
输出映像寄存器		Q0.0～Q15.7	Q0.0～Q15.7	Q0.0～Q15.7	Q0.0～Q15.7	Qx.y	QBx	QWx	QDx
模拟输入（只读）		—	AIW0～AIW30	AIW0～AIW62	AIW0～AIW62			AIWx	
模拟输出（只写）		—	AQW0～AQW30	AQW0～AQW62	AQW0～AQW62			AQWx	
变量存储器		VB0～VB2047	VB0～VB2047	VB0～VB8191	VB0～VB10239	Vx.y	VBx	VWx	VDx
局部存储器		LB0.0～LB63.7	LB0.0～LB63.7	LB0.0～LB63.7	LB0.0～LB63.7	Lx.y	LBx	LWX	LDx
位存储器		M0.0～M31.7	M0.0～M31.7	M0.0～M31.7	M0.0～M31.7	Mx.y	MBx	MWx	MDx
特殊存储器只读		SM0.0～SM179.7 SM0.0～SM29.7	SM0.0～SM299.7 SM0.0～SM29.7	SM0.0～SM549.7 SM0.0～SM29.7	SM0.0～SM549.7 SM0.0～SM29.7	SMx.y	SMBx	SMWx	SMDx
定时器	数量	256(T0～T255)	256(T0～T255)	256(T0～T255)	256(T0～T255)	Tx		Tx	
	保持接通延时 1ms	T0、T64	T0～T64	T0～T64	T0～T64				
	保持接通延时 10ms	T1～T4、T65～T68	T1～T4、T65～T68	T1～T4、T65～T68	T1～T4、T65～T68				
	保持接通延时 100ms	T5～T31、T69～T95	T5～T31、T69～T95	T5～T31、T69～T95	T5～T31、T69～T95				
	接通/断开延时 1ms	T32、T96	T32、T96	T32、T96	T32、T96				

续表

描　述		范　围				存　取　格　式			
		CPU 221	CPU 222	CPU 224	CPU 226	位	字节	字	双字
定时器	接通/断开延时 10ms	T33～T36、T97～T100	T33～T36、T97～T100	T33～T36、T97～T100	T33～T36、T97～T100				
	接通/断开延时 100ms	T37～TT63、T101～T255	T37～TT63、T101～T255	T37～TT63、T101～T255	T37～TT63、T101～T255				
计数器		C0～C255	C0～C255	C0～C255	C0～C255	Cx		Cx	
高速计数器		HC0、HC3～HC5	HC0、HC3～HC5	HC0～HC5	HC0～HC5				HCx
顺控继电器		S0.0～S31.7	S0.0～S31.7	S0.0～S31.7	S0.0～S31.7	Sx.y	SBx	SWx	SDx
累加器		AC0～AC3	AC0～AC3	AC0～AC3	AC0～AC3		ACx	ACx	ACx
跳转/标号		0～255	0～255	0～255	0～255				
调用/子程序		0～63	0～63	0～63	0～127				
中断程序		0～127	0～127	0～127	0～127				
PID 回路		0～7	0～7	0～7	0～7				
通信口		0	0	0	0、1				

 # S7-200 系列 PLC 特殊存储器（SM）标志位（部分）

特殊存储器标志位提供大量的状态可控制功能，并能起到在 PLC 和用户程序之间交换信息的作用。

SMB0：状态位

如附表 3.1 所示，SMB0 有 8 个状态位，在每个扫描周期的末尾，由 S7-200 更新这些位。

附表 3.1　　　　　特殊存储器字节 SMB0（SMB0.0～SMB0.7）

SM 位	描　述
SM0.0	该位始终为 1
SM0.1	该位在首次扫描时为 1，用途之一是调用初始化子程序
SM0.2	若保持数据丢失，则该位在一个扫描周期中为 1。该位可用作错误存储器位，或用来调用特殊启动顺序功能

续表

SM 位	描　述
SM0.3	开机后进入 RUN 方式，该位将 ON 一个扫描周期，该位可用作在启动操作之前给设备提供一个预热时间
SM0.4	该位提供了一个时钟脉冲，30s 为 1，30s 为 0，周期为 1min，它提供了一个简单易用的延时或 1min 的时钟脉冲
SM0.5	该位提供了一个时钟脉冲，0.5s 为 1，0.5s 为 0，周期为 1s。它提供了一个简单易用的延时或 1s 的时钟脉冲
SM0.6	该位为扫描时钟，本次扫描时置 1，下次扫描时置 0。可用作扫描计数器的输入
SM0.7	该位指示 CPU 工作方式开关的位置（0 为 TERM 位置，1 为 RUN 位置）。当开关在 RUN 位置时，用该位可使自由端口通信方式有效，那么当切换至 TERM 位置时，同编程设备的正常通信也会有效

SMB1：状态位

如附表 3.2 所示，SMB1 包含了各种潜在的错误提示。这些位可由指令在执行时进行置位（置 1）或复位（置 0）。

附表 3.2　　　　　　　特殊存储器字节 SMB1（SMB1.0～SMB1.7）

SM 位	描　述
SM1.0	当执行某些指令，其结果为 0 时，将该位置 1
SM1.1	当执行某些指令，其结果溢出或查出非法数值时，将该位置 1
SM1.2	当执行数学运算，其结果为负数时，将该位置 1
SM1.3	试图除以零时，将该位置 1
SM1.4	当执行 ATT（Add to Table）指令时，试图超出表范围时，将该位置 1
SM1.5	当执行 LIFO 或 FIFO 指令，试图从空表中读数时，将该位置 1
SM1.6	当试图把一个非 BCD 数转换为二进制数时，将该位置 1
SM1.7	当 ASCII 码不能转换为有效的十六进制数时，将该位置 1

SMB28 和 SMB29：模拟电位器

如附表 3.3 所示，SMB28 包含代表模拟调节器 0 位置的数字值，SMB29 包含代表模拟调节器 1 位置的数字值。

附表 3.3　　　　　　　特殊存储器字节 SMB28 和 SMB29

SM 位	描述（只读）
SMB28	存储模拟调节器 0 的输入值。在 STOP/RUN 方式下，每次扫描时更新该值
SMB29	存储模拟调节器 1 的输入值。在 STOP/RUN 方式下，每次扫描时更新该值

SMB36～SMB65：HSC0、HSC1、HSC2 寄存器

如附表 3.4 所示，SMB36～SMB65 用于监视和控制高速计数 HSC0、HSC1 和 HSC2 的操作。

附表 3.4　　　　　　　　　　特殊存储器字节 SMB36～SMB65

SM 位	描述（只读）
SM36.0～SM36.4	保留
SM36.5	HSC0 当前计数方向位：1=增计数
SM36.6	HSC0 当前值等于预设值位：1=等于
SM36.7	HSC0 当前值大于预设值位：1=大于
SM37.0	HSC0 复位的有效控制位：0=高电平复位有效，1=低电平复位有效
SM37.1	保留
SM37.2	HSC0 正交计数器的计数速率选择：0=4×计数速率；1=1×速率
SM37.3	HSC0 方向控制位：1=增计数
SM37.4	HSC0 更新方向：1=更新方向
SM37.5	HSC0 更新预设值：1=向 HSC0 写新的预设值
SM37.6	HSC0 更新当前值：1=向 HSC0 写新的初始值
SM37.7	HSC0 有效位：1=有效
SMD38	HSC0 新的初始值
SMD42	HSC0 新的预置值
SM46.0～SM46.4	保留
SM46.5	HSC1 当前计数方向位：1=增计数
SM46.6	HSC1 当前值等于预设值位：1=等于
SM46.7	HSC1 当前值大于预设值位：1=大于
SM47.0	HSC1 复位的有效控制位：0=高电平复位有效，1=低电平复位有效
SM47.1	HSC1 启动有效电平控制位：0=高电平，1=低电平
SM47.2	HSC1 正交计数器的计数速率选择：0=4×计数速率；1=1×速率
SM47.3	HSC1 方向控制位：1=增计数
SM47.4	HSC1 更新方向：1=更新方向
SM47.5	HSC1 更新预设值：1=向 HSC1 写新的预设值
SM47.6	HSC1 更新当前值：1=向 HSC1 写新的初始值
SM47.7	HSC1 有效位：1=有效
SMD48	HSC1 新的初始值
SMD52	HSC1 新的预置值
SM56.0～SM56.4	保留
SM56.5	HSC2 当前计数方向位：1=增计数
SM56.6	HSC2 当前值等于预设值位：1=等于
SM56.7	HSC2 当前值大于预设值位：1=大于
SM57.0	HSC2 复位的有效控制位：0=高电平复位有效，1=低电平复位有效

续表

SM 位	描述（只读）
SM57.1	HSC2 启动有效电平控制位：0=高电平，1=低电平
SM57.2	HSC2 正交计数器的计数速率选择：0=4×计数速率；1=1×速率
SM57.3	HSC2 方向控制位：1=增计数
SM57.4	HSC2 更新方向：1=更新方向
SM57.5	HSC2 更新预设值：1=向 HSC2 写新的预设值
SM57.6	HSC2 更新当前值：1=向 HSC2 写新的初始值
SM57.7	HSC2 有效位：1=有效
SMD58	HSC2 新的初始值
SMD62	HSC2 新的预置值

SMB131～SMB165：HSC3、HSC4、HSC5 寄存器

如附表 3.5 所示，SMB131～SMB165 用于监视和控制高速计数 HSC3、HSC4 和 HSC5 的操作。

附表 3.5 特殊存储器字节 SMB131～SMB165

SM 位	描述（只读）
SMB131～SMB135	保留
SM136.0～SM136.4	保留
SM136.5	HSC3 当前计数方向位：1=增计数
SM136.6	HSC3 当前值等于预设值位：1=等于
SM136.7	HSC3 当前值大于预设值位：1=大于
SM137.0～SM137.2	保留
SM137.3	HSC3 方向控制位：1=增计数
SM137.4	HSC3 更新方向：1=更新方向
SM137.5	HSC3 更新预设值：1=向 HSC3 写新的预设值
SM137.6	HSC3 更新当前值：1=向 HSC3 写新的初始值
SM137.7	HSC3 有效位：1=有效
SMD138	HSC3 新的初始值
SMD142	HSC3 新的预置值
SM146.0～SM146.4	保留
SM146.5	HSC4 当前计数方向位：1=增计数
SM146.6	HSC4 当前值等于预设值位：1=等于
SM146.7	HSC4 当前值大于预设值位：1=大于
SM147.0	HSC4 复位的有效控制位：0=高电平复位有效，1=低电平复位有效
SM147.1	保留

续表

SM 位	描述（只读）
SM147.2	HSC4 正交计数器的计数速率选择：0=4×计数速率；1=1×速率
SM147.3	HSC4 方向控制位：1=增计数
SM147.4	HSC4 更新方向：1=更新方向
SM147.5	HSC4 更新预设值：1=向 HSC4 写新的预设值
SM147.6	HSC4 更新当前值：1=向 HSC4 写新的初始值
SM147.7	HSC4 有效位：1=有效
SMD148	HSC4 新的初始值
SMD152	HSC4 新的预置值
SM156.0～SM156.4	保留
SM156.5	HSC5 当前计数方向位：1=增计数
SM156.6	HSC5 当前值等于预设值位：1=等于
SM156.7	HSC5 当前值大于预设值位：1=大于
SM157.0～SM157.2	保留
SM157.3	HSC5 方向控制位：1=增计数
SM157.4	HSC5 更新方向：1=更新方向
SM157.5	HSC5 更新预设值：1=向 HSC5 写新的预设值
SM157.6	HSC5 更新当前值：1=向 HSC5 写新的初始值
SM157.7	HSC5 有效位：1=有效
SMD158	HSC5 新的初始值
SMD162	HSC5 新的预置值

S7-200 系列 PLC 外端子图

S7-200 系列 PLC 外端子图如附图 4.1～附图 4.8 所示。

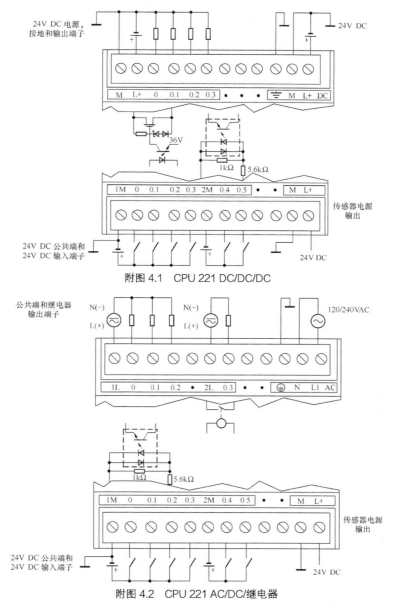

附图 4.1　CPU 221 DC/DC/DC

附图 4.2　CPU 221 AC/DC/继电器

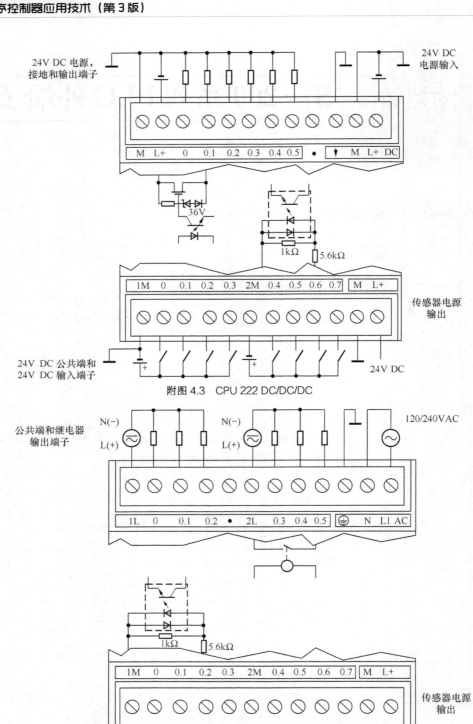

24V DC 电源，
接地和输出端子

24V DC
电源输入

M L+ 0 0.1 0.2 0.3 0.4 0.5 · ↓ M L+ DC

36V

1kΩ 5.6kΩ

1M 0 0.1 0.2 0.3 2M 0.4 0.5 0.6 0.7 M L+

传感器电源
输出

24V DC 公共端和
24V DC 输入端子

24V DC

附图4.3　CPU 222 DC/DC/DC

公共端和继电器
输出端子

N(−)
L(+)

N(−)
L(+)

120/240VAC

1L 0 0.1 0.2 · 2L 0.3 0.4 0.5 ⏚ N L1 AC

1kΩ 5.6kΩ

1M 0 0.1 0.2 0.3 2M 0.4 0.5 0.6 0.7 M L+

传感器电源
输出

24V DC 公共端和
24V DC 输入端子

24V DC

附图4.4　CPU 222 AC/DC/继电器

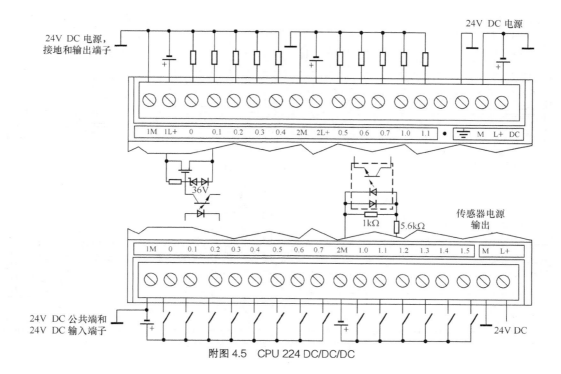

24V DC 电源，
接地和输出端子

24V DC 电源

1M 1L+ 0 0.1 0.2 0.3 0.4 2M 2L+ 0.5 0.6 0.7 1.0 1.1 • M L+ DC

36V

1kΩ 5.6kΩ

传感器电源
输出

1M 0 0.1 0.2 0.3 0.4 0.5 0.6 0.7 2M 1.0 1.1 1.2 1.3 1.4 1.5 M L+

24V DC 公共端和
24V DC 输入端子

24V DC

附图 4.5 CPU 224 DC/DC/DC

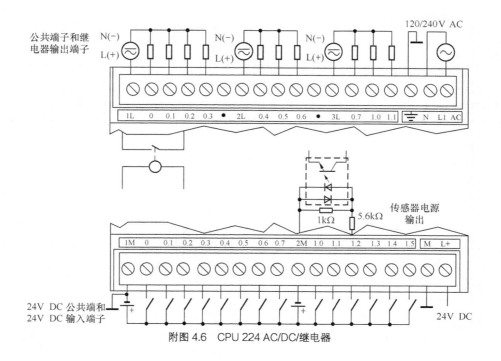

公共端子和继
电器输出端子

120/240V AC

N(−)
L(+)
N(−)
L(+)
N(−)
L(+)

1L 0 0.1 0.2 0.3 • 2L 0.4 0.5 0.6 • 3L 0.7 1.0 1.1 N L1 AC

1kΩ 5.6kΩ

传感器电源
输出

1M 0 0.1 0.2 0.3 0.4 0.5 0.6 0.7 2M 1.0 1.1 1.2 1.3 1.4 1.5 M L+

24V DC 公共端和
24V DC 输入端子

24V DC

附图 4.6 CPU 224 AC/DC/继电器

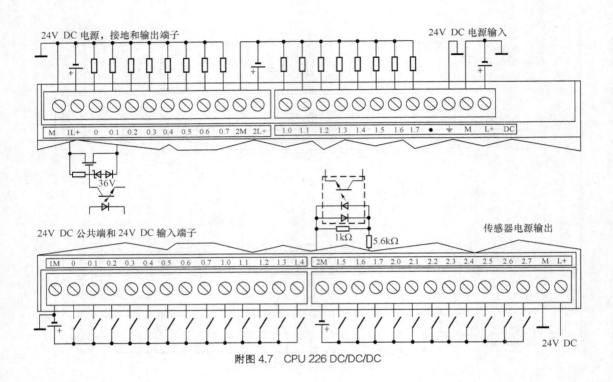

附图 4.7　CPU 226 DC/DC/DC

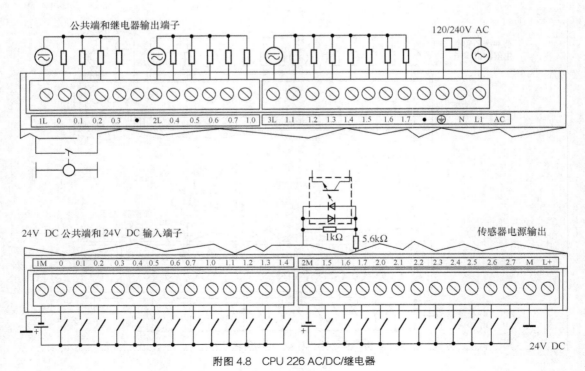

附图 4.8　CPU 226 AC/DC/继电器

参考文献

1. 西门子公司. SIMATIC S7-200 系统手册，2005.

2. 西门子公司. SIMATIC HMI WinCC flexible 2007 自述文件，2007.

3. 张万忠，刘明芹. 电器与 PLC 控制技术[M]. 3 版. 北京：化学工业出版社，2012.

4. 王永华. 现代电气控制及 PLC 应用技术[M]. 3 版. 北京：北京航空航天大学出版社，2013.

5. 瞿彩萍，张伟林. PLC 应用技术[M]. 北京：人民邮电出版社，2007.

6. 张伟林，李海霞. 电气控制与 PLC 综合应用技术[M]. 2 版. 北京：人民邮电出版社，2015.

7. 伦茨公司. Lenze 变频器 SMD 系列操作手册，2010.

8. 廖常初. 西门子人机界面（触摸屏）组态与应用技术[M]. 2 版. 北京：机械工业出版社，2012.

9. 廖常初. PLC 编程及应用[M]. 4 版. 北京：机械工业出版社，2014.